高等职业教育工程造价专业系列教材

工程造价管理

主　编　周国恩
副主编　陈　华
参　编　沈建增　佟　芳
主　审　佘跃心

机　械　工　业　出　版　社

本书共分为 8 章，内容包括：工程造价管理概论，工程造价的构成，工程造价的计价依据与计价模式，以及工程投资决策、设计、招标投标、施工、竣工验收和后评估阶段的全生命周期的工程造价管理等。

本书可作为高职高专工程造价、工程管理、土建类、房地产类专业的教材，也可作为成人教育、造价员等岗位的培训教材，还可作为从事建设工程的业主、设计、施工和监理等工程造价管理人员的参考用书。

图书在版编目（CIP）数据

工程造价管理/周国恩主编．—北京：机械工业出版社，2011.11（2024.2 重印）
高等职业教育工程造价专业系列教材
ISBN 978-7-111-36198-5

Ⅰ．①工…　Ⅱ．①周…　Ⅲ．①建筑造价管理—高等职业教育—教材
Ⅳ．①TU723.3

中国版本图书馆 CIP 数据核字（2011）第 218275 号

机械工业出版社（北京市百万庄大街 22 号　邮政编码 100037）
策划编辑：李　莉　　责任编辑：李　莉　郑　佩
封面设计：张　静　　责任印制：刘　媛
涿州市般润文化传播有限公司印刷
2024 年 2 月第 1 版第 9 次印刷
184mm×260 mm・14.5 印张・359 千字
标准书号：ISBN 978-7-111-36198-5
定价：39.80 元

电话服务　　网络服务
客服电话：010-88361066　机　工　官　网：www.cmpbook.com
010-88379833　机　工　官　博：weibo.com/cmp1952
010-68326294　金　书　网：www.golden-book.com
封底无防伪标均为盗版　机工教育服务网：www.cmpedu.com

前　言

本书是依据2006年11月16日教育部颁布的《关于全面提高高等职业教育教学质量的若干意见》，为"加强素质教育，强化职业道德，明确培养目标"，"加大课程建设与改革的力度，增强学生的职业能力"而编写的。工程造价管理是工程造价专业的一门专业核心课程。本书的编写思路是突破传统课程体系，淡化学科界限，向任务引领型课程体系过渡；力求体现以服务为宗旨、以就业为导向、以岗位需求为标准的指导思想；教学内容以"必须、够用"为度，具有贴近社会、贴近岗位、贴近学生的特点，旨在培养学生从事工程造价管理的能力。

本书着重介绍了工程投资决策、设计、招标投标、施工、竣工验收及后评估阶段的全生命周期的工程造价管理内容。通过对本书的学习，可以熟悉工程造价计价的原理和方法，并掌握工程造价各个阶段的管理内容和方法。本书在内容上体现了适应性和应用性，章首有学习目标，章后有本章小结及复习思考题，以便巩固所学知识。

本书由周国恩任主编，具体编写分工为：广西工学院周国恩编写第1～5章；广西工学院陈华编写第6章；天津工程职业技术学院佟芳编写第7章；广西城市职业学院沈建增编写第8章；佟芳负责习题解答和电子课件制作；全书由周国恩副教授统稿。淮阴工学院余跃心任主审，并提出了许多宝贵意见和建议。

本书在编写过程中参考了许多的著作、教材与资料，在此向所有作者表示衷心的感谢。

由于编者水平有限，书中错误之处在所难免，敬请读者批评指正。

编　者

目　录

第 1 章　工程造价管理概论

学习目标

（1）理解建设工程项目的概念，建设项目的划分、分类及其管理。
（2）熟悉建设项目的建设程序及内容。
（3）理解工程造价的概念及其基本特点。
（4）了解工程造价的作用和计价特征。
（5）熟悉工程造价管理的概念及其主要内容。

1.1　工程建设项目概述

工程造价管理的中心内容是工程造价计价与控制。它是由工程建设项目和在建项目中的不同阶段决定的。因此，工程造价管理者需要对工程建设项目、建设程序和工程造价有一个比较明确的概念，了解工程造价管理服务的范畴，以及工程造价在管理活动中的地位，以便更好地提供工程造价管理服务。

1.1.1　建设项目及其管理

（1）项目　项目是指在一定的约束条件下（主要是限定的资源、限定的时间），具有专门组织和特定目标的一次性任务。最常见的项目有开发项目、建设项目、科研项目，以及环保规划项目、投资项目，等等。

1）项目的性质

① 单件性和一次性。每个项目都有自己的最终成果和产生过程，都有自己的目标、内容和生产过程，如美国阿波罗登月计划项目，历时长达 11 年，耗资 255 亿美元，涉及 2 万个企业，200 个大学和研究机构，其管理的复杂、协调的难度可想而知。项目的单件性，管理过程的一次性，都为管理带来了较大风险，为了避免管理失误，就要靠科学的管理手段和方法，以保证项目一次性成功。

② 具有一定的约束条件。凡是项目都有一定的约束条件，项目只有在满足约束条件的情况下才能获得成功。一般情况下，项目的约束条件为限定的质量、限定的时间和限定的投资，通常称这三个约束条件为项目的三大目标。

工程项目与其他项目不同，还必须有明确的空间要求等。因此，合理科学地制订项目的约束条件，对保证项目的完成十分必要。

③ 具有生命周期。项目的单件性、项目过程的一次性决定了每个项目都具有自己的生命周期。任何项目都有其产生时间、发展时间和结束时间，在不同的阶段都有特定的任务、程序和工作内容，如图 1-1 所示。建设项目的整个生命周期包括建设项目投资决策阶段、设计阶段、招投标阶段、施工阶段、竣工验收和后评估阶段。掌握和了解项目的生命周期，就可以有效地对项目实施科学的管理和控制，成功的项目管理是对项目全过程的管理和控制，是对整个项目生命周期的管理。

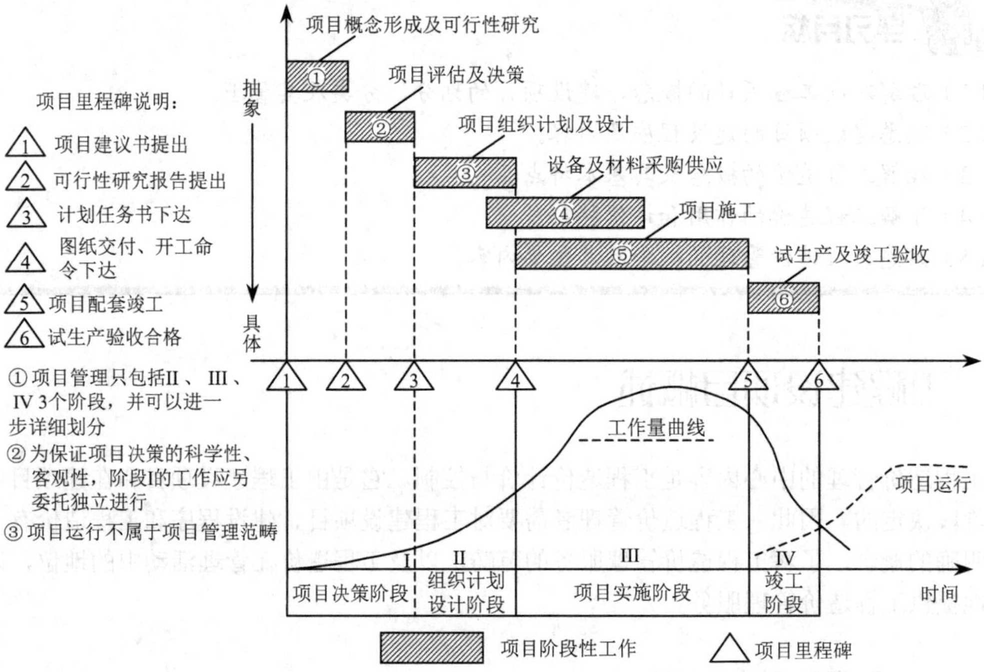

图 1-1 项目生命周期图

2）项目管理。项目管理是指在一定的约束条件下，为达到项目的目标对项目所实施的计划、组织、指挥、协调和控制的过程。

一定的约束条件是制订项目目标的依据，也是项目控制的依据。项目管理的目的就是保证项目目标的实现。项目管理作为管理的一个分支，具备管理的所有职能，如计划、组织、指挥、协调和控制等。由于项目具有单件性、一次性、约束条件和生命周期等特点，因此要求项目管理具有针对性、系统性、科学性和严密性。项目管理的目标就是项目目标，该目标界定了项目管理的内容，如建设项目管理的内容有投资控制、进度控制、质量控制、合同管理及协调各方关系等。

3）项目管理的特点。项目管理不同于企业管理及其他管理，具有自己的特点：

① 每个项目管理都有特定的管理程序和管理步骤。项目管理的一次性和单件性决定了每

个项目都有自己特定的目标，而项目管理的内容和方法要针对项目目标而定，项目目标的不同决定了每一个项目都有自己的管理程序和步骤。

② 以项目经理为中心的管理。由于项目管理具有较大的责任和风险，其管理涉及人力、技术、设备、资金、设计、施工、验收等多方面因素和多元化关系，为更好地进行计划、组织、指挥、协调和控制，必须实施以项目经理为核心的管理体制。在项目管理过程中应授予项目经理较大的权力，使其能够及时处理项目实施过程中发生的种种问题。

③ 应用现代管理方法和技术手段。现代项目大多数是先进科学的产物或是涉及多学科的系统工程，要使项目圆满完成，就必须将现代化管理方法和科学技术手段加以综合运用，如决策技术、网络计划技术、系统工程、价值工程、目标管理和看板管理等。

④ 在管理过程中实施动态控制。为了保证项目目标的完成，在项目实施过程中要采用动态控制，即阶段性地检查实际值与计划目标值的差异，采取措施，纠正偏差，并制订新的计划目标值，使项目向最终目标前进。

（2）建设项目　建设项目是指按一个总体设计进行建设的各个单项工程所构成的总体，在我国也称为基本建设项目或工程建设项目。在我国，通常把建设一个企业、事业单位或一个独立工程项目作为一个建设项目；凡属于一个总体设计中分期分批进行建设的主体工程和附属配套工程、综合利用工程、供水供电工程全体作为一个建设项目；不能把不属于一个总体设计的工程，按各种方式归算为一个建设项目，也不能把同一个总体设计内的工程，按地区或施工单位分为几个建设项目。

1）建设项目的性质。建设项目除了具备一般项目的性质外，还具有以下特性：

① 投资额巨大，建设周期长。

② 建设项目是按照一个总体设计建设的，是可以形成生产能力或使用价值的若干单项工程的总体。

③ 建设项目一般在行政上实行统一管理，在经济上实行统一核算，因此建设单位或业主有权统一管理总体设计所规定的各项工程。

建设项目一般可以进一步划分为单项工程、单位工程、分部工程和分项工程，如图 1-2 所示。

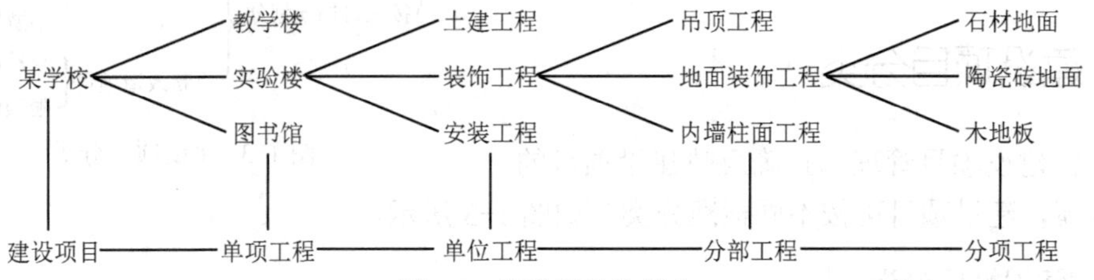

图 1-2　建设项目的划分

2）建设项目的管理。建设项目管理是项目管理的一个重要分支，它是指在建设项目的生命周期内，用系统工程的理论、观点和方法对建设项目进行计划、组织、指挥、协调和控制的管理活动。

建设项目的管理者应由参与建设活动的各方组成，包括业主单位、设计单位和施工单位等，不同阶段建设项目的管理者也不同。一般建设项目管理分为以下几个阶段：

① 全过程建设项目管理，指对从编制项目建议书至项目竣工验收投产使用全过程进行管理，一般由项目业主进行管理。

② 设计阶段建设项目管理称为设计项目管理，一般由设计单位进行项目管理。

③ 施工项目管理发生在建设项目的施工阶段，一般由施工单位进行项目管理。

④ 由业主单位进行的建设项目管理，如果委托给建设监理单位对建设项目实施监督管理，在我国称为建设监理，一般由建设监理单位进行项目管理。

由于建设项目的管理阶段不同，管理者不同，管理的内容不同，所以建设项目管理在总体上有相同之处，在不同的阶段上却有不同之处。

（3）施工项目

1）施工项目的概念。施工项目是建筑施工企业对一个建筑产品的施工过程及成果，也就是建筑施工企业的生产对象。它可能是一个建设项目的施工，也可能是其中一个单项工程或单位工程的施工。

施工项目管理，就是建筑施工企业运用系统的观点、理论和科学技术对施工项目进行的计划、组织、监督、协调和控制等全过程管理。施工项目管理是项目管理的一个分支，具备管理的所有职能，即计划、组织、指挥、协调和控制。

2）施工项目的特点

① 它是建设项目或其中的单项工程、单位工程的施工任务。

② 它以建筑安装施工企业为管理主体。

③ 施工项目的任务范围是由工程承包合同界定的。

④ 它的产品具有多样性、固定性、体积庞大和生产周期长的特点。

只有单位工程、单项工程和建设项目的施工才是施工项目，因为它们才是施工企业的产品。分部、分项工程不是完整的产品，因此也不能称为施工项目。

1.1.2 建设项目分类

为加强建设项目管理，正确反映建设项目的内容及规模，建设项目可按不同标准分类，如图 1-3 所示。

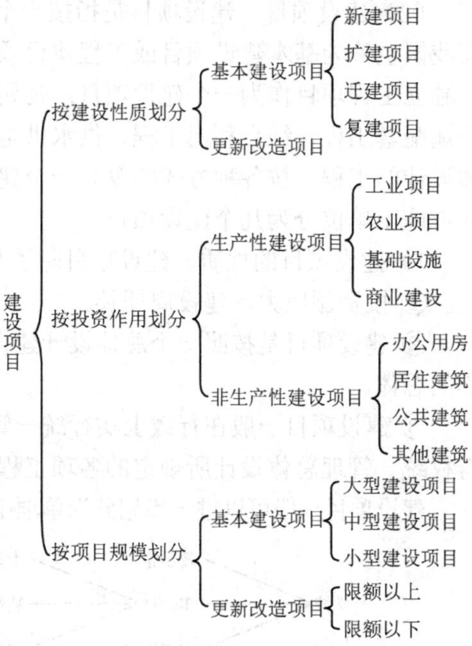

图 1-3 建设项目分类

1. 按建设性质分类

建设项目按其建设性质不同，可划分成基本建设项目和更新改造项目两大类。基本建设项目是投资用于进行以扩大生产能力或增加工程效益为主要目的的新建、扩建工程及有关工作，具体包括新建、扩建、迁建和复建项目等。更新改造项目是指建设资金用于对企、事业单位原有设施进行技术改造或固定资产更新，以及相应配套的辅助性生产、生活福利等工程和有关工程，包括挖潜工程、节能工程、安全工程和环保工程等。

2. 按投资作用分类

建设项目按其投资在国民经济各部门中的作用，分为生产性建设项目和非生产性建设项目。生产性建设项目是指直接用于物质生产或直接为物质生产服务的建设项目，主要包括工业建设、农业建设、基础设施和商业建设。非生产性建设项目（消费性建设）是指用于满足人民物质、文化和福利需要的建设及非物质生产部门的建设，主要包括办公用房、居住建筑、公共建筑和其他建筑。

3．按项目规模分类

按国家规定的标准，基本建设项目划分为大型、中型、小型三类；更新改造项目划分为限额以上和限额以下两类。不同等级标准的建设项目，国家规定的审批机关和报建程序也不尽相同。

1.1.3 工程项目建设程序

工程项目主要是指为某种特定目的而进行投资建设，并含有一定建筑或建筑安装工程的建设项目。工程项目按其项目周期，一般分成五个主要阶段，即投资决策阶段、设计阶段、招投标阶段、施工阶段和竣工验收及后评估阶段。工程造价管理在每个阶段所包括的内容有所不同，各阶段的工作内容也有较大差异，阶段与阶段之间的工作存在着相互衔接、相互关联的关系。建设程序是指工程项目从设想、选择、评估、决策、设计、施工到竣工验收、投入生产的整个建设过程中，各项工作必须遵循的先后次序的关系。

我国的建设程序从项目建设单位（业主）管理的角度，可划分为以下几个阶段：

1．项目建议书阶段

即项目初步可行性研究阶段，包括投资机会研究、项目建议书编制及其评估等。此阶段的主要任务是完成项目建议书，经过评估后，由主管部门批准该项目建议书，项目立项。项目建议书应提出拟建项目的轮廓设想，论述项目的必要性、主要建设条件和获利的可能性等，以判定项目是否需要开展进一步的可行性研究工作。

2．可行性研究阶段

即项目可行性分析评价阶段，主要任务包括编制项目可行性研究报告，经项目评估后，由主管部门批准项目可行性研究。项目可行性研究报告应对项目在技术上是否可行、经济上是否合理、社会和环境影响是否积极等方面进行进一步科学分析和论证，以最终确定项目投资建设是否进入启动程序。

3．设计阶段

即工程的初步设计和施工图设计阶段，对重大项目和技术复杂项目，在初步设计后还需要增加技术设计。工程设计是以批复的项目可行性研究报告为依据，对拟建工程的实施在技术和经济两个方面提出详尽和具体的方案，阐明在既定地点、时间和投资内，工程技术的可行性和经济的合理性，为组织工程实施提供依据。

4．项目实施准备阶段

包括资金落实、对外谈判、招标投标、施工准备、开工报告及其批准文件等。

5．施工阶段

包括工程建设、设备采购和安装以及生产准备等工作。该阶段的主要任务是按照设计要求，保质保量地按时完成建设任务。同时要招收和培训人员，做好生产组织、技术和物质准备工作。

6．竣工验收阶段

包括联动试车、指标考核和竣工验收等。项目竣工验收要按照设计文件中相关的技术经济要求，检验工程是否达到了设计的要求，是否可以移交生产运营。

7．项目总结评价阶段

在项目建成投入运营后，对照项目立项、可行性研究、设计提出的主要技术经济指标来评价项目的效益、作用和影响，分析项目目标的实现程度。项目总结评价应从立项到项目运行全过程中总结项目经验教训。该阶段的主要任务是编制项目自我后评价报告、建设单位后评价报告和主管部门或贷款银行的后评价报告。

1.2 工程造价与工程造价管理

1.2.1 工程造价的概念及特点

1．工程造价的概念

什么是工程造价？工程造价是指一项工程项目预计开支或实际开支的全部固定资产投资费用，即是工程项目按照确定的建设内容、建设规模、功能要求和使用要求等全部建成并验收合格交付使用所需的全部费用。投资工程项目是为了获得预期的效益，是通过决策、设计、招标、施工、竣工验收等一系列活动来实现的。在投资活动中所支付的全部费用就形成了固定资产，这些开支就形成了工程造价。因此，工程造价也就等于建设项目的固定资产投资。同时，工程造价就是指工程的价格，即为建成一个工程项目预计或实际在各类有关市场（如土地市场、设备市场、技术市场、承发包市场）的交易活动中形成的建筑安装工程价格或建设工程总价格。

在工程招标投标中，建筑产品的交易最终要由市场来决定工程价格。企业应以社会平均成本作为商品定价的基本依据，并对照自己的个体成本去参与市场竞争。例如，在招投标法中规定了两个中标条件："①能够最大限度地满足招标文件中规定的各项综合评价标准。②能够满足招标文件的实际要求，并且经评审的投标价最低，但是投标价格低于成本的除外。"为了说明"低于成本"中的"成本"，建设部等七部委后来发布的文件中特意指出"成本"是指个体成本而不是社会平均成本。因此，工程造价是"由市场来决定价格"。

对于建设单位（业主、买方）来说，关心的是花多少钱，也就是"购买"项目要付出的价格，如土地费用、前期费用和咨询费用等。对施工单位（承包商、卖方）来说，工程造价是他们"出售"给建设单位（业主）的商品和劳务的价格总和，是特定范围内的工程造价，如建筑安装工程造价、工程总承包价格等。

深刻了解工程造价的现实意义在于对症下药地实现工程造价管理目标，不断充实工程造价的管理内容，完善管理方法，更好地为实现项目的目标服务。

2．工程造价的特点

（1）工程造价的大额性　能够发挥投资效用的任何一项工程，不仅实物形体庞大，而且造价高昂，动辄数百万、数千万至数十亿，特大的工程项目造价甚至可达百亿、千亿元人民币。工程造价的大额性使它关系到工程各方面的重大经济利益，同时也会对宏观经济产生重大影响。这就决定了工程造价的特殊地位，也说明了造价管理的重要意义。

（2）工程造价的个别性、差异性　任何一项工程都有特定的用途、功能和规模，对每一项工程的结构、造型、空间分割、设备配置和内外装饰都有具体的要求，所以工程内容和实物形态都具有个别性、差异性。产品的差异性决定了工程造价的个别性、差异性。同时，每项工程所处的地区、地段都不相同，使这一特点得到强化。

（3）工程造价的动态性　任何一项工程从决策到竣工交付使用都有一个较长的建设期间，由于不可控因素的影响，在预计工期内，许多影响工程造价的动态因素，如工程变更、设备材料价格、劳动价格以及费率、税率等均会发生变化，这种变化必然会造成工程造价的变动。所以，工程造价在整个建设期中处于不确定状态，直至竣工决算后才能最终确定工程的实际造价。

（4）工程造价的层次性　工程造价的层次性取决于工程的层次性。一个建设项目往往含有多个能够独立发挥设计效能的单项工程（如车间、写字楼、住宅楼等），一个单项工程又是由能够各自发挥专业效能的多个单位工程（如土建工程、电气安装工程等）组成的。与此相适应，工程造价有三个层次：建设项目总造价、单项工程造价和单位工程造价。如果专业分工更细，单位工程（如土建工程）的组成部分——分部分项工程也可以成为造价对象，如大型土方工程、基础工程、装饰工程等。这样工程造价的层次就增加了分部工程和分项工程而成为五个层次。

（5）工程造价的兼容性　工程造价的兼容性表现在造价构成因素的广泛性和复杂性。在工程造价中，成本因素非常复杂，其中为获得建设工程用地支出的费用、项目可行性研究和规划设计费用、政府一定时期政策（特别是产业政策和税收政策）相关的费用均占有相当的份额。同时，盈利的构成也较为复杂，资金成本较大。

1.2.2　工程造价的作用和职能

1．工程造价的作用

（1）工程造价是项目决策的工具　建设工程投资大、生产和使用周期长等特点决定了项目决策的重要性。工程造价决定着项目的一次性投资费用。投资者是否有足够的财务能力支付这笔费用，是否认为值得支付这项费用，是项目决策中要考虑的主要问题。

（2）工程造价是制订投资计划和控制投资的有效手段　投资计划是按照建设工期、工程进度和建设工程价格等逐年分月加以制订的。正确的投资计划有助于合理和有效地使用资金。

（3）工程造价是评价投资效果的重要指标　建设工程造价是一个包含着多层次工程造价的体系。就一个工程项目来说，它既是建设项目的总造价，又包含单项工程的造价和单位工程的造价，同时也包含单位生产能力的造价，或一个平方米建筑面积的造价等。所有这些，使工程造价自身形成了一个指标体系。所以它能够为评价投资效果提供出多种评价指标，并能够形成新的价格信息，为今后类似项目的投资提供参照。

（4）工程造价是筹集建设资金的依据　投资体制的改革和市场经济的建立，要求项目的投资者必须有很强的筹资能力，以保证工程建设有充足的资金供应。

（5）工程造价是调节产业结构和合理分配利益的手段　工程造价的高低，直接影响到国民经济各部门和企业间的利益分配。在计划经济体制下，政府为了用有限的财政资金建成更多的工程项目，总是趋向于压低建设工程造价，使建设中的劳动消耗得不到完全补偿，价值不能得到完全实现。而未被实现的部分价值则被重新分配到各个投资部门，为项目投资者所占有。这种利益的再分配有利于各产业部门按照政府的投资导向加速发展，也有利于按宏观经济的要求调整产业结构，但是会严重损害建筑企业的利益，从而使建筑业的发展长期处于落后状态，与国民经济的整体发展不相适应。而在市场经济中，工程造价也毫无例外地受供求状况的影响，并在围绕价值的波动中实现对建设规模、产业结构和利益分配的调节。加上政府正确的宏观调控和价格政策导向，工程造价在这方面的作用将会充分发挥出来。

2．工程造价的职能

（1）评价职能　工程造价是评价总投资、分项投资合理性和投资效益的主要依据之一。在评价土地价格、建筑安装产品和设备价格的合理性时，就必须利用工程造价资料。在评价建设项目偿贷能力、获利能力和宏观效益时，也可依据工程造价。工程造价也是评价建筑施工企业管理水平和经营成果的重要依据。

（2）调控职能　国家对建设规模和结构进行宏观调控在任何条件下都是不可或缺的，对政府投资项目进行直接调控和管理也是必需的。这些都要以工程造价为经济杠杆，对工程建设中的物资消耗水平、建设规模和投资方向等进行调控和管理。

（3）预测职能　无论投资者还是建筑施工企业都要对拟建工程进行预先测算。投资者预先测算工程造价不仅可以作为项目决策的依据，同时也是筹集资金、控制造价的依据。承包商对工程造价的预算，既为投标决策提供依据，也为投标报价和成本管理提供依据。

（4）控制职能　工程造价的控制职能表现在两方面。一方面是它对投资的控制，即在投资的各个阶段，根据对造价的多次预算和评估，对造价进行全过程多层次的控制；另一方面，是对以承包商为代表的商品和劳务供应企业的成本控制。

1.2.3　工程造价的计价特征

1．计价的单件性

产品的单件性决定了每项工程都必须单独计算造价。

2．计价的多次性

项目建设周期长、规模大、造价高，因此按建设程序要分阶段进行。相应的，也要在不同阶段进行多次计价，以保证工程计价的准确性和控制的有效性。多次性计价是一个逐步深化、细化和接近实际造价的过程。大型建设项目的计价过程如图 1-4 所示。

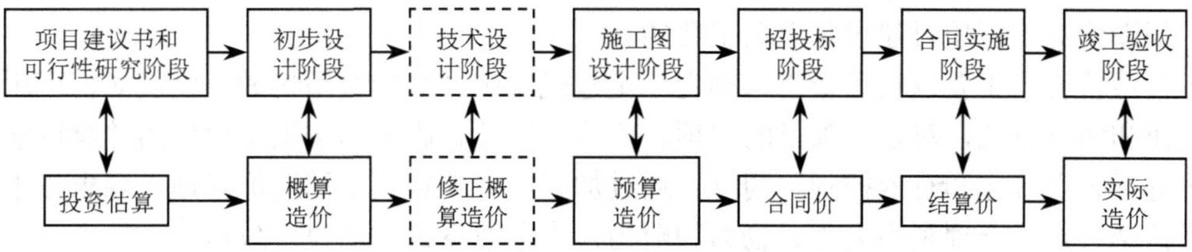

图 1-4　大型建设项目的计价过程

3．计价方法的多样性

工程的多次计价有各不相同的计价依据，每次计价的精确度要求也各不相同，由此决定了计价方法的多样性。例如，投资估算的方法有设备系数法、生产能力指数估算法等；编制概算、预算造价的方法有单价法和实物法等。

4．计价依据的复杂性

影响造价的因素众多，使得计价依据显现出复杂性。计价依据主要可分为以下七类。

1）设备和工程量计算依据。包括项目建议书、可行性研究报告、设计文件等。

2）人工、材料、机械等实物消耗量计算依据。包括投资估算指标、概算定额、预算定额等。

3）工程单价计算依据。包括人工单价、材料价格、材料运杂费、机械台班费等。

4）设备单价计算依据。包括设备原价、设备运杂费、进口设备关税等。

5）措施费、间接费和工程建设其他费用计算依据。主要是相关的费用定额和指标。

6）政府规定的税、费。

7）物价指数和工程造价指数。

工程计价依据的复杂性不仅使计算过程复杂，而且需要计价人员熟悉各类依据，并加以正确应用。

1.2.4　工程造价管理及其主要内容

1．工程造价管理的概念

工程造价管理是以工程项目为研究对象，以工程技术、经济、法律和管理为手段，以效益为目标，技术、经济、管理和法律相结合的一门交叉的新兴学科。工程造价管理就是对工程建设投资总费用的管理和工程价格的管理。工程建设投资管理，就是为了达到预期的效果（或效益）对工程项目的投资行为进行计划、预测、组织、指挥和监控等系统活动。工程价格管理属于价格管理范畴，在社会主义市场经济条件下，分为两个层次。在微观层次上，是生产企业在掌握市场价格信息的基础上，为实现管理目标而进行的成本控制、计价、定价和竞价的系统活动；在宏观层次上，是政府根据社会经济发展的要求，利用法律手段、经济手段和行政手段对价格进行管理和调控，以及通过管理规范市场主体价格行为的系统活动。

应该说，工程造价管理是建筑市场管理的重要组成部分和核心内容，是建筑市场经济的价格体现。它与工程招投标、质量及施工安全有着密切联系，是保证工程质量和安全生产的前提和保障。在整顿和规范建筑市场经济秩序中，切实加强工程造价管理尤为关键，而合理计算工程造价对工程项目建设是至关重要的。

工程造价管理主要以货币形态来确定一定建筑安装产品的费用构成，以及如何运用各种经济规律和科学方法，对建设项目的立项、筹建、设计、施工和竣工交付使用的全过程的工程造价进行合理确定和有效控制。同时，通过加强经济核算和工程造价管理，寻求技术和经济的最佳结合点，合理利用人力、物力和财力，力争取得最大的投资效益。

2．工程造价管理的主要内容

工程造价管理的主要内容是合理计算和有效控制工程造价。工程造价管理强调的是全面造价管理（TCM），也就是有效地运用专业知识和专门技术去计划和控制资源、造价、盈利和风险，对工程项目的投资决策阶段、设计阶段、招投标阶段、施工阶段、竣工验收及后评估阶段全过程进行计价与控制。具体内容和措施如下：

（1）投资决策阶段的工程造价管理　主要内容有对项目进行财务评价与国民经济评价，编制投资估算，进行项目投资前的审批管理。其中，投资估算的准确性不仅会影响建设前期的投资决策，而且直接关系到设计概算、施工图预算的编制及项目建设期的造价管理和控制，因而应作为管理的重点。

1）颁布统一的项目估算指标，配以相应的造价修正系数，定期公布价格调整指数。

2）制定投资估算编制的管理办法，使之能适应动态管理，为项目决策和控制投资提供可靠依据。

3）在建设工程全过程中，批准的投资估算是拟建项目的控制造价，批准的初步设计总概算是控制工程造价的最高限额，其后各阶段的工程造价均应控制在上阶段确定的造价额度之内。如果必须超支，应重新报审批部门和造价主管部门审批。

（2）设计阶段的工程造价管理　主要内容有对设计方案进行技术经济比选，设计招投标和方案竞选，进行限额设计，编制与审查设计概算、施工图预算，有效控制工程造价。

1）严格按照批准的可行性研究报告中的投资估算搞好设计。根据初步设计编制设计概算，根据施工图设计编制施工图预算。施工图预算的造价必须控制在概预算造价范围内。

2）做好设计方案的技术经济指标比较，控制和降低工程造价。做好多方案优化比较，优化设计方案；采用先进工艺、技术，降低工程项目造价；寻求技术与经济相结合的最佳点。

3）严格推行限额设计。既要按投资估算控制设计概算，按设计概算控制施工图预算，又要在保证工程功能要求的前提下按各专业分配造价限额。

（3）招投标阶段的工程造价管理　主要内容有通过招投标建立竞争机制，合理确定以施工图预算为基础的标底或以工程量清单为基础的投标报价，最终确定工程承包合同价。

（4）施工阶段的工程造价管理　施工阶段是建设单位（业主）支付金额最大的阶段，也是工程造价管理的重要阶段。这一阶段的工程造价管理的主要内容有，以施工图预算或合同价为基础，对工程预付款、工程进度款及工程结算的审核管理；正确处理工程变更价款及工程索赔，进行工程价款结算；竣工结算编制与审查。

（5）竣工验收及后评估阶段的工程造价管理　主要内容有：由建设单位编制，反映建设项目实际投资，为核定新增固定资产价格与考核、分析投资项目效果的竣工决算；竣工决算的审查；建设项目后评估等。

（6）工程造价的控制措施　工程造价的控制措施主要有组织措施、技术措施、经济措施和合同措施。要有效地控制工程造价应遵循如下原则：

1）工程建设全过程造价控制应以设计阶段为重点。建设工程全寿命费用包括工程造价和工程交付使用后的经常开支费用（含经营费用、日常维护修理费用、使用期内大修理和局部更新费用）以及该项目使用期满后的报废拆除费用等。工程造价控制贯穿于项目建设全过程，但各阶段工作对建筑工程投资的影响是不同的，必须重点控制影响显著的阶段。目前我国设计费用一般为工程造价的1.2%左右，但对工程造价的影响度却占30%～75%。显然，工程造价控制的关键在于施工前的投资决策和设计阶段，而在项目作出投资决策后，其关键就在于设计，设计质量对整个工程建设的效益是至关重要的。

2）变被动控制为主动控制，提高工程造价控制效果。以往人们一直把控制理解为目标值与实际值的比较，以及当实际值偏离目标值时，分析其产生偏差的原因，并确定下一步的对策。这种立足于调查—分析—决策基础之上的偏离—纠偏—再偏离—再纠偏的控制方法，只能发现偏离，不能使已产生的偏离消失，也不能预防可能发生的偏离。这种控制虽有意义，但属于被动控制，其管理效能有限。当控制论应用于工程管理之后，对工程造价的控制即应从被动控制转为主动控制，做到事先主动地采取决策措施进行“控制”，尽可能地减少甚至避免目标值与实际值的偏差。

3）加强技术与经济相结合，控制工程造价。要有效地控制工程造价，应采取组织、技术、经济、合同四大措施。组织措施包括明确项目组织结构，明确造价控制者及其任务，明确管理职能分工；技术措施包括重视设计的多方案优选，严格审查监督初步设计、技术设计、施工图设计和施工组织设计，深入技术领域研究节约投资的可能；经济措施包括动态地比较工程造价的计划值和实际值，严格审核各项费用支出，采取奖励节约投资的措施等；合同措施是工程造价管理的关键，任何工程造价的纠纷处理，应以合同为法律依据。

1.2.5 我国工程造价管理的发展

工程造价管理是随着社会生产力、商品经济和现代管理科学的发展而产生和发展的。我国的工程造价管理机构为多部门、多层次的管理机构体系，计划经济时期主要由国家建设部标准定额司负责，市场经济下将逐步由中国建设工程造价管理协会（CECA）负责对全国注册造价工程师的资格及工程造价咨询单位的资质管理。我国工程造价管理的发展过程是：

1．计划经济计价模式——定额计价

长期以来，我国工程造价管理实行的是基本建设概预算定额管理模式，在这种模式下，由国家的建设工程主管部门制定和颁发一系列建筑工程定额和工程取费标准等工程造价管理文件（包括建筑工程全国统一劳动定额、建筑工程全国统一预算定额、建筑工程全国统一工程量计算规则、建筑安装工程费用等组成的若干规定文件），宏观上指导各省、市、自治区和直辖市的概预算编制工作。各地区依据全国统一标准，结合本地区概预算的指导和管理来开展工作。工程造价确定的过程是：依据国家或地区的工程量计算规则和建筑工程图纸计算工程量，套用法定概预算定额和取费标准，最终确定工程造价。

在这种管理模式下，工程预算定额就成为编制施工图预算、建设工程招标标底、投标报价以及签订工程承包合同的法定依据，任何单位和个人在使用中必须严格执行，不能违背定

额所规定的原则。工程定额的指令性过强、指导性不足，反映在具体表现形式上，主要是施工手段消耗部分规定得过死，把企业的技术装备、施工手段及管理水平等本应属于竞争内容的活跃因素固定化，不利于竞争机制的发挥。

2. 工程造价的动态管理

随着经济体制改革的深入，我国基本建设概预算定额管理模式发生了很大变化，主要表现在工程造价从过去的“静态”管理向“动态”管理转变。为了实现建筑市场改革的要求，针对工程预算定额编制和使用中存在的问题，提出了“控制量、指导价、竞争费”的改革措施，工程造价管理由静态模式转化为动态模式。其中对工程预算定额改革的主要思路是量价分离，即工程预算定额中的人工、材料和机械台班的消耗量与相应的单价分离。与此同时，进一步明确了建设工程产品也是商品，以价值为基础，改革建设工程承包单位、设计单位、施工单位和设备材料供应单位，使工程造价管理逐渐与国际惯例接轨；更加重视项目决策阶段的投资估算工作，切实发挥其控制建设项目总造价的作用；强调设计阶段概预算工作必须能动地影响设计、优化设计，充分发挥其控制工程造价、促进合理使用建设资金的作用。这些措施在建筑市场经济中起到了积极作用。

3. 市场经济计价模式——工程量清单计价

随着市场经济的基本形成，建设工程投资多元化的趋势已经出现。在经济成分中不仅包括了国有经济和集体经济，同时私有经济、三资经济、股份制经济等也纷纷将资金投入建筑市场。这就要求企业必须具有充分的自主性，过去的工程造价管理模式已不能完全适应我国建筑市场的快速发展。

2003 年 7 月 1 日，《建设工程工程量清单计价规范》（GB 50500—2003）作为强制性全国统一标准在全国统一实施。2008 年在原规范上进行了修订，发布了新的清单规范，即《建设工程工程量清单计价规范》（GB 50500—2008），并于 2008 年 12 月 1 日起实行。

工程量清单是表现拟建工程的分部分项工程项目、技术措施项目、其他措施项目及税前、规费、税金、主要材料和设备等其他项目名称和相应数量的明细清单。它是由招标人按照《建设工程工程量清单计价规范》中规定的统一项目编码、统一项目名称、统一计量单位和统一的工程量计算规则进行编制的。

工程量清单计价的特点是：

1）全国统一的计算工程造价规则。

2）有效地控制工程消耗量标准。

3）彻底放开价格。

4）建筑企业自主报价。

5）市场有序竞争形成价格。

工程量清单计价的实施，有效地改善了建筑工程投资和经营环境，在全国范围内积极推进了建设工程市场价格的放开。工程造价随市场变化而浮动，建筑市场更加透明、更加规范化，更进一步体现了投标报价中公平、公正、公开的原则，防止了暗箱操作。另外，由于招标的原则是合理低价中标，因此，施工企业在投标报价时要掌握一个合理的临界点，那就是既要低价中标，又要获得合理的利润，这就促使施工企业采取一切手段提高自身竞争能力，在施工中采用新技术、新工艺、新材料，努力降低成本，以便在同行中保持领先地位。

本章小结

本章内容主要包括建设项目及其管理、建设程序；工程造价与工程造价管理概念。重点讲述了工程造价和造价管理的概念及内容，工程造价的特点和计价的特征，要求掌握它们的概念及区分。另外，工程造价管理就是对工程建设投资总费用管理和工程价格的管理，也即合理地计算工程造价和有效控制工程造价。工程造价管理应该强调全面造价管理，即对工程项目从投资决策阶段、设计阶段、招投标阶段、施工阶段到竣工验收后评估阶段的费用及价格管理。

复习思考题

1．项目是什么？项目管理有何特点？

2．建设项目是怎样划分的？建设项目是怎样分类的？

3．从项目业主管理的角度，工程项目建设程序可以划分为哪几个阶段？

4．建设工程造价有两种含义，从业主和承包商的角度分别怎样理解？

5．工程造价的两种管理是什么？怎样进行区别？

6．工程造价的特点是什么？

7．工程造价的计价特征有哪些？

8．工程造价具有多次计价特征，其中各阶段与造价的对应关系是什么？

9.工程造价管理的主要内容是什么？简述建设项目各阶段工程造价管理的内容和控制措施？

第 2 章 工程造价的构成

学习目标

（1）熟悉建设项目工程造价的构成。

（2）掌握设备及工器具购置费、建筑安装工程费和工程建设其他费构成与计算。

（3）掌握预备费、建设期贷款利息、固定资产投资方向调节税的内容。

2.1 我国工程造价的构成

建设项目投资包括固定资产投资和流动资产投资（流动资金）两部分。建设项目总投资中的固定资产投资与建设项目的工程造价在量上相等。固定资产投资一般是在建设工程项目时构成固定资产的那部分资产；流动资金指生产性经营项目投产后，用于购买原材料、燃料、备品备件，保证生产经营和产品销售所需要的周转资金，主要用于项目的经营费用。

我国现行工程造价的构成由设备及工器具购置费用、建筑安装工程费用、工程建设其他费用、预备费和建设期贷款利息、固定资产投资方向调节税等部分构成，具体构成内容如图 2-1 所示。

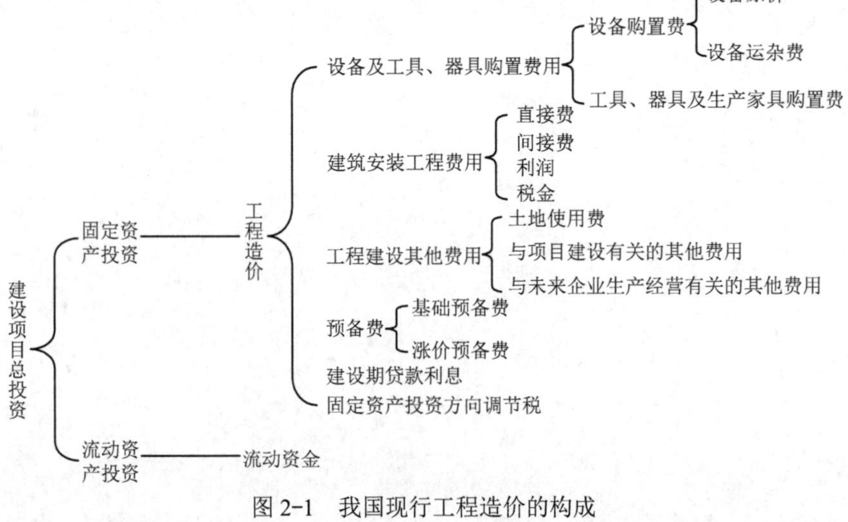

图 2-1 我国现行工程造价的构成

2.2　设备及工具、器具购置费的构成

在我国，设备及工具、器具购置费用是由设备购置费和工具、器具及生产家具购置费组成的，它是固定资产投资中的积极部分。在生产性工程建设中，设备及工具、器具购置费用占工程造价比重的增大，意味着生产技术的进步和资本有机构成的提高。

设备购置费是指为了项目建设而进行购置或自制的达到固定资产标准的各种国产或进口设备、工具和器具的购置费用，它是固定资产的主要组成部分，一般由设备原价和设备运杂费构成。用公式表示为：

$$设备购置费=设备原价+设备运杂费 \tag{2-1}$$

式中，设备原价指国产设备或进口设备的原价；设备运杂费指除设备原价之外的有关设备的采购、运输、途中包装及仓库保管等方面支出的各项费用的总和。

2.2.1　国产设备原价的构成及计算

国产设备原价一般指的是设备制造厂的交货价或订货合同价。国产设备原价分为国产标准设备原价和国产非标准设备原价。

（1）国产标准设备原价　国产标准设备是指按照主管部门颁布的标准图纸和技术要求，由我国设备生产厂批量生产的，符合国家质量检测标准的设备。一般情况下国产标准设备原价有两种，即带有备件的原价和不带有备件的原价。在计算时一般采用带有备件的原价。

（2）国产非标准设备原价　国产非标准设备是指国家尚无定型标准厂，各设备生产厂不可能在工艺过程中采用批量生产，只能按一次订货，并根据具体的设计图纸制造的设备。非标准设备原价有多种不同的计算方法，如成本计算估价法、系列设备插入估价法、分部组合估价法及定额估价法等。

国产非标准设备原价一般按成本计算估价法来计算，非标准设备的原价由以下各项组成：

1）材料费。其计算公式如下：

$$材料费=材料净重（吨）\times（1+加工损耗系数）\times每吨材料综合价 \tag{2-2}$$

2）加工费。包括生产工人工资和工资附加费、燃料动力费、设备折旧费和车间经费等。其计算公式如下：

$$加工费=设备总重量（吨）\times设备每吨加工费 \tag{2-3}$$

3）辅助材料费。如焊条、焊丝、氧气、氩气、氮气、油漆、电石等费用。其计算公式如下：

$$辅助材料费=设备总重量\times辅助材料费指标 \tag{2-4}$$

4）专用工具费。按 1）～3）项之和乘以一定百分比计算。

5）废品损失费。按 1）～4）项之和乘以一定百分比计算。

6）外购配套件费。按设备设计图纸所列的外购配套件的名称、型号、规格、数量和重量等，根据相应的价格加运杂费计算。

7）包装费。按以上 1）～6）项之和乘以一定百分比计算。

8）利润。可按 1）～5）项加第 7）项之和乘以一定利润率计算。

9）税金。主要指增值税。计算公式为：

$$增值税=当期销项税额-进项税额 \quad (2-5)$$

$$当期销项税额=销售额\times适用增值税率 \quad (2-6)$$

式中，销售额为1）～8）项之和。

10）非标准设备设计费。按国家规定的设计费收费标准计算。

综上所述，单台非标准设备原价可用下面的公式表达：

$$单台非标准设备原价=\{[（材料费+加工费+辅助材料费）\times（1+专用工具费率）\times（1+废品损失费率）+外购配套件费]\times（1+包装费率）-外购配套件费\}\times（1+利润率）+销项税金+非标准设备设计费+外购配套件费 \quad (2-7)$$

【例 2-1】某工厂采购一台国产非标准设备，制造厂生产该台设备所用材料费20万元，加工费2万元，辅助材料费4 000元，专用工具费率1.5%，废品损失费率10%，外购配套件费5万元，包装费率1%，利润率为7%，增值税率为17%，非标准设备设计费2万元。求该国产非标准设备的销项税金和原价。

【解】专用工具费=（20+2+0.4）×1.5%=0.336 万元；

废品损失费=（20+2+0.4+0.336）×10%=2.274 万元；

包装费=（22.4+0.336+2.274+5）×1%=0.300 万元；

利润=（22.4+0.336+2.274+0.3）×7%=1.772 万元；

销项税金=（22.4+0.336+2.274+5+0.3+1.772）×17%=5.454 万元；

原价=22.4+0.336+2.274+0.3+1.772+5.454+2+5=39.536 万元。

2.2.2 进口设备原价的构成及计算

进口设备的原价是指进口设备的抵岸价，即抵达买方边境港口或边境车站，且交完关税等税费后形成的价格。进口设备抵岸价的构成与进口设备的交货类别有关。

（1）进口设备的交货类别　进口设备的交货类别可分为内陆交货类、目的地交货类、装运港交货类。

1）内陆交货类。即卖方在出口国内陆的某个地点交货。在交货地点，卖方需及时提交合同规定的货物和有关凭证，并负担交货前的一切费用和风险；买方按时接受货物，交付货款，负担接货后的一切费用和风险，并自行办理出口手续和装运出口。货物的所有权也在交货后由卖方转移给买方。

2）目的地交货类。即卖方在进口国的港口或内地交货，有目的港船上交货价、目的港船边交货价（FOS）和目的港码头交货价（关税已付）及完税后交货价（进口国的指定地点）等几种交货价。目的地交货类的特点是：买卖双方承担的责任、费用和风险是以目的地约定交货点为分界线，只有当卖方在交货点将货物置于买方控制下才算交货，才能向买方收取货款。这种交货类别对卖方来说承担的风险较大，在国际贸易中卖方一般不愿采用。

3）装运港交货类。即卖方在出口国装运港交货，主要有装运港船上交货价（FOB）（习惯称离岸价格），运费在内价（C&F）和运费、保险费在内价（CIF，习惯称到岸价格）。装运港交货类的特点是：卖方按照约定的时间在装运港交货，只要卖方把合同规定的货物装船后提供货运单据便完成交货任务，可凭单据收回货款。

(2) 进口设备抵岸价的构成及计算　在一般情况下，进口设备采用最多的是装运港船上交货价，即 FOB 价，其抵岸价的构成用公式表示为：

进口设备抵岸价=货价+国际运费+运输保险费+银行财务费+外贸手续费+关税+增值税+消费税+海关监管手续费+车辆购置附加费　(2-8)

1）货价。一般指装运港船上交货价。

2）国际运费。即从装运港（站）到达我国抵达港（站）的运费。进口设备国际运费计算公式为：

国际运费（海、陆、空）=原币货价（FOB）×运费率　(2-9)

国际运费（海、陆、空）=运量×单位运价　(2-10)

3）运输保险费。对外贸易货物运输保险是由保险人（保险公司）与被保险人（出口人或进口人）订立保险契约，在被保险人交付议定的保险费后，保险人根据保险契约的规定对货物在运输过程中发生的承保责任范围内的损失给予经济上的补偿。这是一种财产保险。计算公式为：

运输保险费=（原币货价（FOB）+国外运费）/（1−保险费率）×保险费率　(2-11)

式中：保险费率按保险公司规定的进口货物保险费率计算。

4）银行财务费。一般是指中国银行手续费，可按下式简化计算：

银行财务费=人民币货价（FOB）×银行财务费率　(2-12)

5）外贸手续费。这是指按商务部规定的外贸手续费率计取的费用，外贸手续费率一般取 1.5%。计算公式为：

外贸手续费=（装运港船上交货价（FOB）+国际运费+运输保险费）×外贸手续费率　(2-13)

6）关税。由海关对进出国境或关境的货物和物品征收的一种税。计算公式为：

关税=到岸价格（CIF）×进口关税税率　(2-14)

式中：到岸价格（CIF）包括离岸价格（FOB）、国际运费、运输保险费等费用，它是关税完税价格；进口关税税率分为优惠和普通两种。

7）增值税。是对从事进口贸易的单位和个人，在进口商品报关进口后征收的税种。我国增值税条例规定，进口应税产品均按组成计税价格和增值税税率直接计算应纳税额。即：

进口产品增值税额=组成计税价格×增值税税率　(2-15)

组成计税价格=关税完税价格+关税+消费税　(2-16)

8）消费税。对部分进口设备（如轿车、摩托车等）征收，一般计算公式为：

应纳消费税额=（到岸价+关税）/（1−消费税税率）×消费税税率　(2-17)

式中：消费税税率根据规定的税率计算。

9）海关监管手续费。指海关对进口减税、免税、保税货物实施监督、管理、提供服务的手续费。其公式如下：

海关监管手续费=到岸价×海关监管手续费率　(2-18)

10）车辆购置附加费。进口车辆需缴进口车辆购置附加费。其公式如下：

进口车辆购置附加费=（到岸价+关税+消费税+增值税）×进口车辆购置附加费率　（2-19）

【例 2-2】某项工程中有一种进口设备，招标文件中规定投标者必须对其作出详细报价。某资审合格的施工单位，对该设备的报价资料作了充分调查，所得数据为：设备重 1 000 吨；在某国的装运港船上交货价（FOB 价）为 100 万美元，美元与人民币的汇率为 1:6.828；海洋运费为 300 美元/吨；运输保险费率为 0.2%；银行财务费率为 0.5%；外贸手续费率为 1.5%；关税税率为 10%；增值税税率为 17%；运杂费费率为 2.5%，无消费税和海关监管手续费。请根据上述资料计算出详细报价为多少万元人民币？

【解】设备货价 C=100×6.828=682.80 万元

海洋运输费 F=1 000×300×6.828=2 048 400 元=204.84 万元

$$运输保险费I=\frac{C+F}{1-运输保险费率}\times运输保险费率=\frac{682.80+204.84}{1-0.2\%}\times0.2\%=1.78万元$$

关税=CIF×关税率=（682.80+204.84+1.78）×10%=88.94 万元

增值税=（CIF+关税）×增值税税率=（682.80+204.84+1.78+88.94）×17%=166.32 万元

银行财务费=C×财务费率=682.80×0.5%=3.41 万元

外贸手续费=CIF×外贸手续费率=（682.80+204.84+1.78）×1.5%=13.34 万元

抵岸价（原价）=682.80+204.84+1.78+88.94+166.32+3.41+13.34=1 161.43 万元

设备购置费=原价×（1+运杂费费率）=1 161.43×（1+2.5%）=1 190.47 万元

则该进口设备报价为 1 190.47 万元。

2.2.3　设备运杂费的构成及计算

（1）设备运杂费的构成　设备运杂费通常由下列各项构成：

1）运费和装卸费。国产设备由设备制造厂交货地点起至工地仓库（或施工组织设计指定的需要安装设备的堆放地点）止所发生的运费和装卸费；进口设备则由我国到岸港口或边境车站起至工地仓库止所发生的运费和装卸费。

2）包装费。在设备原价中没有包含的、为运输而进行的包装支出的各种费用。

3）设备供销部门的手续费。按有关部门规定的统一费率计算。

4）采购与仓库保管费。这是指采购、验收、保管和收发设备所发生的各种费用，包括设备采购人员、保管人员和管理人员的工资、工资附加费、办公费、差旅交通费，设备供应部门办公和仓库所占固定资产使用费、工具用具使用费、劳动保护费、检验试验费等。这些费用可按主管部门规定的采购与保管费费率计算。

（2）设备运杂费的计算　设备运杂费按设备原价乘以设备运杂费率计算，其计算公式为：

设备运杂费=设备原价×设备运杂费率　（2-20）

式中：设备运杂费率按各部门及省、市等的规定计取。

2.2.4　工具、器具购置费的构成及计算

工具、器具及生产家具购置费，是指新建或扩建项目初步设计规定的，保证初期正常生

产必须购置的没有达到固定资产标准的设备、仪器、工卡模具、器具、生产家具和备品备件等的购置费用。其计算公式为：

$$\text{工具、器具及生产家具购置费}=\text{设备购置费}\times\text{定额费率} \tag{2-21}$$

2.3　建筑安装工程费用的构成

根据建标[2003]206 号文件《建筑安装工程费用项目组成》的规定，建筑安装工程费主要由直接费、间接费、利润和税金四部分组成。其具体构成和计算如图 2-2 所示。

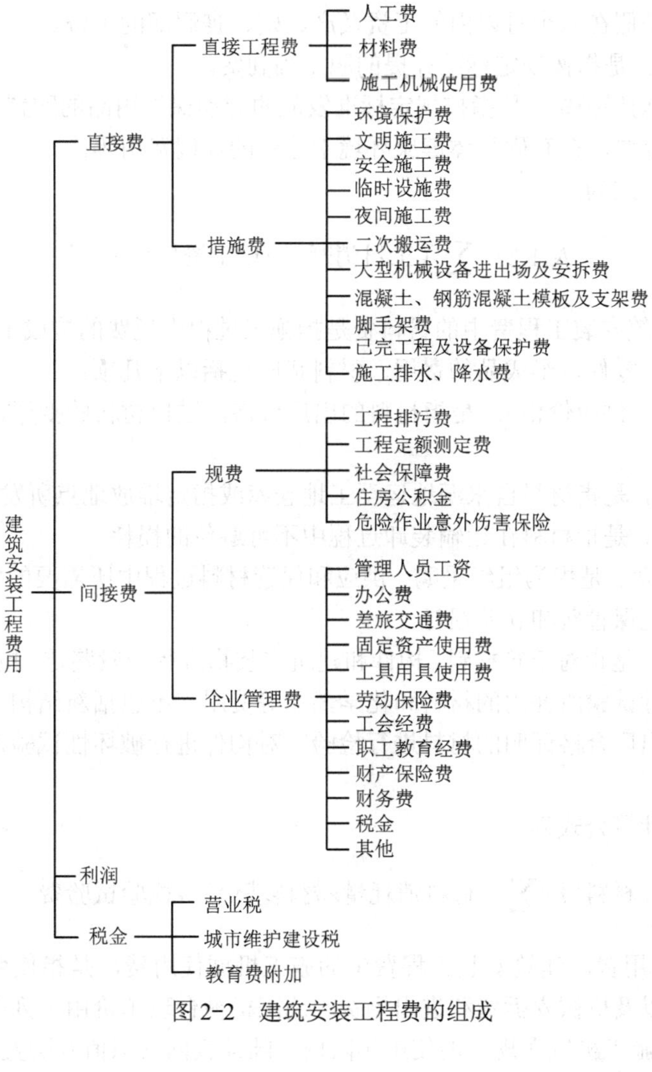

图 2-2　建筑安装工程费的组成

2.3.1　直接费

直接费是指在工程施工过程中直接耗费的构成工程实体或有助于工程形成的各种费用。建筑安装工程费包括直接工程费和措施费两部分。

（1）直接工程费　直接工程费是指施工过程中耗费的构成工程实体的各项费用，包括人工费、材料费、施工机械使用费。

1）人工费。建筑安装工程费中的人工费是指直接从事建筑安装工程施工的生产工人开支的各项费用。人工费应包括以下几项：

① 基本工资。是指发放给生产工人的基本工资。

② 工资性补贴。是指按规定标准发放的物价补贴，煤、燃气补贴，交通补贴，住房补贴和流动施工津贴等。

③ 生产工人辅助工资。是指生产工人年有效施工天数以外非作业天数的工资，包括职工学习、培训期间的工资，调动工作、探亲、休假期间的工资，因气候影响的停工工资，女工哺乳时间的工资，病假在六个月以内的工资及产、婚、丧假期的工资。

④ 职工福利费。是指按规定标准计提的职工福利费。

⑤ 生产工人劳动保护费。是指按规定标准发放的劳动保护用品的购置费及修理费，徒工服装补贴，防暑降温费，在有碍身体健康环境中施工的保健费用等。

人工费的计算公式为：

$$人工费=\sum（工日消耗量\times日工资单价） \tag{2-22}$$

2）材料费。建筑安装工程费中的材料费是指施工过程中耗费的构成工程实体的原材料、辅助材料、构配件、零件、半成品的费用。材料费应包括以下几项：

① 材料原价（或供应价格）。是指材料的出厂价格，进口材料的抵岸价或销售部门的批发价。

② 材料运杂费。是指材料自来源地运至工地仓库或指定堆放地点所发生的全部费用。

③ 运输损耗费。是指材料在运输装卸过程中不可避免的损耗。

④ 采购及保管费。是指为组织采购、供应和保管材料过程中所需要的各项费用，包括采购费、仓储费、工地保管费和仓储损耗。

⑤ 检验试验费。是指对建筑材料、构件和建筑安装物进行一般鉴定、检查所发生的费用，包括自设试验室进行试验所耗用的材料和化学药品等费用。不包括新结构、新材料的试验费和建设单位对具有出厂合格证明的材料进行检验、对构件进行破坏性试验及其他特殊要求检验试验的费用。

材料费的基本计算公式为：

$$材料费=\sum（材料消耗量\times材料基价）+检验试验费 \tag{2-23}$$

3）施工机械使用费。建筑安装工程费中的施工机械使用费，是指使用施工机械作业所发生的机械使用费以及机械安拆费和进出场费。施工机械台班单价由下列七项费用组成：

① 折旧费。是施工机械在规定的使用年限内，陆续收回其原值及购置资金的时间价值。

② 大修理费。是施工机械按规定的大修理间隔台班进行必要的大修理，以恢复其正常功能所需的费用。

③ 经常修理费。是施工机械除大修理以外的各级保养和临时故障排除所需的费用。包括为保障机械正常运转所需替换设备与随机配备工具附具的摊销和维护费用，机械运转中日常

保养所需润滑与擦拭的材料费用，以及机械停滞期间的维护和保养费用等。

④ 安拆费及场外运费。安拆费是施工机械在现场进行安装与拆卸所需的人工、材料、机械和试运转费用，以及机械辅助设施的折旧、搭设、拆除等费用；场外运费是施工机械整体或分体自停放地点运至施工现场，或由一施工地点运至另一施工地点的运输、装卸、辅助材料及架线等费用。

⑤ 人工费。是指机上司机（司炉）和其他操作人员的工作日人工费及上述人员在施工机械规定的年工作台班以外的人工费。

⑥ 燃料动力费。是施工机械在运转作业中所消耗的固体燃料（煤、木柴）、液体燃料（汽油、柴油）费及水、电费等费用。

⑦ 养路费及车船使用税。是施工机械按照国家规定和有关部门规定应缴纳的养路费、车船使用税、保险费及年检费等。

施工机械使用费的基本计算公式为：

$$\text{施工机械使用费}=\sum(\text{施工机械台班消耗量}\times\text{机械台班单价}) \tag{2-24}$$

（2）措施费　措施费是指为完成工程项目施工，发生于该工程施工前和施工过程中非工程实体项目的费用。

1）安全文明施工费（含环境保护费、文明施工费、安全施工费、临时设施费）。是施工现场为达到环保部门要求、现场安全文明施工及建筑工程施工必须搭设的生活和生产用的临时建筑物、构筑物和其他临时设施所发生的费用。

2）夜间施工费。是指因夜间施工所发生的夜班补助费、夜间施工降效、夜间施工照明设备摊销及照明用电等费用。其计算公式如下。

$$\text{夜间施工费}=\left(1-\frac{\text{合同工期}}{\text{定额工期}}\right)\times\frac{\text{直接工程费中的人工费合计}}{\text{平均日工资单价}}\times\text{每工日夜间施工费开支} \tag{2-25}$$

3）二次搬运费。是指因施工场地狭小等特殊情况而发生的二次搬运费用。其计算公式如下。

$$\text{二次搬运费}=\text{直接工程费}\times\text{二次搬运费费率}(\%) \tag{2-26}$$

式中：二次搬运费费率（%）=年平均二次搬运费开支额/（全年建筑安装产值×直接工程费占总造价比例（%））。

4）冬雨期施工费。是指因在冬期、雨期施工，为保证工程顺利进行而发生的费用。

对于冬雨期施工的工程，增加的费用包括冬雨期施工的措施费和人工机械降效费两部分。冬雨期施工措施费应按批准的冬期施工方案计算。冬期施工人工、机械降效费用，按冬期施工工程量所需人工、机械费之和的20%计取。对于是否进入冬期施工期，应根据施工验收技术规范和工程所在地冬季气候条件确定。

5）大型机械设备进出场及安拆费。机械整体或分体自停放场地运至施工现场或由一个施工地点运至另一个施工地点，所发生的机械进出场运输机转移费用及机械在施工现场进行安装、拆卸所需的人工费、材料费、机械费、试运转费和安装所需的辅助设施的费用。其计算公式如下。

大型机械进出场及安拆费=（一次进出场及安拆费×年平均安拆次数）/年工作台班（2-27）

6）施工排水费。是指为确保工程在正常条件下施工，采取的各种排水措施所发生的各种费用。其计算公式如下：

施工排水费=∑排水机械台班费×排水周期+排水使用材料费、人工费（2-28）

7）施工降水费。是指为确保工程在正常条件下施工，采取的各种降水措施所发生的各种费用。其计算公式如下：

施工降水费=∑降水机械台班费×降水周期+降水使用材料费、人工费（2-29）

8）地上、地下设施，建筑物的临时保护设施费。是为了保护地下、地上的设施及保护周围建筑物而发生的措施费。一般按批准施工方案计算费用。

9）已完工程及设备保护费。其计算公式如下：

已完工程及设备保护费=成品保护所需机械费+材料费+人工费（2-30）

2.3.2 间接费

间接费是指虽不直接由施工的工艺过程所引起，但却与工程的总体条件有关的，建筑安装企业为组织施工和进行经营管理，以及间接为建筑安装生产服务的各项费用。

（1）间接费的组成内容　按现行规定，建筑安装工程间接费由企业管理费、规费组成。

1）企业管理费。企业管理费是指施工企业为组织施工生产经营活动所发生的管理费用。内容包括以下几项：

① 企业管理人员的基本工资、工资性补贴、职工福利费等。

② 企业办公费。是指企业办公用文具，纸张，账表，印刷，邮电，书报，会议，水，电，燃煤（气）等费用。

③ 差旅交通费。是指职工因公出差、调动工作的差旅费和住勤补助费，市内交通费和误餐补助费，职工探亲路费，劳动力招募费，职工离退休、退职一次性路费，工伤人员就医路费，工地转移费以及管理部门使用的交通工具的油料、燃料、养路费及牌照费。

④ 固定资产使用费。是指管理和试验部门及附属生产单位使用的属于固定资产的房屋、设备仪器等的折旧、大修、维修或租赁费。

⑤ 工具用具使用费。是指管理使用的不属于固定资产的生产工具、器具、家具、交通工具和检验、试验、测绘、消防用具等的购置、维修和摊销费。

⑥ 工会经费。是指企业按职工工资总额 2%计提的工会经费。

⑦ 职工教育经费。是指企业为职工学习先进技术和提高文化水平而按职工工资总额的 1.5%计提的学习、培训费用。

⑧ 劳动保险费。是指企业支付离退休职工的退休金（包括提取的离退休职工劳保统筹基金）、价格补贴、医药费、易地安家补助费、职工退职金、6 个月以上的病假人员工资、职工

死亡丧葬补助费、抚恤费及按规定支付给离休干部的各项经费。

⑨ 财务费。是指企业为筹集资金而发生的各项费用。

⑩ 保险费。是指企业管理用车辆保险及企业其他财产保险的费用。

⑪ 税金。是指企业按规定交纳的房产税、车船使用税、土地使用税、印花税及土地使用费等。

⑫ 其他费用。包括技术转让费、技术开发费、业务招待费、绿化费、广告费、公证费、法律顾问费、审计费及咨询费等。

2）规费。规费是政府和有关权力部门规定必须缴纳的费用（简称规费），包括以下几项：

① 工程排污费。是指施工现场按规定缴纳的工程排污费。

② 工程定额测定费。是指按规定支付工程造价（定额）管理部门的定额测定费。

③ 社会保险费。包括养老保险费、失业保险费、医疗保险费。其中养老保险是指企业按照规定标准为职工缴纳的基本养老保险费；失业保险费是指企业按照国家规定标准为职工缴纳的失业保险费；医疗保险是指企业按照规定标准为职工缴纳的医疗保险费。

④ 住房公积金。是指企业按规定标准为职工缴纳的住房公积金。

⑤ 危险作业意外伤害保险。是指按照《建筑法》规定，企业为从事危险作业的建筑安装施工人员支付的意外伤害保险。

（2）间接费计算

1）间接费是按相应的计取基础乘以间接费费率确定的。

① 以直接费为计算基础时，间接费的计算公式为：

$$\text{间接费}=\text{直接费合计}\times\text{间接费费率} \tag{2-31}$$

② 以人工费为计算基础时，间接费的计算公式为：

$$\text{间接费}=\text{直接费中人工费合计}\times\text{间接费费率} \tag{2-32}$$

③ 以人工费和机械费合计为基础时，间接费的计算公式为：

$$\text{间接费}=\text{直接费中人工费和机械费合计}\times\text{间接费费率} \tag{2-33}$$

2）规费费率计算

① 以直接费为计算基础时，规费费率的计算公式为：

$$\text{规费费率（\%）}=\frac{\sum\text{规费缴纳标准}\times\text{每万元发承包价计算基数}}{\text{每万元发承包价中的人工费含量}}\times\text{人工费占直接费的比例（\%）} \tag{2-34}$$

② 以人工费和机械费合计为计算基础时，规费费率的计算公式为：

$$\text{规费费率（\%）}=\frac{\sum\text{规费缴纳标准}\times\text{每万元发承包价计算基数}}{\text{每万元发承包价中的人工费含量和机械费含量}}\times100\% \tag{2-35}$$

③ 以人工费为基础时，规费费率的计算公式为：

$$\text{规费费率（\%）}=\frac{\sum\text{规费缴纳标准}\times\text{每万元发承包价计算基数}}{\text{每万元发承包价中的人工费含量}}\times100\% \tag{2-36}$$

3）企业管理费费率计算

① 以直接费为计算基础时，企业管理费费率计算公式为：

$$企业管理费费率（\%）=\frac{生产工人年平均管理费}{年有效施工天数\times人工单价}\times人工费占直接费比例（\%）\tag{2-37}$$

② 以人工费和机械费合计为计算基础时，企业管理费费率计算公式为：

$$企业管理费费率（\%）=\frac{生产工人年平均管理费}{年有效施工天数\times（人工单价+每一工日机械使用费）}\times100\%\tag{2-38}$$

③ 以人工费为计算基础时，企业管理费费率计算公式为：

$$企业管理费费率（\%）=\frac{生产工人年平均管理费}{年有效施工天数\times人工单价}\times100\%\tag{2-39}$$

2.3.3 利润

利润是指施工企业完成所承包工程获得的盈利，计算方法有以下几种情况。

1）以直接费为计算基础时，利润的计算公式为：

$$利润=（直接费+间接费）\times相应利润率\tag{2-40}$$

2）以人工费为计算基础时，利润的计算公式为：

$$利润=直接费中人工费合计\times相应利润率\tag{2-41}$$

3）以人工费和机械费合计为计算基础时，利润的计算公式为：

$$利润=直接费中人工费和机械费合计\times相应利润率\tag{2-42}$$

在建设产品的市场定价中，应根据市场的竞争情况适当确定利润水平。

2.3.4 税金

建筑安装工程的税金是指国家税法规定的应计入建筑安装工程费用的营业税、城乡维护建设税及教育费附加。

（1）营业税　营业税是按营业额乘以营业税税率确定的。其计算公式为：

$$应纳营业税=营业额\times3\%\tag{2-43}$$

（2）城乡维护建设税　这是为筹集城市维护和建设资金，稳定和扩大城市、乡镇维护建设的资金来源，而对有经营收入的单位和个人征收的一种税。其计算公式为：

$$应纳城乡维护建设税额=应纳营业税额\times适用税率\tag{2-44}$$

式中，税率按照地区分为7%（市区）、5%（县城镇）和1%（农村）。

（3）教育费附加　这是指国家为教育投资而对有经营收入的单位和个人征收的一种税。其计算公式为：

$$应纳教育费附加税额=应纳营业税额\times3\%\tag{2-45}$$

2.4　工程建设其他费用的构成

工程建设其他费用是指从工程筹建起到工程竣工验收交付使用止的整个建设期间，除建筑安装工程费用和设备及工器具购置费用以外，为保证工程建设顺利完成和交付使用后能够正常发挥效用而发生的各项费用。

2.4.1　土地使用费

任何一个建筑项目都需要固定于一定地点与地面相连接，必须占用一定量的土地，也就必然要发生为获得建筑用地而支付的费用，这就是土地使用费。它是指通过划拨方式取得土地使用权而支付的土地征用及迁移补偿费，或通过土地使用权出让方式取得土地使用权而支付的土地使用权出让金。

（1）土地征用及迁移补偿费　土地征用及迁移补偿费是指建设项目通过划拨方式取得无限期的土地使用权，依照《中华人民共和国土地管理法》等规定所支付的费用。其总和一般不得超过被征土地年产值的 30 倍，土地年产值则按该地被征用前三年的平均产量和国家规定的价格计算。其内容包括以下几项。

1）土地补偿费。征用耕地（包括菜地）的补偿标准，按政府规定，为该耕地被征用前三年平均年产值的 6～10 倍，具体补偿标准由省、自治区、直辖市人民政府在此范围内制定。征用园地、鱼塘、林地、牧场等的补偿标准，由省、自治区、直辖市参照征用耕地补偿费标准制定。征收无收益土地不予补偿。土地补偿费归农村集体经济组织所有。

2）青苗补偿费和被征用土地上的房屋、水井、树木等附着物补偿费。这些补偿费的标准由省、自治区、直辖市人民政府制定。征用城市郊区菜地时，还应该按照有关规定向国家缴纳新菜地开发建设基金。地上附着物及青苗补偿费归其所有者所有。

3）安置补助费。安置补助费是指国家在征用土地时，为了安置以土地为主要生产资料并取得生活来源的农业人口的生活所给予的补助费用。征用耕地和菜地的安置补助费标准按照需要安置的农业人口计算。需要安置的农业人口数，按照被征用的耕地数量除以征地前被征用单位平均每人占有耕地的数量计算。每一个需要安置的农业人口的安置补助费标准，为该耕地被征用前三年平均年产值的 4～6 倍。但是，每公顷被征用耕地的安置补助费最高不得超过被征用前三年平均年产值的 15 倍。

4）缴纳的耕地占用税或城镇土地使用税、土地登记费及征地管理费等。县市土地管理机关从征地费中提取土地管理费的比率按征地工程量的大小，视情况不同，在 1%～4%幅度内提取。

5）征地动迁费。包括征用土地上的房屋及附属构筑物、城市公共设施等拆除、迁建等的补偿费、搬迁运输费，企业单位因搬迁造成的减产、停工损失补偿费，拆迁管理费等。

6）水利水电工程水库淹没处理补偿费：包括农村移民安置迁建费，城市迁建补偿费，库区工矿企业、交通、电力、通信、广播、管网、水利等的恢复、迁建补偿费，库底清理费，防护工程费，环境影响补偿费用等。

（2）土地使用权出让金　土地使用权出让金是指建设项目通过土地使用权出让方式，取得有限期的土地使用权，依照《中华人民共和国城镇国有土地使用权出让和转让暂行条例》规定支付的土地使用权出让金。

1）明确国家是城市土地的唯一所有者，并分层次、有偿、有限期地出让、转让城市土地。第一层次是城市政府将国有土地使用权出让给用地者，该层次由城市政府垄断经营，出让对象可以是有法人资格的企事业单位，也可以是外商；第二层次及以下层次的转让则发生在使用者之间。

2）城市土地的出让和转让可采用协议、招标、公开拍卖等方式。

① 协议方式。该方式适用于市政工程、公益事业用地以及需要减免地价的机关、部队用地和需要重点扶持、优先发展的产业用地。

② 招标方式。该方式适用于一般工程建设用地。

③ 公开拍卖。该方式使用于盈利高的行业用地。

3）在有偿出让和转让土地时，政府对地价不作统一规定，但应坚持以下原则：

① 地价对目前的投资环境不产生大的影响。

② 地价与当地的社会经济承受能力相适应。

③ 地价要考虑已投入的土地开发费用、土地市场供求关系、土地用途和使用年限。

4）关于政府有偿出让土地使用权的年限，以 50 年为宜。

根据《中华人民共和国城镇国有土地使用权出让和转让暂行条例》，土地使用权出让最高年限按下列用途确定：

① 居住用地 70 年。

② 工业用地 50 年。

③ 教育、科技、文化、卫生、体育用地 50 年。

④ 商业、旅游、娱乐用地 40 年。

⑤ 综合或者其他用地 50 年。

【例 2-3】某建设单位准备以有偿的方式取得某城区一宗土地的使用权，该宗土地占地面积 15 000m^2，土地使用权出让金标准为 4 000 元/m^2；根据调查，目前该区域尚有平房住户 60 户，建筑面积总计 3 500m^2，同类地区征地拆迁补偿费估计单价为 1 200 元/m^2。试对该土地费用进行估价是多少万元？

【解】土地使用权出让金=4 000×15 000=6 000 万元；

以同类地区征地拆迁补偿费作为参照，估计单价为 1 200 元/m^2，则该土地拆迁补偿费用为：

1 200×3 500=420 万元；

则该土地费用估价应为：土地费用估价=6 000+420=6 420 万元。

2.4.2 与项目建设有关的其他费用

根据项目的不同，与项目建设有关的其他费用的构成也不尽相同，一般包括以下各项，在进行工程估算及概算中可根据实际情况进行计算。

（1）建设单位管理费　建设单位管理费是指建设项目从立项、筹建、建设、联合试运转、竣工验收交付使用及后评估等全过程管理所需费用。内容包括：

1）建设单位开办费。该费用是指新建项目为保证筹建和建设工作正常进行所需办公设备、生活家具、用具、交通工具等购置费。

2）建设单位经费。该费用包括工作人员的基本工资、工资性补贴、职工福利费、劳动保护费、办公费、差旅交通费、工会经费、职工教育经费、固定资产使用费、工具用具使用费、技术图书资料费、生产人员招募费、合同契约公证费、工程质量监督检测费、工程咨询费、法律顾问费、审计费、业务招待费、排污费、竣工交付使用清理及竣工验收费、后评估等费用，不包括应计入设备、材料预算价格的建设单位采购及保管设备材料所需的费用。

建设单位管理费按照单项工程费用之和（包括设备工器具购置费和建筑安装工程费用）乘以建设单位管理费费率计算。

（2）勘察设计费　勘察设计费是指为本建设项目提供项目建议书、可行性研究报告及设计文件等所需的费用。

（3）研究试验费　研究试验费是指为建设项目提供和验证设计参数、数据、资料等所进行的必要的试验费用以及设计规定在施工中必须进行试验、验证所需的费用。

（4）建设单位临时设施费　建设单位临时设施费是指建设期间建设单位所需临时设施的搭设、维修、摊销费用或租赁费用。

（5）工程监理费　工程监理费是指建设单位委托工程监理单位对工程实施监理工作所需的费用。

（6）工程保险费　工程保险费是指建设项目在建设期间根据需要实施工程保险所需的费用。

（7）引进技术和进口设备其他费用　引进技术和进口设备其他费用包括出国人员费用、国外工程技术人员来华费用、技术引进费、分期或延期付款利息、担保费以及进口设备检验鉴定费。

（8）工程承包费　工程承包费是指具有总承包条件的工程公司，对工程建设项目从开始建设至竣工投产全过程的总承包所需的管理费用。

2.4.3　与未来企业生产经营有关的其他费用

（1）联合试运转费　联合试运转费是指新建企业或新增加生产工艺过程的扩建企业在竣工验收前，按照设计规定的工程质量标准，进行整个车间的负荷或无负荷联合试运转所发生的费用支出大于试运转收入的亏损费用。试运转收入包括试运转产品销售和其他收入。联合试运转费不包括应归于设备安装工程费项下开支的单台设备调试费及试车费用。

（2）生产准备费　生产准备费是指新建企业或新增生产能力的企业，为保证竣工交付使用，进行必要的生产准备所发生的费用。费用内容包括以下几项：

1）生产人员培训费。

2）生产单位提前进厂参加施工、设备安装、调试等以及熟悉工艺流程及设备性能等人员的工资、工资性补贴、职工福利费、差旅交通费和劳动保护费等。

（3）办公和生活家具购置费　办公和生活家具购置费是指为保证新建、改建、扩建项目初期正常生产、使用和管理所必须购置的办公和生活家具、用具的费用。

2.5 预备费和建设期贷款利息

2.5.1 预备费

按我国现行规定，预备费包括基本预备费和涨价预备费。

1．基本预备费

基本预备费是指在初步设计及概算内难以预料的工程费用，费用内容包括以下几项：

1）在批准的初步设计范围内，技术设计、施工图设计及施工过程中所增加的工程费用；设计变更、局部地基处理等增加的费用。

2）一般自然灾害造成的损失和预防自然灾害所采取的措施费用。实行工程保险的工程项目费用应适当降低。

3）竣工验收时为鉴定工程质量对隐蔽工程进行必要的挖掘和修复费用。

基本预备费是按设备及工器具购置费、建筑安装工程费用和工程建设其他费用三者之和为计取基础，乘以基本预备费率进行计算。计算公式为：

基本预备费=（设备及工器具购置费+建筑安装工程费用+工程建设其他费用）×基本预备费费率　（2-46）

2．涨价预备费

涨价预备费（Provision Fund for Price，在公式中用 PF 代表）是指建设项目在建设期间内由于价格等变化引起工程造价变化的预测预留费用。费用内容包括：人工、设备、材料、施工机械的价差费，建筑安装工程费及工程建设其他费用调整，利率、汇率调整等增加的费用。

涨价预备费的测算方法，一般根据国家规定的投资综合价格指数，按估算年份价格水平的投资额为基数，采用复利方法计算。计算公式为：

$$\mathrm{PF}=\sum_{t=0}^{n} I_t[(1+f)^t-1] \tag{2-47}$$

式中　PF——涨价预备费；

I_t——建设期中第 t 年的投资计划额，包括设备及工器具购置费、建筑安装工程费、工程建设其他费及基本预备费；

n——建设期年份数；

f——年平均投资价格上涨率。

【例 2-4】某工程投资中，设备、建筑安装和工程建设其他费用分别为 500 万元、900 万元和 300 万元，基本预备费率为 8%。投资建设期为 2 年，各年投资额相等。预计年均投资价格上涨 4%，则该工程的涨价预备费为多少万元？

【解】基本预备费=（设备及工器具购置费+建筑安装工程费用+工程建设其他费用）×基本预备费费率

=（500+900+300）/2×8%=68 万元

第一年涨价预备费为：

$$\mathrm{PF1}=I_1[(1+f)^1-1]=[(500+900+300)/2+68]\times[(1+4\%)^1-1]=36.72\ \text{万元}$$

第二年涨价预备费为：

$$PF2 = I_2[(1+f)^2-1] = [(500+900+300)/2+68]\times[(1+4\%)^2-1] = 74.91 \text{ 万元}$$

涨价预备费 $PF = PF1 + PF2 = 36.72 + 74.91 = 111.63$ 万元

2.5.2　建设期贷款利息

建设期贷款利息包括向国内银行和其他非银行金融机构贷款、出口信贷、外国政府贷款、国际商业银行贷款以及在境内外发行的债券等在建设期间内应偿还的贷款利息。

当总贷款是分年均额发放时，建设期利息的计算可按当年借款在年终支用考虑，即当年贷款按半年计息，上年贷款按全年计息。计算公式为：

$$q_j - (p_{j-1} + \frac{A_j}{2}) \bullet i \tag{2-48}$$

式中　q_j——建设期第 j 年应计利息；

p_{j-1}——建设期第（j–1）年末贷款累计金额与利息累计金额之和；

A_j——建设期第 j 年贷款金额；

i——年利率。

【例 2-5】某新建项目，建设期为 2 年，分年均衡进行贷款，第一次贷款 300 万元，第二年贷款 600 万元，年利率为 12%，建设期内只计息不支付，计算建设期贷款利息。

【解】建设期隔年利息计算如下：

$$q_1 = (0 + \frac{1}{2}A_1) \bullet i = 0.5\times300\times12\% = 18 \text{万元}$$

$$q_2 = (p_{2-1} + \frac{1}{2}A_2) \bullet i = (300+18+0.5\times600)\times12\% = 74.16 \text{万元}$$

建设期贷款利息为：$q_1 + q_2 = 18 + 74.16 = 92.16$万元

2.6　固定资产投资方向调节税

国家为引导投资方向，调整投资结构，加强重点建设，对在我国境内进行固定资产投资的单位和个人征收固定资产投资方向调节税（简称投资方向调节税）。但值得注意的是，为了贯彻国家宏观调控政策，扩大内需，鼓励投资，根据国务院的有关决定，对《中华人民共和国固定资产投资方向调节税暂行条例》规定的纳税义务人，自 2000 年 1 月 1 日起新发生的投资额，暂停征收固定资产投资方向调节税。而该税种并未取消。

2.6.1　税率

固定资产投资方向调节税，根据国家产业政策和项目经济规模实行差别税率，税率分为 0%、5%、10%、15%、30%五个档次。差别税率按两大类设计，一类是基本建设项目投资；

另一类是更新改造项目投资。对前者设计了四档税率，即 0%、5%、15%、30%；对后者设计了两档税率，即 0%、10%。

（1）基本建设项目投资使用的税率

1）国家急需发展的项目投资，如农业、林业、水利、能源、交通、通信、原材料、科教、地质、勘探、矿山开采等基础产业和薄弱环节的部门项目投资，适用零税率。

2）对国家鼓励发展但受能源、交通等制约的项目投资，如钢铁、化工、石油、水泥等部分重要原材料项目，以及一些重要机械、电子、轻工业和新型建材项目，实行 5%的税率。

3）为配合住房制度改革，对城乡个人修建、购买住宅的投资实行零税率；对单位修建、购买一般性住宅投资，实行 5%的低税率；对单位用公款修建、购买高标准独门独院、别墅式住宅投资，实行 30%的高税率。

4）对楼堂馆所以及国家严格限制发展的项目投资，课以重税，税率为 30%。

5）对不属于上述四类的其他项目投资，实行中等税赋政策，税率 15%。

（2）更新改造项目投资适用的税率

1）为了鼓励企事业单位进行设备更新和技术改造，促进技术进步，对国家急需发展的项目投资予以扶持，适用零税率；对单纯工艺改造和设备更新的项目投资，适用零税率。

2）对不属于上述提到的其他更新改造项目投资，一律按建筑工程投资适用 10%的税率。

2.6.2 计税依据

投资方向调节税以固定资产投资项目实际完成投资额为计税依据。实际完成投资额包括：设备及工器具购置费、建筑安装工程费、工程建设其他费用及预备费。但更新改造项目是以建筑工程实际完成的投资额为计税依据。

2.6.3 计税方法

首先确定单位工程投资完成额；其次根据工程的性质及划分的单位工程情况，确定单位工程的适用税率；最后计算各个单位工程应纳的投资方向调节税税额，并且将各个单位工程应纳的税额汇总，即得出整个项目的应纳税额。

2.6.4 缴纳方法

投资方向调节税按固定资产投资项目的单位工程年度计划投资额预缴，年度终结后，按年度实际完成投资额结算，多退少补。项目竣工后，按应征收投资方向调节税的项目及其单位工程的实际完成投资额进行清算，多退少补。

本章小结

本章主要内容是建设工程造价的构成及其计算。通过本章的学习，要熟悉建设工程造价的构成，掌握设备及工器具购置费、建筑安装费和工程建设其他费构成与计算，掌握预备费、建设期贷款利息、固定资产投资方向调节税的内容。

复习思考题

1．我国现行工程造价主要由哪几部分构成？

2．进口设备抵岸价由哪些构成？怎样计算？

3．某公司拟从国外进口一套机电设备，重量 1500 吨，装运港船上交货价，即离岸价（FOB 价）为 400 万美元。其他有关费用参数为：国际运费标准为 360 美元/吨；海上运输保险费费率为 0.266%；中国银行费率为 0.5%；外贸手续费率为 1.5%；关税税率为 22%；增值税的税率为 17%；2011 年 4 月份 1 美元的银行牌价为 6.428 元人民币，设备的国内运杂费率为 2.5%。现对该套进口设备进行估价应为多少万元？

4．建筑安装工程费用由哪些构成？

5．工程建设其他费用由哪些构成？

6．什么是涨价预备费？如何计算涨价预备费？

7．某项目的静态投资为 250 000 万元，按本项目进度计划，项目建设期为 5 年，5 年的投资分年度使用比例为第一年 10%，第二年 20%，第三年 30%，第四年 30%，第五年 10%，建设期内年平均价格变动率为 6%，试估计该项目建设期的涨价预备费。

8．某新建项目，建设期为 3 年，分年均衡进行贷款，第一年贷款 300 万元，第二年 600 万元，第三年 400 万元，年利率为 12%，计算建设期贷款利息。

9．某建设项目投资构成中，设备购置费 1 000 万元，工具、器具及生产家具购置费 200 万元，建筑工程费 800 万元，安装工程费 500 万元，工程建设其他费用 400 万元，基本预备费 150 万元，涨价预备费 350 万元，建设期贷款 2 000 万元，应计利息 120 万元，流动资金 400 万元，则该建设项目的工程造价为多少？

第3章 工程造价的计价依据与计价模式

学习目标

（1）熟悉工程造价计价依据的概念和要求，作用和分类。
（2）熟悉工程造价计价模式的概念、计价程序和计价方式。
（3）熟悉工程定额的概念、内容和分类。
（4）掌握人工、材料、机械台班消耗量的确定方法。
（5）掌握人工、材料、机械台班单价的确定方法。
（6）了解工程造价指数的概念、编制及应用。
（7）熟悉《建设工程工程量清单计价规范》的内容、术语、特点。
（8）掌握定额计价模式和工程量清单计价模式的工程造价计价原理与方法。

3.1 工程造价计价依据与计价模式概述

确定合理的工程造价，要有科学的工程造价计价依据与计价模式。在市场经济条件下，工程造价的计价依据与计价模式会变得越来越复杂，但其必须具有信息性，定性描述清晰，便于计算，符合实际。掌握和收集大量的工程造价计价依据与计价模式资料，将有利于更好地进行工程造价管理，从而提高投资的经济效益。

3.1.1 计价依据概述

1. 计价依据的概念和要求

计价依据是用以计算工程造价的各类基础资料的总称，是进行工程造价科学管理的基础。它主要包括工程定额、《建设工程工程量清单计价规范》、工程单价、造价指数、造价资料以及工程造价主管部门发布的法规、政策等。其中，工程定额和《建设工程工程量清单计价规范》是工程计价的核心依据。

由于影响工程造价的因素很多，每一项工程的造价都要根据工程的用途、类别、结构特征、建设标准、所在地区和坐落地点、市场价格信息，以及政府的产业政策、税收政策和金融政策等作具体计算。因此就需要把确定上述各项因素相关的各种量化的定额或指标等作为计价的基础。

计价依据除国家或地方法律规定的以外，一般以合同形式加以确定。计价依据必须满足以下要求：

1）准确可靠，符合实际。

2）可信度高，有权威性。

3）数据化表达，便于计算。

4）定性描述清晰，便于正确利用。

2．计价依据的作用

工程造价计价依据是确定和控制工程造价的基础资料，它依照不同的建设管理主体，在不同的工程建设阶段，针对不同的管理对象具有不同的作用。

1）计价依据是编制计划的基本依据。无论是国家建设计划、业主投资计划、资金使用计划还是施工企业的施工进度计划、年度计划、月旬作业计划以及下达生产任务单等，都是以计价依据来计算人工、材料、机械、资金等的需要数量，合理地平衡和调配人力、物力、财力等各项资源，以保证提高投资与企业经济效益，落实各种建设计划。

2）计价依据是计算和确定工程造价的依据。工程造价的计算和确定必须依赖定额等计价依据。如估算指标用来计算和确定投资估算，概算定额用于计算和确定设计概算，预算定额用于计算和确定施工图预算，施工定额用于计算确定施工项目成本。

3）计价依据是企业实行经济核算的依据。经济核算制是企业管理的重要经济制度，它可以促使企业以尽可能少的资源消耗，取得最大的经济效益。定额等计价依据是考核资源消耗的主要标准。如对资源消耗和生产成果进行计算、对比和分析，就可以发现改进的途径，采取措施加以改进。

4）计价依据有利于建筑市场的良好发育。计价依据既是投资决策的依据，又是价格决策的依据。对于投资者来说，可以利用定额等计价依据有效地提高其项目决策的科学性，优化其投资行为；对于施工企业来说，定额等计价依据是施工企业适应市场投标竞争和企业进行科学管理的重要工具。

5）计价依据是编制投资估算、设计概算、施工图预算、招标标底、竣工结算、调解处理工程造价纠纷及鉴定工程造价的依据，是衡量投标报价合理性的基础。

3．计价依据的分类

（1）按用途分类　工程造价的计价依据按用途分类，概括起来可以分为 7 大类 18 小类。

第一类，规范工程计价的依据：

1）国家标准《建设工程工程量清单计价规范》。

第二类，计算设备数量和工作量的依据：

2）可行性研究资料。

3）初步设计、扩大初步设计、施工图设计图纸和资料。

4）工程变更及施工现场签证。

第三类，计算分部分项工程人工、材料、机械台班消耗量及费用的依据：

5）概算指标、概算定额、预算定额。

6）人工单价。

7）材料预算单价。

8）机械台班单价。

9）工程造价信息。

第四类，计算建筑安装工程费用的依据：

10）间接费定额。

11）价格指数。

第五类，计算设备费的依据：

12）设备价格、运杂费率等。

第六类，计算工程建设其他费用的依据：

13）用地指标。

14）各项工程建设其他费用定额等。

第七类，和计算造价相关的法规和政策：

15）包含在工程造价内的税种、税率。

16）与产业政策、能源政策、环境政策、技术政策和土地等资源利用政策有关的取费标准。

17）利率和汇率。

18）其他计价依据。

（2）按使用对象分类

第一类，规范建设单位（业主）计价行为的依据：国家标准《建设工程工程量清单计价规范》。

第二类，规范建设单位（业主）和承包商双方计价行为的依据：包括国家标准《建设工程工程量清单计价规范》；初步设计、扩大初步设计、施工图设计图纸和资料；工程变更及施工现场签证；概算指标、概算定额、预算定额；人工单价；材料预算单价；机械台班单价；工程造价信息；间接费定额；设备价格、运杂费率等；包含在工程造价内的税种、税率；利率和汇率；其他计价依据。

4．我国现行工程造价计价依据体系

按照我国工程计价依据的编制和管理权限的规定，目前我国已经形成了由国家、各省、直辖市、自治区和行业部门的法律法规、部门规章相关政策文件以及标准、定额等相互支持、互为补充的工程计价依据体系，见表 3-1。

表 3-1　现行工程计价依据体系一览表

序　号	分　类	计价依据名称	内　容	批 准 文 号	执 行 时 间
1	标准类	《建设工程工程量清单计价规范》	建设工程	建设部公告第 119 号；住房和城乡建设部第 63 号公告	2003 年 7 月 1 日起执行 GB 50500—2003；2008 年 12 月 1 日起执行 GB 50500—2008
2	定额类	《全国统一建筑工程基础定额》	建筑工程	建标[1995]736 号	1995 年 12 月
		《全国统一安装工程基础定额》	安装工程	建设部公告第 431 号	2006 年 9 月
		《全国统一建筑装饰装修工程消耗量定额》	装饰工程	建标[2001]271 号	2002 年 1 月
		《全国统一安装工程预算定额》	安装工程	建标[2000]60 号	2000 年 3 月
		《全国统一市政工程预算定额》	市政工程	建标[1999]221 号	1999 年 10 月
		《全国统一施工机械台班费用编制规则》	通用	建标[2001]196 号	2001 年 9 月
		《全国统一建筑安装工程工期定额》	建筑安装工程	建标[2000]38 号	2000 年 2 月
		各省、直辖市、自治区颁布的计价依据			
		各行业部门颁发的计价依据			

（续）

序 号	分 类	计价依据名称	内 容	批 准 文 号	执 行 时 间
3	相关的法律、政策类	《中华人民共和国建筑法》	通用	中华人民共和国主席令第 91 号	1998 年 3 月
		《中华人民共和国招标投标法》	通用	中华人民共和国主席令第 21 号	2000 年 1 月
		《建筑工程施工发包与承包计价管理办法》	通用	建设部令第 107 号	2001 年 12 月
		《房屋建筑和市政基础设施工程施工招标投标管理办法》	通用	建设部令第 89 号	2001 年 6 月
		《建筑安装工程费用项目组成》	通用	建标[2003]206 号	2004 年 1 月

3.1.2 计价模式概述

工程造价的计价模式是指根据计价依据计算工程造价的程序和方法，具体包括建设工程定额计价模式和工程量清单计价模式两种。

1. 建设工程定额计价模式

建设工程定额计价是我国长期以来在工程价格形成中采用的计价模式，是国家通过颁布统一的估价指标、概算指标、概算定额、预算定额和相应的费用定额，对建筑产品价格有计划管理的一种方式。在计价中以定额为依据，按定额规定的分部分项子目，逐项计算工程量，套用定额单价或单位估价表（基价）确定直接费（定额直接费），然后按规定取费标准确定构成工程价格的其他费用和利税，获得建筑安装工程造价。建设工程概预算书就是根据不同设计阶段设计图纸和国家规定的定额、指标及各项费用取费标准等资料，预先计算的新建、扩建、改建工程的投资额的技术经济文件。由建设工程概预算书所确定的每一个建设项目、单项工程或单位工程的建设费用，实质上就是相应工程的计划价格。

长期以来，我国发承包计价以工程概预算定额主要依据。因为工程概预算定额是我国几十年计价实践的总结，具有一定的科学性和实践性，所以用这种方法计算和确定工程造价过程简单、快速、比较准确，也有利于工程造价管理部门的管理。但概预算定额是按照计划经济的要求制定、发布、贯彻执行的，定额中工、料、机的消耗量是根据“社会平均水平”综合测定的，费用标准是根据不同地区平均测算的，因此企业采用这种模式报价是就会表现为平均主义，企业不能结合项目具体情况、自身技术优势、管理水平和材料采购渠道价格进行自主报价，不能充分调动企业加强管理的积极性，也不能充分体现公平竞争的基本原则，体现不出企业的竞争优势。

2. 工程量清单计价模式

工程量清单计价模式是建设工程招投标中，按照国家统一的工程量清单计价规范，招标人或其委托的有资质的咨询机构编制反映工程实体消耗和措施消耗的工程量清单，并作为招标文件的一部分提供给投标人，由投标人依据工程量清单，根据各种渠道所获得的工程造价信息和经验数据，结合企业定额自主报价的计价方式。

我国现行建设行政主管部门发布的工程预算定额消耗量和有关费用及相应价格是按照社会平均水平编制的，以此为依据形成的工程造价基本上属于社会平均价格。这种平均价格可作为市场竞争的参考价格，但不能充分反映参与竞争企业的实际消耗和技术管理水平，在一定程度上限制了企业的公平竞争。采用工程量清单计价，能够反映出承建企业的工程个别成本，有利于企业自主报价；同时，实行工程量清单计价，工程量清单作为招标文件和合同文件的重要组成部分，对于规范招标人计价行为，在技术上避免招标中弄虚作假和暗箱操作及保证工程款的支付结算都会起到重要作用。

目前我国建设工程造价计价实行“双轨制”管理办法，即定额计价法和工程量清单计价法同时实行。工程量清单计价作为一种市场价格的形成机制，主要在工程招投标和结算阶段使用。全部使用国有资金投资或国有资金投资为主（简称“国有资金投资”）的工程建设项目，必须采用工程量清单计价。

3.2　工程造价计价依据

3.2.1　工程定额

定额就是一种规定的额度，或称数量标准。工程定额就是国家颁发的用于规定完成某一工程产品所需消耗的人力、物力和财力的数量标准。定额是企业科学管理的产物，工程定额反映了在一定社会生产力水平的条件下，建设工程施工的管理和技术水平。

在建筑安装施工生产中，根据需要而采用不同的定额。例如用于企业内部管理的有劳动定额、材料消耗定额和施工定额。又如为了计算工程造价，要使用估算指标、概算定额、预算定额（包括基础定额）、费用定额，等等。因此，工程定额可以从不同的角度进行分类。

（1）按定额反映的生产要素消耗内容分类　劳动定额、材料消耗定额、机械台班定额。

（2）按定额的不同用途分类　施工定额、预算定额、概算定额、概算指标及投资估算指标。

（3）按照投资的费用性质分类　建筑工程定额、设备安装工程定额、建筑安装工程费用定额、工程建设其他费用定额。

（4）按定额的编制单位和执行范围分类　全国统一定额、地区统一定额、行业定额、企业定额、补充定额。

3.2.1.1　施工定额与企业定额

3.2.1.1.1　施工定额

施工定额是施工企业为组织生产和加强管理在企业内部使用的一种定额，属于企业生产定额的性质。它是建筑安装工人在合理的劳动组织或工人小组在正常施工条件下，为完成单位合格产品，所需消耗的劳动力、材料、机械台班的数量标准。它由劳动定额、材料消耗定额和机械台班定额组成。施工定额是施工企业内部经济核算的依据，是编制施工预算的依据，也是编制预算定额的基础。

为了适应组织生产和管理的需要，施工定额的项目划分很细，是工程建设定额中分项最细、定额子目最多的一种定额，也是工程建设定额中的基础性定额。在预算定额的编制过程中，施工定额的劳动、机械、材料消耗的数量标准，是计算预算定额中劳动、机械、材料消耗数量标准的重要依据。

施工定额在企业管理工作中的作用是：

（1）企业计划管理的依据。

（2）组织和指挥施工生产的有效工具。

（3）计算工人劳动报酬的依据。

（4）利于推广先进技术。

（5）编制施工预算的依据。

施工定额的编制原则是定额水平必须遵循平均先进、结构形式应简明适用的原则。施工定额是以劳动定额、材料消耗量定额、机械台班消耗量定额的形式来表现，它是工程计价最基础的定额，是编制地方和行业部门预算定额的基础，也是个别企业依据其自身的消耗水平编制企业定额的基础。

1．劳动定额

（1）劳动定额的概念　劳动定额，亦称人工定额，是指正常施工条件下，某等级工人在单位时间内完成合格产品的数量或完成单位合格产品所需的劳动时间。按其表现形式的不同，可分为时间定额和产量定额。它是确定工程建设定额人工消耗量的主要依据。

（2）劳动定额的分类及其关系　劳动定额分为时间定额和产量定额两种。

1）时间定额。时间定额是指某工种某一等级的工人或工人小组在合理的劳动组织等施工条件下，完成单位合格产品所必须消耗的工作时间。以“工日”为单位，每个工日现行规定工作时间为 8h。

2）产量定额。产量定额是指某工种等级工人或工人小组在合理的劳动组织等施工条件下，在单位时间内完成合格产品的数量。

时间定额与产量定额的关系是互为倒数的关系，即：

$$时间定额=\frac{1}{产量定额} \tag{3-1}$$

2．材料消耗定额

（1）材料消耗定额的概念　材料消耗定额是指先进合理的施工条件和合理使用材料的情况下，生产质量合格的单位产品所必需的建筑安装材料的数量标准。

（2）净用量定额和损耗量定额　材料消耗定额包括：

1）直接用于建筑安装工程上的材料。

2）不可避免产生的施工废料。

3）不可避免的材料施工操作损耗。

其中，直接构成建筑安装工程实体的材料称为材料消耗净用量定额，不可避免的施工废料和材料施工操作损耗量称为材料损耗量定额。材料消耗用量定额与损耗量定额之间具有下列关系：

$$材料消耗定额（材料总消耗量）=材料消耗净用量+材料损耗量 \tag{3-2}$$

$$材料损耗率=\frac{材料损耗量}{材料净用量}\times100\%（即：材料损耗量=材料净用量\times损耗率） \tag{3-3}$$

$$材料消耗定额\approx材料消耗净用量\times（1+损耗率） \tag{3-4}$$

或

$$材料消耗量=\frac{材料净用量}{1-损耗率}$$

（3）编制材料消耗定额的基本方法

1）现场技术测定法。用该方法主要是为了取得编制材料损耗定额的资料。材料消耗中的净用量比较容易确定，但材料消耗中的损耗量不能随意确定，需通过现场技术测定来区分哪些属于难以避免的损耗，哪些属于可以避免的损耗，从而确定出比较准确的材料损耗量。

2）试验法。试验法是在试验室内采用专用的仪器设备，通过试验的方法来确定材料消耗定额的一种方法，用这种方法提供的数据，虽然精确度高，但容易脱离现场实际情况。

3）统计法。统计法中通过对现场用料的大量统计资料进行分析计算的一种方法。用该方法可获得材料消耗的各种数据，用来编制材料消耗定额。

4）理论计算法。理论计算法是运用一定的计算公式计算材料消耗量，确定材料消耗定额的一种方法。这种方法较适合计算块状、板状、卷状等材料消耗量。

① 砖砌体材料用量计算：

标准砖砌体中，标准砖、砂浆用量计算公式：

$$\text{每}1\,\text{m}^3\text{砌体标准砖净用量（块）}=\frac{2\times\text{墙厚的砖数}}{\text{墙厚}\times(\text{砖长}+\text{灰缝厚})\times(\text{砖厚}+\text{灰缝厚})} \tag{3-5}$$

② 各种块料面层的材料用量计算：

$$\text{每}100\,\text{m}^2\text{块料面层中块料净用量（块）}=\frac{100}{(\text{块料长}+\text{灰缝})\times(\text{块料宽}+\text{灰缝})} \tag{3-6}$$

$$\text{每}100\text{m}^2\text{块料面层中灰缝砂浆净用量（m}^3\text{）}=（100-\text{块料净用量}\times\quad\text{块料长}\times\text{块料宽}）\times\text{块料厚} \tag{3-7}$$

$$\text{每}100\,\text{m}^2\text{块料面层中结合层砂浆净用量（m}^3\text{）}=100\times\text{结合层厚} \tag{3-8}$$

$$\text{各种材料总耗量}=\text{净用量}\times(1+\text{损耗率}) \tag{3-9}$$

③ 周转性材料消耗量计算。建筑安装施工中除了耗用直接构成工程实体的各种材料、成品、半成品外，还需要耗用一些工具性的材料，如挡土板、脚手架及模板等。这类材料在施工中不是一次消耗完，而是随着使用次数逐渐消耗的，故称为周转性材料。

周转性材料在定额中是按照多次使用，多次摊销的方法计算。定额表中规定的数量是使用一次摊销的实物量。

a．考虑模板周转使用补充和回收的计算：

$$\text{摊销量}=\text{周转使用量}-\text{回收量} \tag{3-10}$$

$$\text{周转使用量}=\frac{\text{一次使用量}+\text{一次使用量}\times(\text{周转次数}-1)\times\text{损耗率}}{\text{周转次数}}$$

$$\text{回收量}=\frac{\text{一次使用量}-（\text{一次使用量}\times\text{损耗率}）}{\text{周转次数}}$$

b．不考虑周转使用补充和回收量的计算公式：

$$\text{摊销量}=\frac{\text{一次使用量}}{\text{周转次数}} \tag{3-11}$$

3．机械台班定额

机械台班定额是施工机械生产率的反映，编制高质量的施工机械台班定额是合理组织机械化施工，有效地利用施工机械，进一步提高机械生产率的必备条件。编制施工机械台班定额，主要包括以下内容：

（1）拟定正常的施工条件 机械操作与人工操作相比，劳动的生产率在更大的程度上受施工条件的影响，所以更要重视拟定正常的施工条件。

（2）确定机械纯工作 1 小时的正常生产率 确定机械正常生产率必须先确定机械纯工作 1 小时的劳动生产率。因为只有先取得机械纯工作 1 小时正常生产率，才能根据机械利用系数计算出施工机械台班定额。

机械纯工作时间，就是指机械必须消耗的净工作时间，它包括正常工作负荷下，有根据降低负荷下、不可避免的无负荷时间和不可避免的中断时间，机械纯工作 1 小时的正常生产率，就是在正常施工条件下，由具备一定技能的技术工人操作施工机械净工作 1 小时的劳动生产率。

确定机械纯工作 1 小时正常劳动生产率可以分为三步进行。

第一步，计算机械一次循环的正常延续时间；

第二步，计算施工机械纯工作 1 小时的循环次数；

第三步，求机械纯工作 1 小时正常生产率。

（3）确定施工机械的正常利用系数 机械的正常利用系数，是指机械在工作班内工作时间的利用率。机械正常利用系数与工作班内的工作状况有着密切的关系。

确定机械正常利用系数，首先要计算工作班在正常状况下，准备与结束工作、机械开动、机械维护等工作所必需消耗的时间，以及机械有效工作的开始与结束时间；然后再计算机械工作班的纯工作时间；最后确定机械正常利用系数。

$$机械正常利用系数=\frac{工作班内机械纯工作时间}{机械工作班延续时间} \tag{3-12}$$

（4）计算机械台班定额 计算机械台班定额是编制机械台班定额的最后一步。在确定了机械工作正常条件、机械 1 小时纯工作时间正常生产率和机械利用系数后，就可以确定机械台班的定额指标了。

$$施工机械台班产量定额=机械纯工作1小时正常生产率\times工作班延续时间\times机械正常利用系数 \tag{3-13}$$

3.2.1.1.2 企业定额

1．企业定额的概念

施工企业定额是施工企业直接用于施工管理的一种定额。它是指由合理劳动组织的建筑安装工人小组在正常施工条件下，以同一性质的施工过程或工序为测定对象，为完成单位合格产品所需人工、机械、材料消耗的数量标准。施工企业定额反映了企业的施工水平、装备水平和管理水平，可作为考核施工单位劳动生产率水平、管理水平的标尺和确定工程成本、投标报价的依据。《建设工程工程量清单计价规范》出台以后，施工企业定额在投标报价中的地位和作用明显提高。

在工程量清单计价模式下，每个企业均应拥有反映自己企业能力的企业定额。从一定意义上讲，企业定额是企业的商业秘密，是企业参与市场竞争的核心竞争能力的具体表现。要实现工程造价管理的市场化，由市场形成价格是关键。以各企业的企业定额为基础进行报价，能真实地反映出企业成本的差异，能在施工企业之间形成实力的竞争，从而真正达到市场形成价格的目的。

施工单位应根据本企业的具体条件和可挖掘的潜力，根据市场的需求和竞争环境，根据国家有关政策、法律、规范、制度，自己编制定额，自行决定定额的水平。同类企业和同一地区的企业之间存在施工定额水平的差距，这样在市场上才能具有竞争能力。同时，施工单位应将施工企业定额的水平对外作为商业秘密进行保密。

在市场经济条件下，对于施工企业定额，国家定额和地区定额也不再是强加于施工单位的约束和指令，而是对企业的施工定额管理进行引导，为企业提供有关参数和指导，从而实现对工程造价的宏观调控。

施工企业定额不同于工料机消耗定额，全国统一、地区统一定额中的工料机消耗量标准采用的是社会平均水平，而施工定额中的工料机消耗标准，应根据本企业的技术管理水平，采用平均先进水平。

2．企业定额的作用

施工企业定额是施工企业管理工作的基础，也是工程定额体系中的基础。

（1）施工企业定额是企业投标报价的依据　建设部颁发的《建筑工程施工发包与承包计价管理办法》（建设部第 107 号文）第七条规定：投标报价应当依据企业定额和市场价格信息，并按照国务院和省、自治区、直辖市人民政府建设行政主管部门发布的工程造价计价办法进行编制。为了适应投标报价的要求，施工企业必须根据自身管理水平和技术装备水平编制企业定额。

（2）施工企业定额是施工单位编制施工组织设计和施工作业计划的依据　各类施工组织设计一般包括三部分内容，即所建工程的资源需要量、使用这些资源的最佳时间安排和施工现场平面规划。确定所建工程的资源需要量，要以施工定额为依据；施工中实物工程量的计算，要以施工定额的分项和计量单位为依据；甚至排列施工进度计划也要根据施工定额对施工力量（劳动力和施工机械）进行计算。

（3）施工企业定额是组织和指挥施工生产的有效工具　施工单位组织和指挥施工，应按照作业计划，下达施工任务书和限额领料单。

施工任务书列明应完成的施工任务，也记录班组实际完成任务的情况，并且进行班组工人的工资结算。施工任务书上的工程计量单位、产量定额和计件单位，均取自施工的劳动定额，工资结算也要根据劳动定额的完成情况计算。

限额领料单是施工队随施工任务书同时签发的领取材料的凭证，根据施工任务和材料定额填写。其中领料的数量，是班组为完成规定的工程任务消耗材料的最高限额。

（4）施工企业定额是计算工人劳动报酬的根据　社会主义的分配原则是按劳分配。所谓“劳”主要是指劳动的数量和质量，劳动的成果和效益。施工企业定额是衡量工人劳动数量和质量的标准，是计算工人计件工资的基础，也是计算奖励工资的依据。完成定额好，工资报酬就多；达不到定额，工资报酬就少，真正实现多劳多得，少劳少得。

（5）施工企业定额有利于推广先进技术　施工企业定额的水平中包含着一些已成熟的先进的施工技术和经验，工人要达到和超过定额。就必须掌握和运用这些先进技术，注意改进工具和改进技术操作方法，注意原材料的节约，避免浪费。当施工企业定额明确要求采用某些较先进的施工工具和施工方法时，贯彻施工定额就意味着推广先进技术。

由此可见，施工企业定额在施工单位企业管理的各个环节中都是不可缺少的，施工企业定额管理是企业管理的基础性工作，具有不容忽视的作用。

3．企业定额编制的原则

作为企业定额，其编制必须体现平均先进性原则、简明适用原则、以专家为主编制定额原则、独立自主原则、时效性原则和保密原则。

4．企业定额的编制方法

据不完全调查统计，施工企业中有 70%的企业没有自己的企业定额，主要原因有长期以来，施工企业习惯于依据全国、地区统一定额标准进行计价；部分企业也想编制自己的企业定额，但是由于工作量大，缺乏专业定额制定人员而无法实现；部分企业则是由于不重视企业定额的作用。随着工程计价改革的不断深入，越来越多的施工企业开始重视企业定额的作用，企业定额的编制工作也越来越引起施工企业的关注。

施工企业定额根据其作用要求不同，有不同的形式，如果主要用于计算工人劳动报酬，组织施工生产的，主要编制施工定额，其内容形式可与统一的劳动定额一致；如果要用于投标报价的，则要编制计价定额，其内容形式可与统一基础定额、消耗量定额等一致。

编制企业定额的方法与其他定额的编制方法基本一致，主要有定额修正法、经验统计法、现场观察测定法和理论计算法等。

确定人工消耗量，首先是根据企业环境，拟定正常施工作业条件，分别计算测定基本用工和其他用工的工日数，进而拟定施工作业的定额时间。

确定材料消耗量，是通过企业历史数据统计分析、理论计算、试验室试验和实地考察等方法，计算测定包括周转材料在内的净用量和损耗量，从而拟定材料消耗的定额指标。

机械台班消耗量的确定，同样需要按企业环境、拟定机械工作的正常施工作业条件，确定机械工作效率和利用系数，据此拟定施工机械作业的定额台班与机械作业相关的工人小组定额时间。

3.2.1.2　预算定额

1．预算定额的概念

预算定额是建筑工程预算定额和安装工程预算的总称。随着我国推行工程量清单计价，一些地方出现了综合定额、工程量清单计价定额和工程消耗量定额等定额类型，但其本质上仍应归于预算定额一类，它是编制施工图预算的重要依据。

预算定额是计算和确定一个规定计量单位的分项工程或结构构件的人工、材料和施工机械台班消耗的数量标准。

2．预算定额的作用

1）是编制施工图预算、确定工程造价的依据。

2）是建筑安装工程在工程招投标中确定标底和标价的依据。

3）是建筑单位拨付工程价款、建设资金和编制竣工结算的依据。

4）是施工企业编制施工计划，确定劳动力、材料、机械台班需用量计划和统计完成工程量的依据。

5）是施工企业实施经济核算制、考核工程成本的参考依据。

6）是对设计方案和施工方案进行技术经济评价的依据。

7）是编制概算定额的基础。

3．预算定额的编制原则

1）社会平均水平的原则。预算定额理应遵循价值规律的要求，按生产该产品的社会平均必要劳动时间来确定其价值。这就是说，在正常施工条件下，以平均的劳动强度、平均的技术熟练程度，在平均的技术装备条件下，完成单位合格产品所需的劳动消耗量就是预算定额的消耗量水平。这种以社会平均劳动时间来确定的定额水平，就是通常所说的社会平均水平。

2）简明适用的原则。定额的简明与适用是统一体中的两个方面，如果只强调简明，适用性就差；如果只强调适用，简明性就差。因此预算定额要在适用的基础上力求简明。

4．预算定额的编制依据

1）全国统一劳动定额、全国统一基础定额。

2）现行的设计规范、施工验收规范、质量评定标准和安全操作规程。

3）通用的标准图和已选定的典型工程施工图纸。

4）推广的新技术、新结构、新材料、新工艺。

5）施工现场测定资料、试验资料和统计资料。

6）现行预算定额及基础资料和地区资料预算价格、工资标准及机械台班单价。

5．预算定额的编制步骤

预算定额的编制一般分为以下三个阶段进行。

1）准备工作阶段

① 根据国家或授权机关关于编制预算定额的指示，由工程建设定额管理部门主持，组织编制预算定额的领导机构和各专业小组。

② 拟定编制预算定额的工作方案，提出编制预算定额的基本要求，确定预算定额的编制原则、适用范围，确定项目划分以及预算定额表格形式等。

③ 调查研究、收集各种编制依据和资料。

2）编制初稿阶段

① 对调查和收集的资料进行深入细致的分析研究。

② 按编制方案中项目划分的规定和所选定的典型施工图纸计算出工程量，并根据取定的各项消耗指标和有关编制依据，计算分项定额中的人工、材料和机械台班消耗量，编制出预算定额项目表。

③ 测算预算定额水平。预算定额征求意见稿编出后，应将新编预算与原预算定额进行比较，测算新预算定额水平是提高还是降低，并分析预算定额水平提高或降低的原因。

3）修改和审查计价定额阶段。组织基本建设有关部门讨论《预算定额征求意见稿》，将征求的意见交编制小组重新修改定额，并写出预算定额编制说明和送审报告，连同预算定额送审稿报送主管机关审批。

6．预算定额各消耗量指标的确定

1）预算定额计量单位的确定。预算定额计量单位的选择，与预算定额的准确性、简明适用性及预算工作的繁简有着密切的关系。因此，在计算预算定额各种消耗量之前，应首先确定其计量单位。

在确定预算定额计量单位时，首先应考虑该单位能否反映单位产品的工、料消耗量，保证预算定额的准确性；其次，要有利于减少定额项目，保证定额的综合性；最后，要有利于简化工程量计算和整个预算定额的编制工作，保证预算定额编制的准确性和及时性。

由于各分项工程的形体不同，预算定额的计量单位应根据上述原则和要求，按照分项工程的形体特征和变化规律来确定。凡物体的长、宽、高三个度量都在变化时，应采用 m^3 为计量单位。当物体有一固定的不同厚度，而它的长和宽两个度量所决定的面积不固定时，宜采用 m^2 为计量单位。如果物体截面形状大小固定，但长度不固定时，应以“延长米”为计量单位。有的分部分项工程体积、面积相同，但质量和价格差异很大（如金属结构的制作、运输、安装等），应当以质量为单位 kg 或 t 计算。有的分项工程还可以按“个”、“组”、“座”、“套”等自然计量单位。

预算定额单位确定以后，在预算定额项目表中，常采用所取单位的 10 倍、100 倍等倍数的计量单位来制定预算定额。

2）预算定额各消耗量指标的确定。根据劳动定额、材料消耗定额、机械台班定额来确定消耗量指标。

① 按选定的典型工程施工图及有关资料计算工程量。计算工程量的目的是为了综合组成分项工程各实物量的比重，以便采用劳动定额、材料消耗定额计算出综合后的消耗量。

② 人工消耗指标的确定。预算定额中的人工消耗指标是完成该分项工程必须消耗的各种用工，包括基本用工、材料超运距用工、辅助用工和人工幅度差。

a．基本用工。基本用工指完成该分项工程的主要用工。如砌砖工程中的砌砖、调制砂浆、运砖等用工。将劳动定额综合成预算定额的过程中，还要增加砌附墙烟囱孔、垃圾道等的用工。

b．材料超运距用工。预算定额中的材料、半成品的平均运距要比劳动定额的平均运距远，因此超过劳动定额运距的材料要计算超运距用工。

c．辅助用工。辅助用工指施工现场发生的加工材料等的用工，如筛砂子、淋石灰膏的用工。

d．人工幅度差。人工幅度差主要指正常施工条件下，劳动定额中没有包含的用工因素。例如各工种交叉作业配合工作的停歇时间，工程质量检查和隐蔽工程验收等所占的时间。

③ 材料消耗指标的确定。由于预算定额是在基础定额的基础上综合而成的，所以其材料用量也要综合计算。

④ 施工机械台班消耗指标的确定。预算定额的施工机械台班消耗指标的计量单位是台班。按现行规定，每个工作台班按机械工作 8 小时计算。

预算定额中的机械台班消耗指标应按全国统一劳动定额中各种机械施工项目所规定的台班产量进行计算。

预算定额中以使用机械为主的项目（如机械挖土、空心板吊装等），其工人组织和台班产量应按劳动定额中的机械施工项目综合而成。此外，还要相应增加机械幅度差。

预算定额项目中的施工机械是配合工人班组工作的，所以施工机械要按工人小组配置使用。例如砌墙是按工人小组配置塔吊、卷扬机和砂浆搅拌机等。配合工人小组施工的机械不增加机械幅度差。计算公式为：

$$\text{分项定额机械台班使用量}=\frac{\text{分项定额计量单位值}}{\text{小组总人数}\times\sum(\text{分项计算的取定比重}\times\text{劳动定额综合产量})} \quad (3\text{-}14)$$

或
$$分项定额机械台班使用量=\frac{分项定额计量单位值}{小组日总产量} \tag{3-15}$$

7. 编制定额项目表

当分项工程的人工、材料和机械台班消耗量指标确定后，就可以着手编制定额项目表。

在项目表中，工程内容可以按编制时即包括的综合分项内容填写；人工消耗量指标可按工种分别填写工数；材料消耗量指标应列出主要材料名称、单位和实物消耗量；机械台班使用量指标应列出主要施工机械的名称和台班数。人工和中小型施工机械也可按“人工费和中小型机械费”表示。

8. 预算定额的编排

定额项目表编制完成后，对分项工程的人工、材料和机械台班消耗量列出单价（基期价格），从而形成以货币形式表示的有量有价的预算定额。各分部分项所汇总的价称为基价。在具体应用中，预算定额要按工程所在地的市场价格进行价差调整，体现量、价分离的原则，即定额量、市场价原则。预算定额主要包括文字说明、分项定额消耗量指标和附录。

（1）定额文字说明　文字说明包括总说明、分部说明和分节说明。

1）总说明：

① 编制预算定额各项依据。

② 预算定额的适用范围。

③ 预算定额的使用规定及说明。

2）建筑面积计算规则。

3）分部说明：

① 分部工程包括的子目内容。

② 有关系数的使用说明。

③ 工程量计算规则。

④ 特殊问题处理方法的说明。

4）分节说明。主要包括本节定额的工程内容说明。

（2）分项工程定额消耗指标　各分项定额的消耗指标是预算定额最基本的内容。

（3）附录

1）建筑安装施工机械台班单价表。

2）砂浆、混凝土配合比表。

3）材料、半成品、成品损耗率表。

4）建筑工程材料基价。

附录的主要作用是用于对预算定额的分析、换算和补充。

3.2.1.3　基础单价

预算定额中人工、材料和机械台班消耗量确定后，就需要确定人工、材料和机械台班消耗量的单价。

1．人工工日单价

按照建设部、财政部印发的《建筑安装工程费用项目组成》(建标[2003]206 号）的方法计算：

$$人工费=\sum（工日消耗量\times日工资单价）\tag{3-16}$$

式中　日工资单价（G）$=G_1+G_2+G_3+G_4+G_5$

1）基本工资：

$$基本工资（G_1）=\frac{生产工人平均月工资}{年平均每月法定工作日}\tag{3-17}$$

2）工资性补贴：

$$工资性补贴（G_2）=\frac{\sum年发放标准}{全年日历日-法定假日}+\frac{\sum月发放标准}{年平均每月法定工作日}+每工作日发放标准\tag{3-18}$$

3）生产工人辅助工资：

$$生产工人辅助工资（G_3）=\frac{全年无效工作日\times(G_1+G_2)}{全年日历日-法定假日}\tag{3-19}$$

4）职工福利费：

$$职工福利费（G_4）=(G_1+G_2+G_3)\times福利费计提比例（\%）\tag{3-20}$$

5）生产工人劳动保护费：

$$生产工人劳动保护费（G_5）=\frac{生产工人年平均支出劳动保护费}{全年日历日-法定假日}\tag{3-21}$$

需要指出的是，随着我国改革的深入，社会主义市场经济体制的逐步建立和企业按劳分配自主权的扩大，建筑企业工资分配标准早已突破以前企业工资标准的规定。因此，为适应社会主义市场经济的需要，人工单价的确定应主要参考建筑劳务市场来确定。

2．材料单价

材料单价一般称为材料预算价格，又称为材料基价。

（1）材料预算价格的概念及其组成

1）材料预算价格的概念。材料预算价格是指材料由其来源地（或交货地）运至工地仓库堆放场地后的出库价格。这里指的材料包括构件、半成品及成品。

2）材料预算价格的组成。材料预算价格由下列费用组成：

① 材料原价（供应价格)。

② 包装费。

③ 材料运杂费。

④ 运输损耗费。

⑤ 采购及保管费。

⑥ 检验试验费。

（2）材料预算价格中各项费用的确定

1）材料原价（或供应价格)。材料原价是指材料的出厂价格、进口材料抵岸价或销售部门的批发价和市场采购价（或信息价）。

在确定材料原价时，如果为同一种材料，因来源地、供应单位或生产厂家不同，有几种价格时，要根据不同来源地的供应数量比例，采取加权平均的方法计算其材料的原价。

2）包装费。包装费是为了便于材料运输和保护而进行包装所需的一切费用。包装费包括包装品的价值和包装费用。

包装器材如有回收价值，应考虑回收价值。地区有规定者，按地区规定计算；地区无规定者，可根据实际情况确定。凡由生产厂家负责包装的产品，其包装费已计入材料原价内，不再另行计算，但应扣回包装器材的回收价值。

3）运杂费。材料运杂费是指材料由其来源地（交货地点）起（包括经中间仓库转运）运至施工地仓库或堆放场地止，全部运输过程中所支出的一切费用，包括车船等的运输费、调车费、出入仓库费和装卸费等。

4）运输损耗费。材料运输损耗是指材料在运输和装卸搬运过程中不可避免的损耗。一般通过损耗率来规定损耗标准。其计算公式为：

材料运输损耗费=（材料原价+材料运杂费）×运输损耗率　　（3-22）

5）采购及保管费。材料采购及保管费是指为组织采购、供应和保管材料过程中所需的各项费用。包括采购费、仓储费、工地保管费、仓储损耗。其计算公式为：

材料采购及保管费=（材料原价+运杂费+运输损耗费）×采购及保管费率　　（3-23）

上述费用的计算可以综合成一个计算式：

材料预算价格=[（材料原价+运杂费）×（1+运输损耗费）]×（1+采购及保管费率）　　（3-24）

6）检验试验费。检验试验费是指对建筑材料、构件和建筑安装物进行一般鉴定、检查所发生的费用。检验试验费包括自设试验室进行试验所耗用的材料和化学药品等费用，不包括新结构、新材料的试验费，以及建设单位对具有出厂合格证明的材料进行检验，对构件做破坏性试验及其他特殊要求检验试验的费用。其计算公式为：

检验试验费=$\sum$（单位材料量检验试验费×材料消耗量）　　（3-25）

当发生检验试验费时，材料费中还应加上此项费用。

3．机械台班单价

（1）机械台班单价的概念　机械台班单价，亦称施工机械台班使用费，它是指单位工作台班中为使机械正常运转所分摊和支出的各项费用。

（2）机械台班单价的组成　施工机械台班单价按有关规定由七项费用组成，这些费用按其性质分为第一类费用和第二类费用。

1）第一类费用。第一类费用亦称不变费用，是指属于分摊性质的费用。包括：折旧费、大修理费、经常修理费和机械安拆费。

2）第二类费用。第二类费用亦称可变费用，是指属于支出性质的费用。包括：燃料动力费、人工费、其他费用（养路费及车船使用税、保险费及年检费）等。

（3）第一类费用的计算

1）折旧费。折旧费是指施工机械在规定的使用期限（即耐用总台数）内，陆续收回其原价值及购置资金的费用。其计算公式为：

$$台班折旧费=\frac{机械价格\times(1-残值率)\times时间价值系数}{耐用总台班} \tag{3-26}$$

2）大修理费。大修理费是指施工机械按规定的大修理间隔对台班进行必要的大修理，以恢复其正常功能所需的费用。其计算公式为：

$$台班大修理费=\frac{一次大修理费\times寿命周期内大修理次数}{耐用总台班} \tag{3-27}$$

3）经常修理费。经常修理费是指施工机械除大修理以外的各级保养及排除临时故障所需的费用，包括为保障机械正常运转所需替换设备与随机配备工具附具的摊销及维护费用，机械运转及日常保养所需润滑与擦拭的材料费用，及机械停置期间的维护保养费用等。其计算公式为：

$$台班经常修理费=\frac{\sum(各级保养一次费用\times寿命周期各级保养次数)+临时故障排除费+}{耐用总台班}\frac{替用设备工具附具台班摊销费+例保辅料费}{耐用总台班} \tag{3-28}$$

4）安拆费及场外运输费。安拆费是指施工机械在现场进行安装与拆卸所需的人工、材料、机械和试运费用以及机械辅助设施的折旧、搭设及拆除等费用。

场外运输费指施工机械整体或分体自停放地点运至施工现场，或由一施工地点运至另一施工地点的运输、装卸、辅助材料以及架线费用。安拆费及场外运输费的计算公式为：

$$台班安拆费及场外运输费=\frac{机械一次安拆费及场外运输费\times年平均安拆次数}{年工作台班} \tag{3-29}$$

（4）第二类费用的计算

1）燃料动力费。燃料动力费是指机械台班在运转施工作业中所耗用的固定燃料（煤炭、木材）、液体燃料（汽油、柴油）、电力、水和风力等费用。其计算公式为：

$$台班燃料动力费=台班燃料动力消耗费\times相应单价 \tag{3-30}$$

2）人工费。人工费是指机上司机（司炉）和其他操作人员的工作日人工费及上述人员在机械规定的年工作台班以外的人工费。其计算公式为：

$$台班人工费=人工消耗量\times[1+（年度工作日-年工作台班）/年工作台班]\times人工单价 \tag{3-31}$$

3）养路费及车船使用税。养路费及车船使用税是指机械台班按国家和有关部门规定应缴纳的养路费和车船使用税。其计算公式为：

$$台班养路费及车船使用税=\frac{年养路费+车船使用税+年保险费+年检费用}{年工作台班} \tag{3-32}$$

4．定额基价

定额基价，亦称分项工程单价，一般是指在一定使用期范围内建筑安装单位产品的不完全价格。

定额基价相对比较稳定，有利于简化概（预）算的编制工作。定额基价之所以是不完全价格，是因为它只包含了人工、材料和机械台班的费用，只能算出直接费。为了适应社会主义市场经济发展的需要，随着工程造价改革的进一步深化，按照《建设工程工程量清单计价规范》的要求，也可编出建筑安装产品的完全费用单价。这种单价除了包括人工、材料和机械台班三项费用外，还包括管理费、利润等费用，形成工程量清单项目的综合单价的基价，为发承包双方组成工程量清单项目综合单价构建了平台。目前，我国已有不少省、市采用此法，取得了成效。

定额基价是确定分项工程的基准价，编制的全国定额基价采用北京市价格为基价，各省、自治区编制的定额采用省会（首府）所在地价格，使用时在基价的基础上，根据工程所在地的市场价进行调整。定额基价具有下列优点：一是定额基价相对比较稳定，有利于简化概（预）算的编制工作；二是有利于建立统一建筑市场，实行统一的预算定额，避免各地市等编制单位估价表后还要调价差的繁琐。

（1）基价的编制依据

1）现行的预算定额。

2）现行的日工资标准，目前日工资标准通常采用建筑劳务市场的价格。

3）现行的地区材料预算价格。

4）现行的施工机械台班价格。

（2）基价的确定方法　定额基价由若干个计算出的项目的单价构成，计算公式为：

$$\text{定额基价}=\text{人工费}+\text{材料费}+\text{机械费} \tag{3-33}$$

式中　人工费=定额项目工日数×综合人工工日单价

材料费=$\sum$（定额项目材料用量×材料单价）

机械费=$\sum$（定额项目台班量×机械台班单价）

（3）确定定额项目基价的步骤

1）填写人工、材料、机械台班单价。

2）计算人工费、材料费、机械费和分项工程基价。

3）复核计算过程。

4）报送审批。

（4）定额基价的套用　当施工图的设计要求与预算定额的项目内容一致时，可直接套用预算定额。

在编制单位工程施工图预算的过程中，大多数项目可以直接套用预算定额。套用时应注意以下几点：

1）根据施工图纸、设计说明和做法说明选择定额项目。

2）要从工程内容、技术特征和施工方法上仔细核对，准确地确定相对应的定额项目。

3）分项工程项目名称和计量单位要与预算定额相一致。

（5）定额基价的换算　当施工图中的分项工程项目不能直接套用预算定额时，就产生了定额的换算。

1）换算类型。预算定额的换算类型有以下三种：

① 配合比材料不同时的换算。

② 系数的换算。按定额说明规定对定额中的人工费、材料费、机械费乘以各种系数的换算。

③ 其他换算。

2）换算的基本思路。根据某一相关定额，按定额规定换入增加的费用，减少扣除的费用。这一思路用下式表述：

$$换算后的定额基价=原定额基价+换入的费用-换出的费用 \tag{3-34}$$

3）适用范围。适用于砂浆强度等级、混凝土强度等级、抹灰砂浆及其他配合比材料与定额不同时的换算。

3.2.1.4　概算定额和概算指标

1．概算定额

（1）概算定额概念　概算定额又称扩大结构定额，规定了完成单位扩大分项工程或结构构件所必须消耗的人工、材料和机械台班的数量标准。

概算定额是由预算定额综合而成的。按照《建设工程工程量清单计价规范》的要求，为适应工程招标投标的需要，有的地方的预算定额项目的综合有些已与概算定额项目一致，如挖土方只有一个项目，不再划分一、二、三、四类土；砖墙也只有一个项目，综合了外墙、半砖、一砖、一砖半、二砖、二砖半墙等；化粪池、水池等按座计算，综合了土方、砌筑或结构配件等全部项目。

（2）概算定额的主要作用

1）是扩大初步设计阶段编制设计概算和技术阶段编制修正概算的依据。

2）是对设计项目进行技术经济分析和比较的基础资料之一。

3）是编制项目主要材料计划的参考依据。

4）是编制概算指标的依据。

5）是编制概算阶段招标标底和投标报价的依据。

（3）概算定额的编制依据

1）现行的预算定额。

2）选择的典型工程施工图和其他有关资料。

3）人工工资标准、材料预算价格和机械台班预算价格。

（4）概算定额的编制步骤

1）准备工作阶段。该阶段的主要工作是确定编制机械和人员组成，进行调查研究，了解现行概算定额的执行情况和存在问题，明确编制定额的项目。在此基础上，制定出编制方案和确定概算定额项目。

2）编制初稿阶段。该阶段根据制定的编制方案和确定的定额项目，收集和整理各种数据，对各种资料进行深入细致的测算分析，确定各项目的消耗指标，最后编制出定额初稿。

该阶段要测算概算定额水平。内容包括两个方面：新编概算定额与原概算定额的水平测算；概算定额和预算定额的水平测算。

3）审查定稿阶段。该阶段要组织有关部门讨论定额初稿，在听取合理意见的基础上进行修改。最后将修改稿报请上级主管部门审批。

2．概算指标

（1）概算指标的概念　概算指标是以整个建筑物或构筑物为对象，以“m^2”、“m^3”或“座”

等为计量单位，规定了人工、材料和机械台班的消耗指标的一种标准。

（2）概算指标的主要作用

1）是基本建设管理部门编制投资估算和编制基本建设计划，也是估算主要材料用量计划的依据。

2）是设计单位编制初步设计概算、选择设计方案的依据。

3）是考核基本建设投资效果的依据。

（3）概算指标的主要内容和形式　概算指标的内容和形式没有统一的格式，一般包括以下内容：

1）工程概况。包括建筑面积、建筑层数、建筑地点、时间、工程各部位的结构及做法等。

2）工程造价及费用组成。

3）每 m^2 建筑面积的工程量指标。

4）每 m^2 建筑面积的工料消耗指标。

3.2.2　工程造价指数

1．工程造价指数的概念

工程造价指数是反映一定时期内由于价格变化对工程造价影响程度的一种指标。它反映了工程造价报告期与基期相比的价格变动程度与趋势，是分析价格变动趋势及其原因、估计工程造价变化对宏观经济的影响、承发包双方进行工程估价和结算的重要依据。

工程造价指数一般按照工程的范围不同划分为单项价格指数和综合价格指数两类。单项价格指数是分别反映各类工程的人工、材料、施工机械及主要设备等单项费用报告期对基期价格的变化程度指标，如人工费价格指数、主要材料价格指数、施工机械台班价格指数和主要设备价格指数等；综合价格指数是综合反映不同范围的工程项目中各类综合费用报告期对基期价格的变化程度指标，如建筑安装工程直接费造价指数、其他直接费及间接费价格指数、建筑安装工程造价指数、工程建设其他费用指数、单项工程或建设项目造价指数等。工程造价指数还可根据不同基期划分为定基指数和环比指数。定基指数是各时期价格与某固定时期的价格对比后编制的指数；环比指数是各时期价格都以其前一期价格为基础编制的指数。工程造价指数一般以定基指数为主。

2．工程造价指数的编制

在市场价格水平发生经常波动的情况下，建设工程造价及其各组成部分也处于不断变化之中。这不仅使不同时期的工程在“量”与“价”上都失去了可比性，而且给合理确定和有效控制造价造成了困难。根据工程建设的特点，编制工程造价指数是解决这些问题的最佳途径。

以合理方法编制的工程造价指数，不仅能够较好地反映工程造价的变化趋势和变化幅度，而且可以剔除价格水平变化对造价的影响，正确反映建筑市场的供求关系和生产力发展水平。

工程造价指数主要包括建筑安装工程造价指数、设备工器具价格指数和工程建设其他费用指数等。其中建筑安装工程造价指数的作用最为广泛。

（1）建筑安装工程造价指数

1）建筑安装工程造价指数的编制特点。建筑安装工程作为一种特殊商品，其价格指数的编制也较一般商品具有独特之处。首先，由于建筑产品采用的是分部组合计价方法，其价格指数也必定要按照一定的层次结构计算，即先要编制投入品价格指数（包括各类人工、材料和机械台班价格指数），接着在投入品价格指数的基础上计算工料机费用指数（即包括人工费指数、材料费指数和机械使用费指数），并进一步汇总出成本指数（包括直接工程费指数和间接费指数等），最后在上述指数基础上，编制建筑安装工程造价指数。其次，建筑安装工程单件性计价的特点决定了工程造价指数应是对造价发展趋势的综合反映，而不仅仅是对某一特定工程的造价分析，即建筑安装工程造价指数计算有很强的综合性。建筑安装工程造价指数的准确性和实用性在很大程度上受到指数结构的合理性和指数编制综合技巧的制约。

2）建筑安装工程造价指数的基本计算公式。无论哪个层次的工程造价指数，都可采用拉氏指数公式或派氏指数公式计算。在拉氏指数公式中，权重是固定不变的，可表示为：

$$K_{\mathrm{L}}=\frac{\Sigma p_1 q_0}{\Sigma p_0 q_0} \tag{3-35}$$

在派氏指数公式中的权重是可变的，其公式为：

$$K_{\mathrm{P}}=\frac{\Sigma p_1 q_1}{\Sigma p_0 q_1} \tag{3-36}$$

式中　K_{L}、K_{P}——综合指数；

p_1、p_0——分别表示报告期和基期的要素价格或费用；

q_1、q_0——分别表示报告期和基期的消耗量或销售量数量。

3）工料机费用指数和成本指数的编制。工料机费用指数和成本指数一般按工程性质分类后，代入拉氏指数公式计算，这时公式（3-35）中的 q_0 表示基期的消耗量。消耗量数据可按下面方法确定：先在同类工程中选择有代表特征的一个或若干个范例工程，严格审查或复核其工料机消耗水平、建设标准或施工方法，作为测算工料机费用指数和成本指数的权重基础；将基期和报告期的工料机单价以及工料机消耗量代入公式（3-35），便可得到相应的工料机费用指数；最后将工料机三种费用指数进行综合，并将不同时期的取费率代入公式还可得到直接工程费指数、间接费指数和建造成本指数等。

4）投入品价格指数的编制。建筑安装工程的投入品包括人工、材料、机械三大类及几百个品种、上千种规格，只能从中选出一定的代表投入品编制价格指数。代表投入品的选择一般基于以下原则：一是实际消耗量较大；二是市场价格变动趋势有代表性；三是价格变动有独立的发展趋势；四是市场价格信息准确、及时；五是生产供应稳定。

代表投入品确定后，还要对投入品市场进行调查。由于市场的广泛性和不确定性，造成同时期的投入品市场价格在有形市场中存在差异，因此要按投入产品的耗用量或成交量对投入品价格进行加权，计算公式见式（3-36）。

5）建筑安装工程造价指数的编制。建筑安装工程造价指数编制通常采用如下方法：根据工料机费用指数和成本指数的计算结果，分别考虑基期和报告期的利税水平，可得到范例工程报告期和基期造价的比值，即建筑安装工程造价指数。我国各地区、部门大都采用这种编制方法。建筑安装工程指数的编制过程如图 3-1 所示。

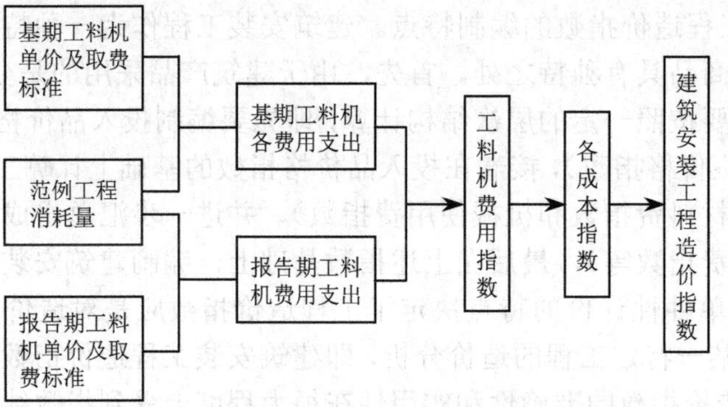

图 3-1　建筑安装工程造价指数编制过程

（2）设备工器具价格指数　按照派氏指数公式计算为：

设备工器具价格指数=∑（报告期设备工器具单价×报告期购置数量）/∑（基期设备工器具单价×报告期购置数量）　（3-37）

（3）工程建设其他费用价格指数

工程建设其他费用价格指数=报告期每万元投资支出中其他费用/基期每万元投资支出中其他费用　（3-38）

（4）建设项目或单项工程造价指数：

建设项目或单项工程造价指数=建筑安装工程造价指数×基期建筑安装工程费用占总造价比例+∑（单项设备价格指数×基期该项设备费占总造价比例）+工程建设其他费用指数×基期工程建设其他费用占总造价比例　（3-39）

3．工程造价指数的应用

工程造价指数反映了报告期与基期相比的价格变动趋势，可以利用它来研究实际工作中的以下问题：

1）可以利用工程造价指数来分析价格上涨或下跌的原因。

2）可以利用工程造价指数来估计工程造价变化对宏观经济的影响。

3）工程造价指数是工程承发包双方进行工程估价和结算的重要依据。由于建筑市场供求关系的变化以及物价水平的不断上涨，单靠原有定额编制概预算、标底及投标报价已不能适应形势发展的需要。而合理编制的工程造价指数正是对传统定额的重要补充。依据造价指数可对工程概预算作适当的调整，使之与现实造价水平相符合，从而克服了定额静态与僵化的弱点。

3.2.3 《建设工程工程量清单计价规范》简介

国家制定《建设工程工程量清单计价规范》，在全国范围内推行工程量清单计价法。这种计价法相对于传统的定额计价方法是一种新的计价模式，是一种市场定价模式，是由建设产品的买方和卖方在建设市场上根据供求状况、信息状况进行自由竞价，从而最终能够签订工程合同价格的方法。工程量清单计价是改革和完善工程价格的管理体制的一个重要的组成部分。在工程量清单的计价过程中，工程量清单为建设市场的交易双方提供了一个平等的平台，其内容和编制原则的确定是整个计价方式改革中的重要工作。

3.2.3.1 《建设工程工程量清单计价规范》的内容构成

《建设工程工程量清单计价规范》（以下简称《计价规范》）包括正文和附录两大部分，两者具有同等效力。

正文共 5 章，包括总则、术语、工程量清单编制、工程量清单计价、工程量清单计价表格等内容，分别就《计价规范》的适应范围、遵循的原则、编制工程量清单应遵循原则、工程量清单计价活动的规划、工程量清单及其计价格式作了明确确定。

附录包括：附录 A 建筑工程工程量清单项目及计算规则；附录 B 装饰装修工程工程量清单项目及计算规则；附录 C 安装工程工程量清单项目及计算规则；附录 D 市政工程工程量清单项目及计算规则；附录 E 园林绿化工程工程量清单项目及计算规则；附录 F 矿山工程工程量清单项目及计算规则。

附录中包括项目编码、项目名称、项目特征、计量单位、工程量计算规则和工程内容。其中项目编码、项目名称、计量单位、工程量计算规则作为四个统一的内容，要求招标人在编制工程量清单时必须执行。

3.2.3.2 《建设工程工程量清单计价规范》的主要术语

《计价规范》中术语共计 23 条，对本规范特有的术语给予定义或涵义。主要掌握以下几条：

（1）工程量清单 建设工程的分部分项工程项目、措施项目、其他项目、规费项目和税金项目的名称和相应数量等的明细清单。

（2）项目编码 分部分项工程量清单项目名称的数字标识。采用 12 位阿拉伯数字表示，1 至 9 位为统一编码，其中：1、2 位为附录顺序码；3、4 位为专业工程顺序码；5、6 位为分部工程顺序码；7、8、9 位为分项工程项目顺序码；10 至 12 位为清单项目名称顺序码。

（3）综合单价 完成一个规定计量单位的分部分项工程量清单项目或措施清单项目所需的人工费、材料费、施工机械使用费和企业管理费与利润，以及一定范围内的风险费用。

（4）措施项目 为完成工程项目施工，发生于该工程施工准备和施工过程中的技术、生活、安全、环境保护等方面的非工程实体项目。

（5）预留金 招标人为可能发生的工程量变更而预留的金额。

（6）总承包服务费 总承包人为配合协调招标人进行的工程分包和材料采购所需的费用。

（7）零星工作项目费 完成招标人提出的，工程量暂估的零星工作所需的费用。

（8）消耗量定额 由建设行政主管部门根据合理的施工组织设计，按照正常施工条件下制定的，生产一个规定计量单位工程合格产品所需人工、材料和机械台班的社会平均消耗量。

（9）企业定额 施工企业根据本企业的施工技术和管理水平而编制的人工、材料和施工机械台班等的消耗标准。

（10）造价工程师 取得“造价工程师注册证书”，在一个单位注册从事建设工程造价活动的专业人员。

（11）造价员　取得“全国建设工程造价员资格证书”，在一个单位注册从事建设工程造价活动的专业人员。

（12）工程造价咨询人　取得工程造价咨询资质等级证书，接受委托从事建设工程造价咨询活动的企业。

（13）招标控制价　招标人根据国家或省级、行业建设主管部门颁发的有关计价依据和办法，按设计施工图纸计算的，对招标工程限定的最高工程造价。

（14）投标价　投标人投标时报出的工程造价。

（15）合同价　发、承包双方在施工合同中约定的工程造价。

（16）竣工结算价　发、承包双方依据国家有关法律、法规和标准规定，按照合同约定确定的最终工程造价。

3.2.3.3 《建设工程工程量清单计价规范》的主要特点

（1）强制性　通过制定统一的建设工程工程量清单计价方法，达到规范计价行为的目的。一般由建设行政主管部门按照强制性标准的要求批准颁发，规定全部使用国有资金或国有资金投资为主的大中型建设工程应按《计价规范》规定执行。

明确工程量清单是招标文件的组成部分，并规定了招标人在编制工程量清单时必须做到“四个统一”，即项目编码、项目名称、计量单位、工程量计算规则的统一，并且要用规定的标准格式来表述。

在清单编码上，《计价规范》规定，分部分项工程量清单编码以12位阿拉伯数字表示，前9位为全国统一编码，编制分部分项工程量清单时应按附录中的相应编码设置，不得变动，后3位是清单项目名称编码，由清单编制人根据设置的清单项目编制。

（2）统一性　工程量清单是招标文件的组成部分，招标人在编制工程量清单时必须做到“四个统一”，即统一编码、统一项目名称、统一计量单位、统一工程量计算规则。

（3）实用性　《计价规范》附录中的工程量清单项目及计算规则的项目名称表现的是工程实体项目，项目明确清晰，工程量计算规则简洁明了。特别还有项目特征和工程内容，易于编制工程量清单。

（4）竞争性

1）《计价规范》中的措施项目，在工程量清单中只列“措施项目”一栏，具体采用什么措施，如模板、脚手架、临时设施、施工排水等详细内容由投标人根据企业的施工组织设计，视具体情况报价，因为这些项目在各个企业间各有不同，是企业竞争项目，是留给企业竞争的空间。

2）《计价规范》中人工、材料和施工机械没有具体的消耗量，将工程消耗量定额中的工、料、机价格和利润、管理费全面放开，由市场的供求关系自行确定价格。投标企业可以依据企业的定额和市场价格信息，也可以参照建设行政主管部门发布的社会平均消耗量定额报价，《计价规范》将报价权交给企业。

（5）通用性　采用工程量清单计价将与国际惯例接轨，符合工程量清单计算方法标准化、工程量计算规则统一化、工程造价确定市场化的规定。

《建设工程工程量清单计价规范》中规定，全部使用国有资金投资或国有资金投资为主（即“国有资金投资”）的工程建设项目，必须采用工程量清单计价。因此，《建设工程工程量清单计价规范》是工程造价计价最重要的依据。

3.3 工程造价计价的基本方法与计价模式

3.3.1 工程造价计价的基本方法

工程造价计价的方法有多种，各不相同，但工程造价计价的基本过程和原理是相同的。从工程费用计算角度分析，工程造价计价的顺序是：分部分项工程单价→单位工程造价→单项工程造价→建设项目总造价。影响工程造价的主要因素是实物工程数量和单位价格，即可用下列基本计算式表达：

$$\text{工程造价}=\sum_{i=1}^{n}(\text{工程量}\times\text{单位价格}) \tag{3-40}$$

式中　i——第 i 个基本子项；

n——工程结构分解得到的基本子项数目。

在进行工程计价时，基本子项的工程实物量可以通过工程量计算规则和设计图计算得到，它可以直接反映工程项目的规模和内容；基本子项的单位价格则有两种形式：直接费单价及综合单价。

可见，基本子项的单位价格高，工程造价就高；基本子项的实物工程数量大，工程造价也就大。

对基本子项的单位价格分析，可以有两种单价形式：

（1）直接费单价　直接费单价是指分部分项工程单位价格，它是一种仅仅考虑人工、材料和机械资源要素的价格形式，计算公式为：

$$\text{单位价格}=\sum\text{（分部分项工程的资源要素消耗量}\times\text{资源要素的价格）。}$$

人工、材料和机械资源要素消耗量的数据经过长期的收集、整理和积累形成了工程定额，它是工程造价计价的重要依据，与劳动生产率、社会生产力水平、技术和管理水平密切相关。发包人工程估价的定额反映的是社会平均生产力水平，而承包人进行估价的定额反映的是该企业技术与管理水平。资源要素的价格是影响工程造价的关键因素。在市场经济体制下，工程计价时采用的资源要素的价格应该是市场价格。

（2）综合单价　综合单价是指分部分项工程的单价，既包括直接工程费、间接费、利润和税金，也包括合同约定的所有工料价格变化等一切风险费用，它是一种完全价格形式。根据《建设工程工程量清单计价规范》的规定，综合单价是完成工程量清单中一个规定计量单位项目所需的人工费、材料费、机械使用费、管理费和利润，并考虑风险因素组成。而规费和税金，是在求出单位工程分部分项工程费、措施项目费和其他项目费后再统一计取，最后汇总得出单位工程造价。

与这两种单价形式相对应的有两种计价模式，即定额计价模式和工程量清单计价模式。

3.3.2 工程造价的两种计价模式

3.3.2.1 定额计价模式

工程定额计价是我国长期以来在工程价格形成中采用的计价模式，是国家通过颁布统一的估价指标、概算定额、预算定额和相应的费用定额，对建筑产品价格有计划地进行管理的一种方式。在计价中以定额为依据，按定额规定的分部分项子目，逐项计算工程量，套用定额基价（或单位估价表）确定直接工程费，然后按规定取费标准确定构成工程价格的其他费用和利税，获得建筑安装工程造价。建设工程概预算书就是根据不同设计阶段设计图和国家规定的定额、指标及各项费用取费标准等资料，预先计算的新建、扩建、改建工程的投资额的技术经济文件。由建设工程概预算书所确定的每一个建设项目、单项工程或单位工程的建设费用，实质上就是相应工程的计划价格。

长期以来，我国建设工程发承包计价以工程概预算定额为主要依据。因为工程概预算定额是我国几十年计价实践的总结，具有一定的科学性和实践性，所以用这种方法计算和确定工程造价过程简单、快速，比较准确，也有利于工程造价管理部门的管理。但预算定额是按照计划经济的要求制定、发布和贯彻执行的，定额中工、料、机的消耗量是根据“社会平均水平”综合测定的，费用标准是根据不同地区平均测算的，因此企业采用这种模式报价时就会表现为平均主义。企业不能结合项目具体情况、自身技术优势、管理水平和材料采购渠道价格进行自主报价，不能充分调动企业加强管理的积极性，也不能充分体现市场公平竞争的基本原则。

1．定额计价模式的费用

定额计价模式费用构成包括：

1）直接费。是由直接工程费和措施费组成。其中，直接工程费包括人工费、材料费（消耗的材料费总和）和机械使用费。

2）间接费。包括规费和施工管理费。

3）利润。

4）税金。

定额计价模式下的建筑安装工程费用构成可参见第二章相关内容。

2．定额计价模式的基本原理

定额计价模式是以假定的建筑安装产品为对象，制定统一的概算或预算定额及单位估价表，计算出每一单元子项（分项工程或结构构件）的费用后，再综合形成整个工程的工程造价。

定额计价模式的基本原理是：按照预算定额规定的分部分项子目工程量计算规则逐项计算工程量，工程量确定以后，就可以套用定额基价，确定直接工程费，然后按照一定的计费程序和取费标准确定措施费、间接费、利润和税金，最终计算出工程造价（或投标报价）。

3．定额计价法程序和方法

（1）第一阶段：收集资料

1）设计图纸。设计图纸要求成套不缺，附带说明书以及必需的通用设计图。在计价前要完成设计交底和图纸会审程序。

2）现行计价依据、材料价格、人工工资标准、施工机械台班使用定额以及有关费用调整的文件等。

3）工程协议或合同。

4）施工组织设计（施工方案）或技术组织措施等。

5）工程计价手册。如各种材料手册、常用计算公式和数据、概算指标等各种资料。

（2）第二阶段：熟悉图纸和现场

1）熟悉图纸。看图计量是计价的基本工作，只有看懂图纸和熟悉图纸后，才能对工程内容、结构特征和技术要求有清晰的概念，才能在计价时做到项目全、计量准、速度快。因此，在计价之前，应该留有一定时间专门用来阅读图纸。特别是一些现代高级民用建筑，如果在没有弄清图纸之前，就急于下手计算，常常会徒劳无益，欲速而不达。阅读图纸重点应了解：

① 对照图纸目录，检查图纸是否齐全。

② 采用的标准图集手头是否已经具备。

③ 对设计说明或附注要仔细阅读。因为有些分章图纸中不再表示的项目或设计要求，往往在说明和附注中可以找到，一不注意容易漏项。

④ 设计上有无特殊的施工质量要求，事先列出需要另编补充定额的项目。

⑤ 平面坐标和竖向布置标高的控制点。

⑥ 本工程与总图的关系。

2）注意施工组织设计有关内容。施工组织设计是由施工单位根据施工特点、现场情况和施工工期等有关条件编制的，用来确定施工方案，布置现场，安排进度。

计价时应注意施工组织设计中影响工程费用的因素。例如，土方工程中的余土外运或缺土的来源，大宗材料的堆放地点，预制构件的运输，地下工程或高层工程的垂直运输方法，设备构件的吊装方法，特殊构筑物的机具制作，安全防火措施等，单凭图纸和定额是无法提供的，只有按照施工组织设计的要求来具体补充项目和计算。

3）结合现场实际情况。在图纸和施工组织设计仍不能完全表示时，必须深入现场，进行实际观察，以补充上述的不足。例如，土方工程的土壤类别，现场有无障碍物需要拆除和清理。在新建和扩建工程中，有些项目或工程量，依据图纸无法计算时，必须到现场实际测量。

总之，对各种资料和情况掌握得越全面、越具体，工程造价计价就越准确、越可靠。并应尽可能地将考虑到的因素列入计价范围内，以减少开工以后频繁的现场签证。

（3）第三阶段：计算工程量　计算工程量是一项工作量很大而又十分细致的工作。工程量是计价的基本数据，计算的精确程度不仅影响到工程造价，而且影响到与之关联的一系列数据，如计划、统计、劳动力、材料等。因此，决不能把工程量看成单纯的技术计算，它对整个企业的经营管理都有重要的意义。

1）计算工程量一般可按下列具体步骤进行：

① 根据施工图示的工程内容和定额项目，列出需计算工程量的分部分项。

② 根据一定的计算顺序和计算规则，列出计算式。

③ 根据施工图示尺寸及有关数据，代入计算式进行数学计算。

④ 按照定额中的分部分项的计量单位对相应的计算结果的计量单位进行调整，使之一致。

2）工程量的计算。工程量要根据图纸所标明的尺寸、数量以及附有的设备明细表、构件明细表来计算。一般应注意下列几点：

① 要严格按照计价依据的规定和工程量计算规则，结合图纸尺寸进行计算，不能随意地加大或缩小各部位的尺寸。

② 为了便于核对，计算工程量一定要注明层次、部位、轴线编号及断面的剖切符号。计算式要力求简单明了，按一定程序排列，填入工程量计算表，以便查对。

③ 尽量采用图中已经通过计算注明的数量和附表。如门窗表、预制构件表、钢筋表、设备表、安装主材表等，必要时查阅图纸进行核对。因为设计人员往往是从设计角度来计算材料和构件的数量，除了口径不尽一致外，常常有遗漏和误差现象，要加以改正。

④ 计算时要防止重复计算和漏算。在工程比较复杂或工作经验不足时，最容易发生的是漏项漏算或重项重算。因此，在计价之前要先看懂图纸，弄清各页图纸的关系及细部说明。一般也可按照施工次序，由上而下，由外而内，由左而右，事先草列分部分项名称，依次进行计算。在计算中发现有新的项目，要随时补充进去，防止遗忘。也可以采用分页图纸逐张清算的办法，以便先减少一部分图纸数量，集中精力计算比较复杂的部分。

计算工程量，有条件的尽量分层、分段、分部位来计算，最后将同类项加以合并，编制工程量汇总表。

（4）第四阶段：套定额单价　在计价过程中，如果工程量已经核对无误，项目不漏不重，则余下的问题就是如何正确套价，计算直接费。套价应注意以下事项：

1）分项工程名称、规格和计算单位必须与定额中所列内容完全一致。即从定额中找出与之相适应的项目编号，查出该项工程的单价。套单价要求准确、适用，否则得出的结果就会偏高或偏低。熟练的专业人员，往往在计算工程量划分项目时就考虑到如何与定额项目相符合，如混凝土要注明强度等级等等，以免在套价时，仍需查找图纸和重新计算。

2）定额换算。任何定额本身的制定，都是按照一般情况综合考虑的，存在有许多缺项和不完全符合图纸要求的地方。因此，必须根据定额进行换算，即以某分项定额为基础进行局部调整。如材料品种改变和数量增加，混凝土和砂浆强度等级与定额规定不同，使用的施工机具种类型号不同，原定额工日需增加的系数，等等。有的项目允许换算，有的项目不允许换算，均按定额规定执行。

3）补充定额编制。当施工图纸的某些设计要求与定额项目特征相差甚远，既不能直接套用也不能换算、调整时，必须编制补充定额。

（5）第五阶段：编制工料分析表　根据各分部分项工程的实物工程量和相应定额中的项目所列的用工工日及材料数量，计算出各分部分项工程所需的人工及材料数量，相加汇总便得出该单位工程所需要的各类人工和材料的数量。

（6）第六阶段：费用计算　在项目、工程量和单价经复查无误，将所列项工程实物量全部计算出来后，就可以按所套用的相应定额单价计算直接工程费，进而计算直接费、间接费、利润及税金等各种费用，并汇总得出工程造价。

（7）第七阶段：复核　工程计价完成后，需对工程计价结果进行复核，以便及时发现差错，提高成果质量。复核时，应对工程量计算公式和结果、套价、各项费用的取费及计算基础和计算结果、材料和人工价格及其价格调整等方面是否正确进行全面复核。

（8）第八阶段：编制说明　编制说明是说明工程计价的有关情况，包括编制依据、工程性质、内容范围、设计图纸号、所用计价依据、有关部门的调价文件号、套用单价或补充定额子目的情况及其他需要说明的问题。封面填写应写明工程名称、工程编号、工程量（建筑面积）、工程总造价、编制单位名称、法定代表人、编制人及其资格证号和编制日期等。

工程造价定额计价的基本方法和程序可用公式表达如下：

每一计量单位假定建筑产品的定额单价（基价）为：

$$定额单价（基价）=人工费+材料费+机械使用费 \tag{3-41}$$

其中：人工费=$\sum$（单位人工工日消耗量×人工工日单价）

材料费=$\sum$（单位材料消耗量×材料预算价格）

机械使用费=$\sum$（单位机械台班消耗量×机械台班单价）

由此可得：

$$单位工程直接工程费=\sum（假定建筑产品工程量×定额单价） \tag{3-42}$$

$$单位工程直接费=\sum（假定建筑产品工程量×定额单价）+措施费 \tag{3-43}$$

$$单位工程间接费=单位工程直接费×间接费费率 \tag{3-44}$$

$$单位工程利润=（单位工程直接费+单位工程间接费）×利润率 \tag{3-45}$$

$$单位工程税金=（单位工程直接费+间接费+利润）×税率 \tag{3-46}$$

$$单位工程工程造价=单位工程直接费+间接费+利润+税金 \tag{3-47}$$

$$单项工程工程造价=\sum单位工程工程造价 \tag{3-48}$$

$$建设项目总工程造价=\sum单项工程工程造价+设备、工器具购置费+工程建设其他费用+预备费+建设期贷款利息+固定资产投资方向调节税 \tag{3-49}$$

3.3.2.2　工程量清单计价模式

工程量清单计价模式，是建设工程招投标中按照国家统一的工程量清单计价规范，招标人或其委托的有资质的咨询机构编制反映工程实体消耗和措施消耗的工程量清单，并作为招标文件的一部分提供给投标人，由投标人依据工程量清单，根据各种渠道所获得的工程造价信息和经验数据，结合企业定额自主报价的计价方式。

我国现行建设行政主管部门发布的工程预算定额消耗量和有关费用及相应价格是按照社会平均水平编制的，以此为依据形成的工程造价基本上属于社会平均价格。这种平均价格可作为市场竞争的参考价格，但不能充分反映参与竞争企业的实际消耗和技术管理水平，在一定程度上限制了企业的公平竞争。采用工程量清单计价，能够反映出承建企业的工程个别成本，有利于企业自主报价和公平竞争；同时，实行工程量清单计价，工程量清单作为招标文件和合同文件的重要组成部分，对于规范招标人计价行为，在技术上避免招标中弄虚作假和暗箱操作及保证工程款的支付结算都会起到重要作用。

由于工程量清单计价模式需要比较完善的企业定额体系以及较高的市场化环境，短期内难以全面铺开。因此，目前我国建设工程造价实行“双轨制”计价管理办法，即定额计价法和工程量清单计价法同时实行。工程量清单计价作为一种市场价格的形成机制，主要在工程招投标和结算阶段使用。

1. 工程量清单计价模式的费用

工程量清单计价模式，其费用构成与定额计价模式费用构成具有相当大的差异。工程量清单计价模式的费用构成包括分部分项工程费、措施项目费、其他项目费，以及规费和税金。

（1）分部分项工程费　分部分项工程费是指完成在工程量清单中列出的各分部分项清单工程量所需的费用。包括：人工费、材料费（消耗的材料费总和）、机械使用费、管理费、利润以及风险费。

（2）措施项目费　措施项目费是由“措施项目一览表”确定的工程措施项目金额的总和。包括：人工费、材料费、机械使用费、管理费、利润，以及风险费。

（3）其他项目费　其他项目费是指预留金、材料购置费（仅指由招标人购置的材料费）、总承包服务费、零星工作项目费的估算金额等的总和。

（4）规费　规费是指政府和有关部门规定必须交纳的费用的总和。

（5）税金　税金是指国家税法规定的应计入建筑安装工程造价内的营业税、城市维护建设税及教育费附加费用等的总和。

工程量清单下的工程项目费用构成如图 3-2 所示。

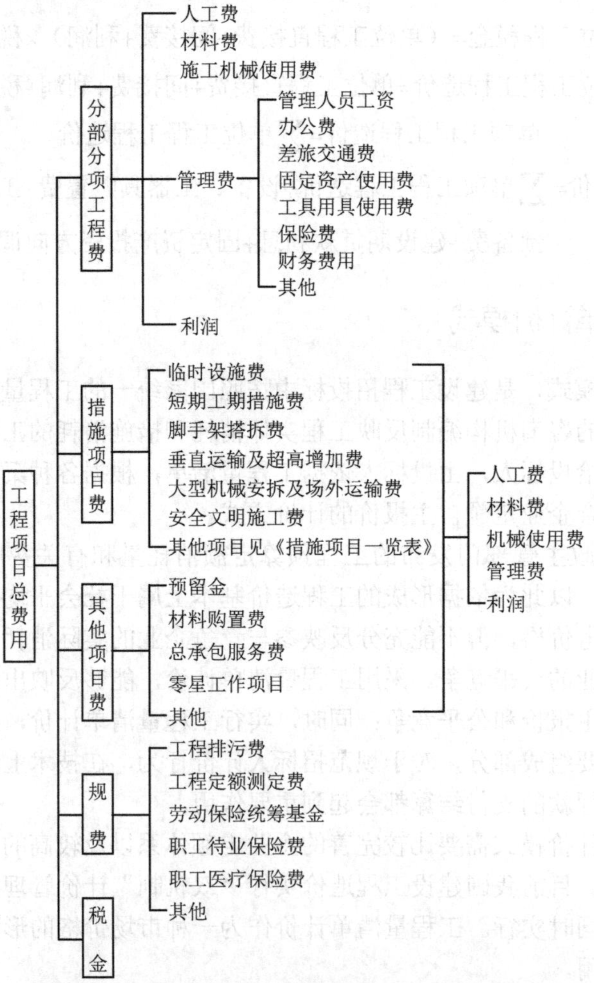

图 3-2　工程量清单计价模式下的工程项目费用构成

2. 工程量清单计价模式的基本原理

工程量清单计价的基本过程可以描述为：在统一的工程量计算规则的基础上，设置工程量清单项目名称，根据具体工程的施工图纸计算出各个清单项目的工程量，再根据各种渠道所获得的工程造价信息和经验数据进行计算得到工程造价。

从工程量清单计价基本过程中可以看出，其编制过程分为两个阶段：工程量清单的编制阶段和利用工程量清单投标报价阶段。投标报价是在业主提供的工程量清单的基础上，根据企业自身所掌握的各种信息、资料，结合企业定额进行报价。

因此，工程量清单计价模式的基本原理是：根据招标文件中的工程量清单和有关要求、施工现场实际情况及拟定的施工方案或施工组织设计，依据企业定额和市场价格信息，或参照建设行政部门发布的社会平均消耗量定额、制定的有关工程造价计价办法进行编制。计价过程是根据《建设工程工程量清单计价规范》（GB 50500—2008）和施工设计图纸，由招标人编制工程量清单；再按招标文件提供的工程量清单，依据统一报价格式、省市实施细则、参考消耗量定额和参考价目表以及有关文件规定，确定人工、材料、机械台班和相关费用，形成综合单价，分别计算分部分项工程量清单费用、措施项目清单费用、其他项目清单费用；然后计算规费和税金，汇总到单位工程费用和单项工程费用中，形成工程项目总造价。

3. 工程量清单计价法程序和方法

工程量清单计价法的程序和方法与工程量定额计价法基本一致，只是第四、五、六阶段有所不同。具体如下：

（1）第一阶段：收集资料

1）设计图纸。设计图纸要求成套不缺，附带说明书以及必需的通用设计图。在计价前要完成设计交底和图纸会审程序。

2）现行计价依据。人工工资标准、材料价格、施工机械台班使用定额以及有关费用调整的文件等。

3）工程协议或合同。

4）施工组织设计（施工方案）或技术组织措施等。

5）工程计价手册。如各种材料手册、常用计算公式和数据、概算指标等各种资料。

（2）第二阶段：熟悉工程量清单，研究招标文件

1）熟悉工程量清单。工程量清单是计算工程造价最重要的依据，在计价时必须全面了解每一个清单项目的特征描述，熟悉其所包括的工程内容，以便在计价时不漏项，不重复计算。

2）研究招标文件。工程招标文件的有关条款、要求和合同条件，是工程量清单计价的重要依据。在招标文件中对有关承发包工程范围、内容、期限、工程材料、设备采购及供应方法等都有具体规定，只有在计价时按规定进行，才能保证计价的有效性。因此，投标单位拿到招标文件后，根据招标文件的要求，要对照图纸对招标文件提供的工程量清单进行复查或复核，其内容主要有：

① 分专业对施工图进行工程量的数量审查。招标文件上要求投标人审核工程量清单，如果投标人不审核，则不能发现清单编制中存在的问题，也就不能充分利用招标人给予投标人澄清问题的机会，则由此产生的后果由投标人自行负责。如投标人发现由招标人提供的工程量有误，招标人可按合同约定进行处理。

② 根据图纸说明和各种选用规范对工程量清单项目进行审查。这主要是指根据规范和技术要求，审查清单项目是否漏项。

③ 根据技术要求和招标文件的具体要求，对工程需要增加的内容进行审查。认真研究招标文件是投标人争取中标的首要条件。表面上看，各招标文件基本相同，但每个项目都有自己的特殊要求，这些要求一定会在招标文件中反映出来，这需要投标人仔细研究。有的工程量清单要求增加的内容和技术要求与招标文件不一致，只有通过投标人的审查和澄清才能统一起来。

3）熟悉施工图纸。全面、系统地阅读图纸，是准确计算工程造价的重要基础。阅读图纸时应注意以下几点：

① 按设计要求，收集图纸选用的标准图、大样图。

② 认真阅读设计说明，掌握安装构件的部位和尺寸，安装施工要求及特点。

③ 了解本专业施工与其他专业施工工序之间的关系。

④ 对图纸中的错、漏以及表示不清楚的地方予以记录，以便在招标答疑会上询问解决。

4）熟悉工程量计算规则。当采用消耗量定额分析分部分项工程的综合单价时，对消耗量定额的工程量计算规则的熟悉和掌握，是快速、准确地分析综合单价的重要保证。

5）了解施工组织设计。施工组织设计或施工方案是施工单位的技术部门针对具体工程编制的施工作业的指导性文件，其中对施工技术措施、安全措施、施工机械配置、是否增加辅助项目等，都应在工程计价的过程中予以注意。施工组织设计所涉及的费用主要属于措施项目费。

6）熟悉加工订货的有关情况。明确建设、施工单位双方在加工订货方面的分工。对需要进行委托加工订货的设备、材料和零件等提出委托加工计划，并落实加工单位及加工产品的价格。

7）明确主材和设备的来源情况。主材和设备的型号、规格、数量、材质及品牌等对工程计价影响很大，因此主材和设备的采购范围及有关内容需要招标人予以明确，必要时应注明产地和厂家。

总之，对各种资料和情况掌握得越全面、越具体，工程造价计价就越准确、越可靠。并应尽可能地将可能考虑到的因素列入计价范围内，以减少开工以后频繁的现场签证。

（3）第三阶段：计算工程量　清单计价的工程量主要有两部分内容，一是核算工程量清单所提供清单项目工程量是否准确，二是计算每一个清单主体项目所组合的辅助项目工程量，以便分析综合单价。

计算工程量是一项工作量很大而又十分细致的工作。工程量是计价的基本数据，计算的精确程度不仅影响到工程造价，而且影响到与之关联的一系列数据，如计划、统计、劳动力、材料等。因此，决不能把工程量看成单纯的技术计算，它对整个企业的经营管理都有重要的意义。

1）计算工程量一般可按下列具体步骤进行：

① 根据施工图示的工程内容和定额项目，列出需计算工程量的分部分项。

② 根据一定的计算顺序和计算规则，列出计算式。

③ 根据施工图示尺寸及有关数据，代入计算式进行数学计算。

④ 按照定额中的分部分项的计量单位对相应的计算结果的计量单位进行调整，使之一致。

2）工程量的计算。工程量要根据图纸所标明的尺寸、数量以及附有的设备明细表、构件明细表来计算。一般应注意下列几点：

① 要严格按照计价依据的规定和工程量计算规则，结合图纸尺寸进行计算，不能随意地加大或缩小各部位的尺寸。

② 为了便于核对，计算工程量一定要注明层次、部位、轴线编号及断面的剖切符号。计算式要力求简单明了，按一定程序排列，填入工程量计算表，以便查对；

③ 尽量采用图中已经通过计算注明的数量和附表。如门窗表、预制构件表、钢筋表、设备表及安装主材表等，必要时查阅图纸进行核对。因为设计人员往往是从设计角度来计算材料和构件的数量，除了口径不尽一致外，常常有遗漏和误差现象，要加以改正；

④ 计算时要防止重复计算和漏算。在工程比较复杂或工作经验不足时，最容易发生的是漏项漏算或重项重算。因此，在计价之前先看懂图纸，弄清各页图纸的关系及细部说明。一般也可按照施工次序，由上而下，由外而内，由左而右，事先草列分部分项名称，依次进行计算。在计算中发现有新的项目，随时补充进去，防止遗忘。也可以采用分页图纸逐张清算的办法，以便先减少一部分图纸数量，集中精力计算比较复杂的部分。

计算工程量，有条件的尽量分层、分段、分部位来计算，最后将同类项加以合并，编制工程量汇总表。

3）确定措施项目清单内容。措施项目清单是完成项目施工必须采取的措施所需的工作内容，该内容必须结合项目的施工方案或施工组织设计的具体情况填写。因此，在确定措施项目清单内容时，一定要根据自己的施工方案或施工组织设计加以修改。

（4）第四阶段：工程量清单项目组价　组价的方法和注意事项与工程定额计价法相同，每个工程量清单项目包括一个或几个子目，每个子目相当于一个定额子目。与工程定额计价法不同的是，工程量清单项目套价的结果是计算该清单项目的综合单价，并不是计算该清单项目的直接工程费。

（5）第五阶段：分析综合单价　将工程量清单主体项目及其组合的辅助项目汇总，填入分部分项综合单价计算表。如采用消耗量定额分析综合单价的，则应按照定额的计量单位，选套相应定额，计算出各项的管理费和利润，汇总为清单项目费合价，分析出综合单价。综合单价是报价和调价的主要依据。

投标人可以使用企业定额，也可以使用建设行政主管部门的消耗量定额，甚至可以根据本企业的技术水平调整消耗量的定额来计价。

（6）第六阶段：费用计算　在工程量计算和综合单价分析经复查无误后，即可进行分部分项工程费、措施项目费、其他项目费、规费和税金的计算，从而汇总得出工程造价。

依据《建设工程工程量清单计价规范》的要求，工程量清单各部分费用的计算为：

① 计算分部分项工程费用。其计算公式为：

$$\text{分部分项工程费用}=\Sigma\text{（分部分项工程量清单数量}\times\text{分部分项工程综合单价）} \qquad (3\text{-}50)$$

式中：分部分项工程量清单数量是指招标文件给定或通过答疑调整后的工程量；综合单价由人工费、材料费、机械费、管理费、利润等组成，并考虑风险费用。

② 计算措施项目费用。

$$\text{措施项目费}=\Sigma\text{（措施项目工程量}\times\text{措施项目综合单价）} \qquad (3\text{-}51)$$

式中：措施项目包括通用措施项目和与其相对应的单位工程的专用措施项目，其各项工程量需投标单位结合施工组织设计（方案）进行计算确定；措施项目综合单价的构成与分部分项工程综合单价的构成类似。

③ 计算其他项目费用。其他项目费按招标文件规定计算。

④ 计算规费。规费是指按国家或省、自治区、直辖市人民政府规定，允许计入工程造价的各项费总和。主要包括工程排污费、工程定额测定费、社会保障费（养老保险费、失业保险费、医疗保险费）、住房公积金和危险作业意外伤害保险五项费用。

⑤ 计算税金。税金是指国家税法规定的应计入工程造价的营业税、城乡维护建设税及教育费附加等。

⑥ 计算单位工程造价。

$$单位工程造价=分部分项工程费+措施项目费+其他项目费+规费+税金 \tag{3-52}$$

⑦ 计算单项工程造价。

$$单项工程造价=\Sigma 单位工程造价 \tag{3-53}$$

⑧ 计算建设项目总造价。

$$建设项目总造价=\Sigma 单项工程造价 \tag{3-54}$$

（7）第七阶段：复核　工程计价完成后，需对工程计价结果进行复核，以便及时发现差错，提高成果质量。复核时，应对工程量计算公式和结果、套价、各项费用的取费及计算基础和计算结果、材料和人工价格及其价格调整等方面是否正确进行全面复核。

（8）第八阶段：编制说明　编制说明是说明工程计价的有关情况，包括编制依据、工程性质、内容范围、设计图纸号、所用计价依据、有关部门的调价文件号、套用单价或补充定额子目的情况及其他需要说明的问题。封面填写应写明工程名称、工程编号、工程量（建筑面积）、工程总造价、编制单位名称、法定代表人、编制人及其资格证号和编制日期等。

4．工程量清单及计价的统一格式

（1）工程量清单格式　工程量清单招标用表由下列内容组成：

1）封面，见表3-2。

2）总说明，见表3-3。

3）分部分项工程量清单，见表3-4。

4）措施项目清单，见表3-5。

5）其他项目清单，见表3-6。

6）招标人材料购置费清单，见表3-7。

7）零星工作项目及人工单价清单，见表3-8。

8）规费税金清单，见表3-9。

9）需评审的材料清单，见表3-10。

表3-2　封面

____________________工程

工程量清单

招　标　人：____________________（单位盖章）

法定代表人：____________________（签字或盖章）

编 制 单 位：____________________（单位盖章）

法定代表人：____________________（签字并盖章）

编　制　人：____________________（签字并加盖执业专用章）

技术负责人：____________________（签字并加盖执业专用章）

编 制 时 间：____________________

表 3-3　总说明

工程名称：　　　　　　　　　　　　　　　　　　　　　　　　第　页　共　页

(1) 工程概况：建设规模、工程特征、计划工期、施工现场实际情况、自然地理条件、环境保护要求等。
(2) 工程招标和指定分包范围。
(3) 工程量清单编制依据。
(4) 工程质量、材料、施工等的特殊要求。
(5) 其他需要说明的问题。

表 3-4　分部分项工程量清单

工程名称：　　　　　　　　　　　　　　　　　　　　　　　　第　页　共　页

序　号	项目编码	项目名称	项目特征及工程内容	计量单位	工程数量

注：需评审项目综合单价在该项目编码的后面加注"P"号

表 3-5　措施项目清单

措施项目清单（一）

工程名称：　　　　　　　　　　　　　　　　　　　　　　　　第　页　共　页

序　号	项目名称	计算基础	费率（%）
1	环境保护	（按费用定额有关规定）	
2	文明施工		
3	安全施工		
4	临时设施		
5	……		
6			

措施项目清单（二）

工程名称：　　　　　　　　　　　　　　　　　　　　　　　　第　页　共　页

序　号	项目名称	项目特征及工程内容	计量单位	工程数量
	脚手架			
	垂直运输			
	模板			
	建筑物超高增加费			
	……			

注：措施项目清单以"项"为计量单位的，相应数量为"1"。

表 3-6　其他项目清单

工程名称：　　　　　　　　　　　　　　　　　　　　　　　　第　页　共　页

序　号	项目名称	金额（元）
一	招标人部分	
1	预留金	
2	材料购置费	
	……	
二	投标人部分	
1	总承包服务费	
	……	

表 3-7　招标人材料购置费清单

工程名称：　　　　　　　　　　　　　　　　　　　　　第　页　共　页

序　号	编　码	材料名称	规格型号	单　位	数　量	单价（元）	合价（元）
	本页小计						
	合　计						

表 3-8　零星工作项目及人工单价清单

工程名称：　　　　　　　　　　　　　　　　　　　　　第　页　共　页

序　号	编　码	项目名称	计量单位	数　量
1		人工（按各消耗量定额相应类别用工列项）		
2		其他用工 （根据实际施工情况确定）		
3		材料（按名称、规格型号列项）		
4		机械（按名称、规格型号列项）		
5		其他零星工作		

表 3-9　规费税金清单

工程名称：　　　　　　　　　　　　　　　　　　　　　第　页　共　页

序　号	项目名称
1	养老保险费
2	劳动定额测定费及定额编制费
3	其他（其中）
（1）	工程排污费
（2）	失业保险费
（3）	医疗保险费
（4）	住房公积金
（5）	危险作业意外伤害保险
4	税　金

表 3-10　需评审的材料清单

工程名称：　　　　　　　　　　　　　　　　　　　　　第　页　共　页

序　号	编　码	材料名称	规格型号及特殊要求	单　位

注：“招标人材料购置费清单”上所列材料品种，不在此列。

（2）工程量清单计价格式　工程量清单计价应采用统一格式，由招标人编制，并随招标文件发至投标人，由投标人填报。其由下列内容组成：

1）封面，见表 3-11。

2）投标总价，见表 3-12。

3）工程项目总价表，见表 3-13。

4）单项工程费汇总表，见表 3-14。

5）单位工程费汇总表，见表 3-15。

6）分部分项工程量清单计价表，见表 3-16。

7）措施项目清单计价表，见表 3-17。

8）其他项目清单计价表，见表 3-18。

9）零星工作项目计价表，见表 3-19。

10）分部分项工程量清单综合单价分析表，见表 3-20。

11）措施项目费分析表，见表 3-21。

12）主要材料价格表，见表 3-22。

表 3-11　封面

________________工程

工程量清单报价表

招标人：（略）（单位签字盖章）

法定代表人：（略）（签字盖章）

造价工程师及注册证号：（略）（签字盖执业专用章）

编制时间：2011 年 7 月 18 日

表 3-12　投标总价

投 标 总 价

建设单位：______________

工程名称：______________

投标总价（小写）：______________

（大写）：______________________

投标人：（略）　　　　　（单位签字盖章）

法定代表人：（略）　　　　　（签字盖章）

编制时间：　　年　月　日

表 3-13　工程项目总价表

工程名称：

序　号	单项工程名称	金额（元）
1		
2		
	……	
	合　计	

表 3-14　单项工程费汇总表

工程名称：

序　号	单项工程名称	金额（元）
1	建筑工程	
2	装饰装修工程	
3	安装工程	
	其中：电气设备安装工程	
	给排水、采暖、燃气工程	
	合　计	

表 3-15　单位工程费汇总表

工程名称：

序　号	单项工程名称	金额（元）
1	分部分项工程量清单计价合价	
2	措施项目清单计价合价	
3	其他项目清单计价合价	
4	规费	
5	税金	
	合　计	

表 3-16　分部分项工程量清单计价表

工程名称：

序　号	项目编码	项目名称	计量单位	工程数量	金额（元）	
					综合单价	合　价
		土石方工程				
1	010101003001	挖带形基槽，二类土、槽宽0.6m，深0.80m，弃土运距150.00m	m^3	300.00	30.00	9 000.00
2	010101003002	挖带形基槽，二类土，槽宽1.00m，深2.10m，弃土运距150.00m	m^3	500.00	70.00	35 000.00
3		（略）				
		小计				
		（其他略）				
		本页小计				
		合　计				

表 3-17　措施项目清单计价表

工程名称：

序　号	项目名称	金额（元）
1	临时设施	
2	大型机械设备进出场及安拆	
3	垂直运输机械	
4	施工排水	
5	（其他略）	

表 3-18 其他项目清单计价表

工程名称：

序 号	项 目 名 称	金额（元）
1	招标人部分 预留金	
	小计	
2	投标人部分 零星工作项目费	
	小计	
	合 计	

表 3-19 零星工作项目计价表

工程名称：

序 号	名 称	计 量 单 位	数 量	金额（元）	
				综 合 单 价	合 价
1	人工 （1）木工 （2）搬运工 （3）（以下略）	 工日 工日	 20 30	 40.00 30.00	 800.00 900.00
	小 计				
2	材料 （1）茶色玻璃 5mm （2）镀锌铁皮 20 号	 m^2 m^2	 100 10	 28.00 40.00	 2 800.00 400.00
	小 计				
3	机械 （1）载重汽车 （2）点焊机 100kV・A （3）（以下略）	 台班 台班	 10 5	 250.00 170.00	 2 500.00 850.00
	小 计				3 350.00
	合 计				8 250.00

表 3-20 分部分项工程量清单综合单价分析表

工程名称：

序 号	项 目 编 码	项 目 名 称	工程内容	综合单价组成（）元					综合单价
				人工费	材料费	机械费	管理费	利润	
1	010101003001	挖带形基槽，二类土，槽宽 0.6m，深 0.8m，弃土运距 150.00m	合价	23.00	0.06	0.03	5.30	1.61	30.00（元/m^3）
			挖土	16.00		0.03	4.00	1.21	
			基底钎探	1.00	0.06		0.30	0.10	
			运土	6.00			1.00	0.30	
		（其他略）							

表 3-21 措施项目费分析表

工程名称：

序号	措施项目名称	单位	数量	金额（元）					
				人工费	材料费	机械费	管理费	利润	小计
1	临时设施	项	1	300.00	28000.00	500.00	5 500.00	1 700.00	36 000.00
2	大型机械设备进出场及安拆	项	1	700.00	300.00	2 000.00	600.00	200.00	3 800.00
3	垂直运输机械	项	1			80 000.00	16 000.00	4 000.00	100 000.00
4	环境保护	项	1	500.00	4 400.00		800.00	300.00	6 000.00
5	施工排水	项	1	300.00	400.00	2 500.0	600.00	200.00	4 000.00
	合计			1 800.00	33 100.00	85 000.00	23 500.00	6 400.00	149 800.00

表 3-22 主要材料价格表

工程名称：

序号	材料编码	材料名称	规格、型号等特殊要求	单位	单价（元）
1	均按统一编码填写	低碳盘条	φ8	t	3 400.00
2		圆钢	φ10	t	3 800.00
3		矿渣水泥	32.5 级	t	240.00
		（以下略）			

本章小结

本章内容主要包括工程量清单计价规范、工程定额、工程造价指数等工程造价计价依据，以及工程造价计价基本方法和计价模式。

通过本章的学习，重点掌握工程中劳动定额、材料消耗量定额和机械台班消耗量定额的编制原理和制定方法；预算定额的编制原理和编制方法；掌握人工、材料和机械台班单价及定额基价的确定方法。这些计价依据是工程造价管理的重点，对工程造价的影响极大。工程造价指数是反映一定时期由于价格变化对工程造价影响程度的一种指标，是调整工程造价价差的依据。《建设工程工程量清单计价规范》是编制工程量清单和工程量清单计价的主要依据。

通过本章的学习，应该熟悉工程造价计价的基本方法和计价模式，能利用两种计价方法计算工程项目的工程造价，这是工程造价管理的基础。

复习思考题

1．工程造价计价依据应满足什么要求？

2．工程造价计价依据的内容有哪些？

3．什么是计价模式？目前我国工程造价计价有哪些方式？

4．什么是工程定额？工程定额是怎样分类的？

5．什么是预算定额？它有何作用？

6．怎样确定人工、材料和机械台班单价?怎样确定定额基价?

7．什么是工程造价指数？工程造价指数主要能解决实际工作中的什么问题？

8.《建设工程工程量清单计价规范》有什么特点？

9．什么是综合单价？

10．简述工程量清单计价法的程序和方法？

第4章 投资决策阶段的工程造价管理

学习目标

（1）熟悉建设项目决策的概念及其与投资的关系。

（2）掌握投资估算的概念、编制程序和投资估算的方法。

（3）熟悉工程项目财务评价方法。

（4）熟悉工程投资阶段投资估算的管理。

4.1 投资决策阶段的造价管理概述

4.1.1 建设项目决策

1．建设项目决策的概念

项目投资决策是选择和决定投资方案的过程，是对拟建项目的必要性和可行性进行技术及经济论证，对不同建设方案进行技术和经济比较，以及作出判断和决定的过程。项目决策正确与否，直接关系到项目建设及运行的成败，关系到建设项目工程造价的高低及投资效果的好坏，正确决策是合理确定与控制项目投资的前提。

2．建设项目决策与项目投资的关系

（1）项目决策的正确性是项目投资合理性的前提　对项目作出正确决策，意味着对项目建设作出了科学的决断，它包括投资决定和投资方案的选择，即在投资决定基础上优选出最佳的投资方案，达到资源的合理配置与利用。这样才能合理地估计和计算项目投资，并且在实施最优投资方案过程中，有效地控制建设项目投资和工程造价。

（2）项目决策是决定项目投资和确定建设项目工程造价的基础　项目投资和建设工程造价控制贯穿于项目建设的全过程，但是，这些都是围绕着决策阶段确定的项目投资决策和技术方案为中心实现的。项目决策对该项目的投资和建设项目工程造价控制有重大影响，特别是决策阶段确定的项目规模、建设标准、建设地点、产品方案、工艺水平及设备选型等，直

接关系到投资和工程造价的水平。

(3) 项目投资和建设项目工程造价水平影响项目决策　在决策阶段，投资和工程造价水平直接影响决策结果。一是影响项目的投资效益，这是决定项目是否可行的一个重要条件；二是影响项目融资方案和投资能力，这是有关部门进行项目审批（包括融资方案）的参考依据；同时，估算投资和工程造价水平是进行投资方案选择的重要依据之一。

(4) 投资估算的精确度和工程造价的控制水平依赖于项目决策阶段对项目的理解深度　投资决策过程是一个由浅入深、不断深化的过程，依次分为若干工作阶段。不同决策阶段对项目理解深度的不同，造成投资估算精确度也不同，工程造价的控制水平也不同。

4.1.2　投资估算及其作用

1. 投资估算的概念

投资估算是指在工程项目决策过程中，依据现有的资料和特定的方法，对建设项目的投资数额进行的预测和估计。投资估算是项目决策前期编制项目建议书和可行性研究报告的重要组成部分，是项目决策的重要经济指标之一。

2. 投资估算的作用

投资估算既是拟建工程项目及投资决策的重要依据，又是该项目实施阶段投资控制的目标值。它对于建设工程的前期决策、价格控制及资金筹集等各方面的作用举足轻重。

(1) 投资估算是建设项目前期决策的重要依据　任何一个拟建项目，都要通过全面的技术经济论证后，才能决定是否正式立项。在拟建项目的全面论证过程中，除考虑在技术上可行外，还要考虑经济上的合理性。而建设项目的投资估算在拟建项目前期各阶段工作中，作为论证拟建项目的重要经济文件，有着极其重要的作用。

项目建议书阶段的投资估算，是项目主管部门审批项目建议书的依据之一，并对项目的规划、规模起参考作用；项目可行性研究阶段的投资估算是项目投资决策的重要依据，也是研究、分析、计算项目投资经济效果的重要条件。

(2) 投资估算是建设工程造价控制的重要依据　项目投资估算对工程设计概算起控制作用，它为设计提供了经济依据和投资限额。设计概算不得突破批准的投资估算额，并应控制在投资估算额以内。国家规定概算突破估算的 10%，则项目必须重新论证。投资估算一经确定，即成为限额设计的依据，用以对各设计专业实行投资的切块分配，作为控制和指导设计的尺度。

(3) 投资估算是建设工程设计招标的重要依据　投资估算是进行工程设计招标、优选设计单位和设计方案的重要依据。在进行工程设计招标时，投标单位报送的投标书中除了设计方案之外，还包括项目的投资估算和经济性分析。招标单位根据投资估算对各项设计方案的经济合理性进行分析、衡量、比较，在此基础上选择出最优的设计单位和设计方案。

(4) 投资估算是项目资金筹措及制订建设贷款计划的依据　建设单位可根据批准的项目投资估算额，进行资金筹措和向银行申请贷款。

此外，项目投资估算也是核算建设项目固定资产投资需要额和编制固定资产投资计划的重要依据。

3. 投资估算阶段的划分

我国建设项目的投资估算一般可分为以下几个阶段：

（1）项目规划阶段的投资估算　建设项目规划阶段是指有关部门根据国民经济发展规划、地区发展规划和行业发展规划的要求，编制该建设项目的建设规划。对投资估算精度要求为允许误差大于±30%。

（2）项目建议书阶段的投资估算　在项目建议书阶段，需按项目建议书中的产品方案、项目建设规模、产品主要生产工艺、企业车间组成和初选建厂地点等，估算建设项目所需要的投资额。对投资估算精度要求为误差幅度在±30%以内。

（3）初步可行性研究阶段的投资估算　初步可行性研究阶段的投资估算，是在掌握了更详细、更深入的资料条件下，估算建设项目所需的投资额。对投资估算精度要求为误差幅度在±20%以内。

（4）详细可行性研究阶段的投资估算　详细可行性研究阶段的投资估算至关重要，由于这个阶段的投资估算经审查批准之后，便是工程设计任务书中规定的项目投资限额，并可据此列入项目年度基本建设计划。因此对投资估算的精度要求较高，误差幅度需控制在±10%以内。

4. 投资估算的内容

根据国家规定，从满足建设项目投资计划和投资规模的角度，根据我国现行工程造价的构成，建设项目投资估算的内容包括固定资产投资估算和铺底流动资金估算。

固定资产投资估算内容包括：建筑安装工程费、设备及工器具购置费、工程建设其他费（此时不含铺底流动资金）、预备费（基本预备费和涨价预备费）、建设期贷款利息等。

铺底流动资金的估算是项目总投资估算中流动资金的一部分，它按项目投产后所需流动资金的30%计列。理论上，铺底流动资金不属于工程造价的组成部分，但为了反映建设项目总的投资规模，国家规定将铺底流动资金一并计入投资估算中，以便全面评价建设项目的可行性；并严格规定新建、扩建和技术改造项目，必须将项目建成投产后必需的铺底流动资金列入投资计划。铺底流动资金不落实的，国家不予批准立项，银行不予贷款。

4.1.3　投资估算编制的原则、依据和要求

1. 投资估算编制的原则

投资估算的质量将影响项目决策的正确性以及拟建项目能否纳入固定资产投资计划。因此，在编制投资估算时应遵循下列原则：

（1）求实原则　进行投资估算时，应加强责任感，要认真负责地、实事求是地、科学地进行投资估算。从实际出发，深入开展调查研究，掌握第一手资料，决不能弄虚作假。

（2）效益原则　投资估算是计算、分析项目投资经济效益，做出项目决策的重要依据。因此，投资估算的编制一定要体现效益最大化的原则，从而合理地配置有限的建设资源，促进拟建项目投资效益的提高。

（3）准确性原则　投资估算计算出的投资额，既是投资决策必需的重要依据，又是该项

目实施阶段投资控制的目标值，同时还关系着国家建设资源的合理配置，必须力求准确。准确性原则要求各个不同阶段投资估算的误差率一定要严格控制在规定允许的范围以内，不得有任何突破。

此外，投资估算的编制程序和编制方法等方面，都要尽量反映现代科技的发展，逐步实现电算化、网络化。

2．投资估算编制的依据

建设项目投资估算应做到方法科学、依据充分。投资估算编制的主要依据有：

（1）拟建工程的项目特征　主要包括拟建工程的项目类型、建设规模、建设地点、建设期限、建设标准、产品方案、主要单项工程、主要设备类型和总体建筑结构等。

（2）类似工程的价格资料　经济、合理的同类工程竣工决算资料及其他相关的价格资料，为拟建项目投资估算提供了较为真实、客观的可比基础，是正确进行拟建工程项目投资估算必需的重要参考资料。

（3）项目所在地区状况　拟建项目所在地区的气候、气象、地质、地貌、民俗、民风、基础设施、技术及经济发展水平、市场化程度和物价波动幅度等，都将对投资估算产生重大的直接影响。

（4）有关法规、政策规定　国家的经济发展战略、货币政策、财政政策及产业政策等有关政策规定，都会影响项目建设的投资额，是进行投资估算的必要依据。

3．投资估算的编制要求

要提高投资估算的准确性，应注意按照以下要求编制投资估算：

（1）严格执行国家的方针、政策和有关制度　投资估算的编制必须严格执行国家的方针、政策和有关制度，符合相关技术标准和设计施工技术规范。估算文件的质量应达到符合规定、结合实际、提交及时、工程内容和费用构成齐全、计算合理、不重复计算，不提高或者降低估算标准，不漏项、不少算。

（2）必须选用真实可靠的估算资料　要认真收集各种建设项目的竣工决算实际造价资料，资料的真实可靠性越高，投资估算的准确性就越高。选择可靠的估价资料，是提高投资估算准确性的前提和基础。

（3）必须进行充分的调研、分析工作　选择使用投资估算的各种数据时，不论是自己积累的数据，还是来源于其他方面的数据，都要求估算人员在使用前要结合时间、物价、现场条件和装备水平等因素，进行充分的分析和调查研究工作；对工程所在地的交通、能源、材料供应等条件进行周密的调查研究；进行细致的市场调查和预测，绝不能生搬硬套。确保选用造价指标的工程特征与拟建工程的尽量相符。

（4）必须留有足够的预备费　投资的估算必须考虑建设期物价、工资等方面的动态因素变化，在调查研究的基础上依据估算人员所掌握的情况加以分析、判断和预测，选定适合的系数。一般来说，对于建设工期长、工程复杂的项目或新工艺流程，预备费所占比例可高一些；对于建设工期短、工程结构简单或在很大程度上带有非开发并在国内已有建成的工艺生产项目和已定型的项目，预备费所占的比例可相对降低。

（5）注意项目投资总额的综合平衡　投资估算中应处理好局部与总体的关系。进行项目投资估算时，常有从各单位工程投资估算的局部上看似合理的，但从建设项目所需投资额估算的总体来看并不合理的情况。因此，必须从总体上衡量工程的性质、项目所包括的内容和建筑标准等，是否与当前同类工程的投资额相称。还需检查各单位工程的经济指标是否合适，进行必要的调整，使整个建设项目所需的投资估算额更为合理。

对于那些进口设备、引进国外先进技术的建设项目和涉外建设项目，其建设投资的估算额与外汇兑换率的关系密切，还需在投资估算时充分考虑汇率的变化。

4.1.4 投资估算的程序

不同类型的工程项目可选用不同的投资估算方法，不同的投资估算方法也有不同的投资估算编制程序。依据《建设项目可行性研究指南》，介绍一般常见的投资估算编制程序。

1．建筑工程投资估算

根据项目总体构思和描述报告中的建筑方案构思、机电设备构思、建筑面积分配计划和分部分项工程的描述，列出土建工程的分项工程表，计算各分项工程量，再套用与之相适应的综合单价，计算出各分项工程的投资额，汇总得出建筑工程的投资额；或根据工程的建筑面积，套用相似工程的平方米估算指标，计算出建筑工程的投资额。

2．设备及其安装工程投资估算

根据报告中对设备购置及安装工程的构思描述，列出设备购置清单，参照、套用设备安装工程投资估算指标，计算设备购置及安装工程的投资额。

3．其他费用投资估算

根据项目建设期中涉及的其他费用投资构思和前期工作设想，并按照国家和地方的有关法规，编制工程建设其他费用投资。

4．预备费估算

根据项目涉及的预备费用投资构思和前期工作设想，并按国家和地方的有关法规，估算拟建项目所需的基本预备费和涨价预备费。

5．建设用贷款利息估算

根据项目所涉及的贷款额度，以及银行的贷款利率，利用相应的方法计算项目建设期的贷款利息。

6．铺底流动资金估算

铺底流动资金是保证项目投产后，能正常生产经营所需要的最基本的周转资金。铺底流动资金按照流动资金的30%计算。

7．项目总投资估算

拟建项目的总投资估算通过汇总固定资产投资估算和铺底流动资金估算得到。其中固定资产投资估算包括静态投资（建筑工程投资估算、设备及安装工程投资估算、建设工程其他费用投资估算、基本预备费）和动态投资（涨价预备费、建设期贷款利息）两部分。

4.2　投资估算的方法

建设项目投资估算应按静态投资和动态投资进行估算。由于编制投资估算的方法很多，在具体编制某个项目的投资估算时，应根据项目的性质、技术资料和数据等具体情况的差异，有针对性地选用适宜的方法。

首先进行静态投资部分的估算，需要强调的是，对于静态投资部分的估算，要按照某一确定的时间来进行，一般是以开工前一年作为基准年，以这一年的价格为依据计算，否则就失去基准作用，影响投资估算的准确性。另外，因为民用项目与工业生产项目的特点及具体方法有显著的区别，一般情况下，工业生产项目的投资估算从设备费用入手，而民用项目则往往从建筑工程投资估算入手。然后进行动态投资部分的估算，建设项目的动态投资包括价格变动可能增加的投资额、建设期利息等，如果是涉外工程项目，还应考虑汇率的影响。在实际估算时，主要考虑涨价预备费、建设期利息、流动资金和汇率变化 4 个方面。

4.2.1　工程静态投资估算的方法

1. 工业生产项目静态投资估算方法

（1）资金周转率法　资金周转率法，是用已建项目的资金周转率来估算拟建项目所需投资额的方法。

其估算公式为：

$$资金周转率=\frac{年销售总额}{投资额}=\frac{产品产量\times 产品单价}{投资额} \tag{4-1}$$

$$投资额=\frac{年销售总额}{资金周转率} \tag{4-2}$$

由上述公式可以看出，投资估算的精度取决于资金周转率的稳定程度。资金周转率是根据已建项目的有关数据计算的，若资金周转率估计偏小，则投资估算偏大，反之则偏小。不同的行业资金周转率不同。

资金周转率法比较简单直观，便于快速计算项目投资额，但精度较低，因此只适用于投资机会研究阶段或项目建议书阶段的投资估算。

（2）生产规模指数法　生产规模指数法是基于已建工程和拟建工程生产能力与投资额或生产装置投资额的相关性进行投资估算的一种方法，其特点是生产能力与投资额成比较稳定的指数函数关系。其计算公式为：

$$C_2=C_1\left(\frac{Q_2}{Q_1}\right)^n\times f \tag{4-3}$$

式中　C_1——已建类似项目或装置的投资额；

C_2——拟建类似项目或装置的投资额；

Q_1——已建类似项目或装置的生产规模；

Q_2——拟建类似项目或装置的生产规模；

f——不同时期、不同地点的定额、单价、费用变更等的总和调整系数；

n——生产规模指数，$0 \leqslant n \leqslant 1$。

上式表明，造价与规模（或容量）呈非线性关系，并且单位造价随工程规模（或容量）的增大而减小。在正常情况下，$0 \leqslant n \leqslant 1$。若已建类似项目的生产规模与拟建项目生产规模相差不大，Q_1 与 Q_2 的比值在 0.5～2 之间，则指数 n 的取值近似为 1；若已建类似项目的生产规模与拟建项目生产规模相差不大于 50 倍，且拟建项目生产规模的扩大仅靠增大设备规模来达到时，则 n 的取值在 0.6～0.7 之间；若是靠增加相同规格设备的数量达到时，n 的取值在 0.8～0.9 之间。

指数法的误差应控制在±20%以内。尽管估价误差较大，但这种估价方法不需要详细的工程设计资料，只需依据工艺流程及规模就可以做投资估算，故使用较为方便。

【例 4-1】 建设一座年产量 50 万吨的某生产装置，投资额为 10 亿元，现拟建一座 100 万吨的类似生产装置，用生产能力指数法估算拟建生产装置的投资额（n=0.5，f=1）。

【解】 $C_2 = 10 \times \left(\dfrac{100}{50}\right)^{0.5} \times 1 = 14.14$ 亿元

（3）比例估算法　比例估算法是指用工程造价构成中某类已知费用及其他费用稳定的比例关系来求投资估算额的方法。比例估算法又可分为三种。

1）分项比例估算法。该法是将项目的固定资产投资分为设备投资、建筑物与构筑物投资和其他投资三部分，先估算出设备的投资额，然后再按一定比例估出建筑物与构筑物的投资及其他投资，最后将三部分投资加在一起。

① 设备投资估算。设备投资按其出厂价格加上运输费、安装费等，其估算公式为

$$K_1 = \sum_{i=1}^{n} Q_i P_i (1 + L_i) \tag{4-4}$$

式中　K_1——设备的投资估算值；

Q_i——第 i 种设备所需数量；

P_i——第 i 种设备的出厂价格；

L_i——同类项目同类设备的运输、安装费系数。

② 建筑物与构筑物投资估算。其计算公式为

$$K_2 = K_1 L_b \tag{4-5}$$

式中　K_1——设备的投资估算值；

K_2——建筑物与构筑物的投资估算值；

L_b——同类项目中建筑物与构筑物投资占设备投资的比例，露天工程取 0.1～0.2，室内工程取 0.6～1.0。

③ 其他投资估算。其计算公式为

$$K_3 = K_1 L_w \tag{4-6}$$

式中　K_3——设备的投资估算值；

K_1——其他投资的估算值；

L_w——同类项目中其他投资占设备投资的比例。

项目固定资产投资总额的估算值 K 则为

$$K=(K_1+K_2+K_3)(1+S\%) \tag{4-7}$$

式中　K——项目固定资产投资总额的算值；

$S\%$——考虑不可预见因素而设定的费用系数，一般为 10%～15%。

2）费用比例估算法。其计算步骤为：

① 根据拟建项目设备清单按当时当地价格计算设备费用的总和。

② 收集已建类似项目造价资料，并分析设备费用与建筑工程、安装工程和工程建设其他费用之间的比例关系。

③ 分析和确定由于时间因素引起的定额、物价、费用标准以及国家政策法规等变化导致的建筑工程、安装工程、工程建设其他费用的综合调整系数。

④ 计算拟建项目的建筑工程、安装工程、工程建设其他费用以及其他费用。其总和即为拟建项目投资额，计算公式为

$$C=E(1+f_1P_1+f_2P_2+f_3P_3+\ldots)+I \tag{4-8}$$

式中　C——拟建项目投资额；

E——拟建项目设备费；

P_1、P_2、P_3…——已建项目中建筑工程费、安装工程费及其他工程费等占设备费的比重；

f_1、f_2、f_3…——时间因素引起的定额、价格、费用标准等变化的综合调整系数；

I——拟建项目的其他费用。

3）专业工程比例估算法。其计算步骤为：

① 计算拟建项目主要工艺设备的投资（包括运杂费及安装费）。

② 根据同类型的已建项目的有关造价统计资料，计算各专业工程（如土建、暖通、给排水、管道、电气及电信、自控及其他工程费用等）与工艺设备投资的比例关系。

③ 根据上述资料分析确定各专业工程的总和调整系数。

④ 计算各专业工程（包括主要工艺设备）的费用之和。

⑤ 计算其他费用。

⑥ 累计汇总得投资估算额。其计算公式为

$$C=E'(1+f_1P_1+f_2P_2+f_3P_3+\ldots)+I \tag{4-9}$$

式中　C——拟建项目投资额；

E'——拟建项目中的最主要、投资比重较大并与生产规模直接相关的工艺设备的投资（包括运杂费及安装费）；

P_1'、P_2'、P_3'…——已建项目中建筑工程费、安装工程费及其他工程费等占设备费的比重；

f_1、f_2、f_3…——由于时间因素引起的定额、价格、费用标准等变化的综合调整系数；

I——拟建项目的其他费用。

（4）系数估算法　系数估算法也称为因子估算法，这种方法简单易行，但是精度较低，一般用于项目建议书阶段。系数估算法的种类很多，下面介绍几种主要类型。

1）朗格系数法。这种方法是以设备费为基数乘以适当系数来推算项目的建设费用，即

$$D = c\times(1+\sum K_i)\times K_c \qquad (4\text{-}10)$$

式中　D——总建设费用；

c——主要设备费；

K_i——管线、仪表、建筑物等项费用的估算系数；

K_c——管理费、合同费、应急费等项费用的总估算系数。其中，总建设费用与设备费用之比称为朗格系数 K_1，即 $K_1=(1+\sum K_i)\times K_c$。

朗格系数法比较简单、快捷，但没有考虑设备规格、材质的差异，所以精度不高。朗格系数法一般用于国际上工业项目的项目建议书阶段或投资机会研究阶段估算。

2）设备与厂房系数法。对于一个生产性项目，如果设计方案已确定了生产工艺，且初步选定了工艺设备并进行了工艺布置，就有了工艺设备的重量及厂房的高度和面积，则工艺设备投资和厂房土建的投资就可分别估算出来，项目的其他费用与设备关系较大的按设备投资系数计算，与厂房土建关系较大的则以厂房土建投资系数计算，两类投资加起来就得出整个项目的投资。其计算公式为：

项目投资额=设备及安装投资额+厂房土建（包括设备基础）投资额+项目其他费用　（4-11）

3）主要车间系数法。对于生产性项目，在设计中若主要考虑了主要生产车间的产品方案和生产规模，可先采用合适的方法计算出主要车间的投资，然后利用已建类似项目的投资比例计算辅助设施占主要生产车间投资的系数，再估算出总投资。其计算公式为：

项目投资额=主要生产车间投资×辅助设施等占生产车间投资的系数　（4-12）

2．民用项目静态投资估算方法

指标估算法是民用项目静态投资估算方法中常用的方法。这种方法是把建设项目划分为建筑工程、设备安装工程、设备购置费及其他基本建设费等费用项目或单位工程，再根据各种具体的投资估算指标，进行各项费用项目或单位工程投资的估算，在此基础上计算每一单项工程的投资额，然后再估算工程建设其他费用及预备费，汇总求得建设项目总投资。

估算指标是一种比概算指标更为扩大的单位工程指标或单项工程指标，表现形式较多，如，元/m、元/m^2、元/m^3、元/t、元/（kV・A）等。

使用估算指标法应根据不同地区、年代进行调整。因为地区、年代不同，设备与材料的价格均有差异，调整方法可以按主要材料消耗量或“工程量”为计算依据；也可以按不同的工程项目的“万元工料消耗定额”而采用不同的系数。如果有关部门已颁布了有关定额或材料价差系数（物价指数），也可以据其调整。使用估算指标法进行投资估算决不能生搬硬套，必须对工艺流程、定额、价格及费用标准进行分析，经过实事求是的调整与换算后，才能提高其精确度。

（1）单位面积综合指标估算法　该方法适用于单项工程的投资估算，投资包括土建、给

排水、采暖、通风、空调、电气、动力管道等所需费用。其计算公式为：

单项工程投资额=建筑面积×单位面积造价×价格浮动指数±结构和建筑标准部分的价差　（4-13）

（2）单元指标估算法　单元指标是指每个估算单位的投资额。例如，饭店单位客房间投资指标、医院每个床位投资估算指标等。该法在实际工作中使用较多，计算公式为

项目投资额=单元指标×民用建筑功能×物价浮动指数　（4-14）

4.2.2　工程动态投资估算的方法

工程动态投资部分主要包括价格变动可能增加的投资额、建设期利息两部分内容，如果是涉外项目，还应该计算汇率的影响。动态部分的估算应以基准年静态投资的资金使用计划为基础来计算，而不是以编制的年静态投资为基础计算。

1．涨价预备费的估算

涨价预备费是对建设工期较长的项目，由于在建设期内可能发生材料、设备、人工等价格上涨引起投资增加，需要预留的费用。涨价预备费一般按照国家规定的投资综合价格指数（没有规定的由可行性研究人员预测），依据工程分年度估算投资额，采用复利法计算。公式为：

$$\mathrm{PF}=\sum_{t=1}^{n} I_t\left[(1+f)^t-1\right] \tag{4-15}$$

式中　PF——涨价预备费估算额；

I_t——建设期第 t 年初的静态投资计划额；

n——建设期年份数；

f——年平均价格预计上涨率。

【例 4-2】某建设项目静态投资额为 3 000 万元（其中 1 000 万元为银行贷款，年实际利率 4%），建设期为三年，投资比例为第一年 20%，第二年 50%，第三年 30%，建设期内年平均价格上涨率为 5%，则该项目第三年投资的涨价预备费为多少万元？（2004 年全国注册造价工程师考题）

【解】$\mathrm{PF}=3000\times30\%\times[(1+5\%)^3-1]=141.86$ 万元

2．建设期利息的估算

建设期利息是指项目借款在建设期内发生并计入建设项目总投资的利息，一般按照复利法计算。为了简化计算，通常假定借款均在每年的年中支用，计算公式为：

各年应计利息=（年初借款本息累计+本年借款额/2）×年利率　（4-16）

3．流动资金的估算

流动资金是指生产经营性项目投产后，为进行正常生产运营，用于购买原材料、燃料，支付工资及其他经营费用等所需的周转资金。流动资金估算一般采用分项详细估算法，个别情况或者小型项目可采用扩大指标法。

（1）分项详细估算法　分项详细估算法是目前国际上常用的流动资金的估算方法。其计

算公式为

$$流动资金=流动资产-流动负债 \quad (4-17)$$

式中：流动资产=应收（或预付账款）+现金+存货

流动负债=应付（或预收）账款

流动资金本年增加额=本年流动资金-上年流动资金

分项详细估算法估算的具体步骤为：首先计算各类流动资产和流动负债的年周转次数，然后再分项估算占用资金额。

1）周转次数的计算。周转次数是指流动资金的各个构成项目在一年内完成多少个生产过程，即

$$周转次数=360天/最低周转天数 \quad (4-18)$$

2）各分项资金占用额的估算。其计算公式分别为

$$应收账款=年销售收入/应收账款年周转次数 \quad (4-19)$$

$$现金=（年工资福利费+年其他费）/现金年周转次数 \quad (4-20)$$

$$存货=外购原材料、燃料动力费+在产品+产成品 \quad (4-21)$$

其中：

外购原材料、燃料动力费=年外购原材料、燃料动力费/年周转次数

在产品=（年工资福利费+年其他制造费+年外购原材料、燃料动力费+年修理费）/在产品年周转次数

产成品=年经营成本/产成品年周转次数

$$流动负债=应付账款=年外购原材料、燃料动力费/应付账款年周转次数 \quad (4-22)$$

根据以上流动资金各项估算的结果，编制流动资金估算表，见表4-1。

表4-1　流动资金估算表

序号	项目	最低周转天数	周转次数	投产期			达产期		
				3	4	5	6	…	n
1	流动资产								
1.1	应收账款								
1.2	存货								
1.2.1	原材料								
1.2.2	燃料								
1.2.3	在产品								
1.2.4	产成品								
1.3	现金								
2	流动负债								
2.1	应付账款								
3	流动资金（1-2）								
4	流动资金本年增加额								

（2）扩大指标估算法　扩大指标估算法是一种简化的流动资金估算方法，一般可参照同

类企业流动资金占销售收入、经营成本的比例，或者单位产量占用流动资金的数额估算。扩大指标估算法简便易行，但准确度不高，适用于项目建议书阶段的估算。扩大指标估算法计算流动资金的公式为

年流动资金额=年销售收入（或年经营成本）×销售收入（或经营成本）资金率　　(4-23)

年流动资金额=年产量×单位产量占用流动资金额　　(4-24)

（3）估算流动资金应注意的问题

1）在采用分项详细估算法时，应根据项目实际情况分别确定现金、应收账款、存货和应付账款的最低周转天数，并考虑一定的风险系数。因为最低周转天数减少，将增加周转次数，从而减少流动资金需要量，因此，必须切合实际地选用最低周转天数。对于存货中的外购原材料和燃料，要分品种和来源，考虑运输方式和运输距离，以及占用流动资金的比重大小等因素确定。

2）在不同生产负荷下的流动资金，应按不同生产负荷所需的各项费用金额，分别按照上述的计算公式进行估算，而不能直接按照 100%生产负荷下的流动资金乘以生产负荷百分比求得。

3）流动资金属于长期性（永久性）流动资产，流动资金筹措可通过长期负债和资本金（一般要求占 30%）的方式解决。流动资金一般要求在投产前一年开始筹措，为简化计算，可规定在投产的第一年开始按生产负荷安排流动资金需要量。其借款部分按全年计算利息，流动资金利息应计入生产期间财务费用，项目计算期末收回全部流动资金（不含利息）。

4．汇率变化对涉外建设项目动态投资的影响及计算方法

（1）外币对人民币升值　项目从国外市场购买设备材料所支付的外币金额不变，但换算成人民币的金额增加；从国外借款，本息所支付的外币金额不变，但换算成人民币的金额增加。

（2）外币对人民币贬值　项目从国外市场购买设备材料所支付的外币金额不变，但换算成人民币的金额减少；从国外借款，本息所支付的外币金额不变，但换算成人民币的金额减少。

估计汇率变化对建设项目投资的影响，是通过预测汇率在项目建设期内的变动程度，以估算年份的投资额为基数，计算求得。

4.3　工程项目财务评价

4.3.1　工程项目财务评价的概念

财务评价是根据国家现行财税制度和价格体系，分析、计算项目直接发生的财务效益和费用，编制财务报表，计算评价指标，考察项目的盈利能力、清偿能力以及外汇平衡等财务状况，据以判别项目的财务可行性。它是项目可行性研究的核心内容，其评价结论是决定项目取舍的重要决策依据。

财务评价的基本报表有现金流量表、损益表、资金来源与运用表、资产负债及外汇平衡表。

4.3.2 财务评价指标体系

工程项目财务评价指标体系根据不同的标准，可作不同的分类。根据是否考虑资金时间价值，可分为静态评价指标和动态评价指标。财务评价指标体系分类，如图 4-1 所示。

- 项目财务评价指标
  - 静态评价指标
    - 静态投资回收期
    - 借款偿还期
    - 投资利润率
    - 投资利税率
    - 资本金利润率
    - 财务比率
      - 资产负债率
      - 流动比率
      - 速动比率
  - 动态评价指标
    - 动态投资回收期
    - 财务净现值
    - 财务内部收益率

图 4-1　财务评价标体系分类

4.3.3 财务评价指标计算分析

4.3.3.1 项目财务盈利能力分析的指标计算与评价

项目财务盈利能力分析主要是考察项目投资的盈利水平。

1．财务净现值（FNPV）

财务净现值，是指按行业的基准收益率或设定的折现率（i_c），将项目计算期内各年净现金流量折现到建设期初的现值之和。它是考察项目在计算期内盈利能力的动态评价指标，其表达式为：

$$FNPV=\sum_{t=1}^{n}(CI-CO)_t(1+i_c)^{-t} \tag{4-25}$$

式中　CI——现金流入量；

CO——现金流出量；

$(CI-CO)_t$——第 t 年的净现金流量；

n——项目计算期（项目财务评价中，t 从 1 开始计算）；

i_c——基准收益率或设定的折现率。

计算出的财务净现值大于或等于零时，表明项目在计算期内可获得大于或等于基准收益水平的收益额。因此，当财务净现值 FNPV≥0 时，则项目在财务上可以考虑被接受。

2．财务内部收益率（FIRR）

财务内部收益率是使项目整个计算期内各年净现金流量现值累计等于零时的折现率。它反映项目所占用资金的盈利率，是考察项目盈利能力的主要动态评价指标。

财务内部收益率的具体计算可根据现金流量表中净现金流量用试算法进行。具体计算公式为：

$$\mathrm{FIRR}=i_1+\frac{\mathrm{FNPV}_1}{\mathrm{FNPV}_1+\left|\mathrm{FNPV}_2\right|}(i_2-i_1) \tag{4-26}$$

式中　i_1——较低的试算折现率，使 $\mathrm{FNPV}_1 \geqslant 0$；

i_2——较高的试算折现率，使 $\mathrm{FNPV}_2 \leqslant 0$。

由此计算出的财务内部收益率通常为一近似值。为控制误差，一般要求（i_2-i_1）为2%～5%，当 FIRR≥i_c时，则项目盈利能力已满足最低要求，在财务上可以考虑被接受。

3．静态投资回收期（P_t）

静态投资回收期是指以项目的净收益抵偿全部投资（固定资产投资、流动资金）所需的时间。它是考察项目在财务上的投资回收能力的主要静态评价指标。投资回收期以年表示，一般从建设开始年算起。其计算公式为：

$$P_t=（累计净现金流量开始出现正值年份数-1）+\frac{上年累计净现金流量的绝对值}{当年净现金流量} \tag{4-27}$$

求出投资回收期（P_t）与行业的基准投资回收期（P_c）比较，当 $P_t \leqslant P_c$时，表明项目投资能在规定的时间内收回，则项目在财务上可以考虑被接受。

4．投资利润率

投资利润率是指项目达到设计生产能力后的一个正常生产年份的年利润总额与项目总投资的比率，它是考察项目单位投资盈利能力的静态指标。其计算公式为：

$$投资利润率=\frac{年利润总额或年平均利润总额}{项目总投资}\times 100\% \tag{4-28}$$

$$项目总投资=固定资产投资+全部流动资金 \tag{4-29}$$

在财务评价中，将投资利润率与行业平均投资利润率相比，以判别项目单位投资盈利能力是否达到本行业的平均水平。当投资利润率≥行业平均投资利润率时，则项目在财务上才可以考虑被接受。

5．投资利税率

投资利税率是指项目达到设计生产能力后的一个正常生产年份的年利税总额或项目生产期内的年平均利税总额与项目总投资的比率。它是反映项目单位投资盈利能力和对财政所作贡献的指标，其计算公式为：

$$投资利税率=\frac{年利税总额或年平均利税总额}{项目总投资}\times 100\% \tag{4-30}$$

年利税总额=年产品销售（营业）收入–年总成本费用

年利税总额=年利润总额+年销售税金及附加

在财务评价中，将投资利税率与行业平均投资利税率对比，当投资利税率≥行业平均投资利税率时，则项目在财务上才可以考虑被接受。

6．资本金利润率

资本金利润率是指项目达到设计生产能力后的一个正常生产年份的年利润总额或项目生产期内的年平均利润总额与资本金的比率，它反映投入项目的资本金的盈利能力。其计算公式为：

$$\text{资本金利润率}=\frac{\text{年利润总额或年平均利润总额}}{\text{资本金}}\times 100\% \qquad (4\text{-}31)$$

4.3.3.2 项目清偿能力分析的指标计算与评价

投资项目的资金构成一般可分为借入资金和自有资金。自有资金可长期使用，而借入资金必须按期偿还。偿债分析是财务分析中的一项重要内容。

1．贷款偿还期

$$\text{贷款偿还期}=(\text{偿清债务年份数}-1)+\frac{\text{偿清债务当年应付的本息}}{\text{当年可用于偿债的资金总额}} \qquad (4\text{-}32)$$

当贷款偿还期小于或等于借款合同规定的期限时，项目可行。

2．财务比率

根据资产负债可计算资产负债率、流动比率和速动比率等财务比率，以分析项目的清偿能力。

（1）资产负债率　资产负债率是负债总额与资产总额之比，是反映项目各年所面临的财务风险程度及偿债能力的指标。其计算公式为：

$$\text{资产负债率}=\frac{\text{负债总额}}{\text{资产总额}}\times 100\% \qquad (4\text{-}33)$$

（2）流动比率　流动比率是流动资产总额与流动负债总额之比，是反映项目各年偿付流动负债能力的指标。其计算公式为：

$$\text{流动比率}=\frac{\text{流动资产总额}}{\text{流动负债总额}}\times 100\% \qquad (4\text{-}34)$$

（3）速动比率　速动比率是流动资产减存货后的差额（即为速动资产）与流动负债总额之比，是反映项目各年快速偿付流动负债能力的指标。其计算公式为：

$$\text{速动比率}=\frac{\text{速动资产总额}}{\text{流动负债总额}}\times 100\%=\frac{\text{流动资产}-\text{存货}}{\text{流动负债总额}}\times 100\% \qquad (4\text{-}35)$$

4.4 工程投资决策阶段投资估算的管理

投资估算的管理是工程决策阶段的关键。它就是对投资估算的编制方法、数据测算、估算指标选择运用、影响估算的因素等进行全过程的分析控制与管理。其目的是保证投资估算的科学性和可靠性，保证各种资料和数据的时效性、准确性和适用性，为项目决策提供科学依据。

4.4.1 影响投资估算的相关因素

工程投资及工程造价的多少取决于多种因素，其中主要因素有建设规模、建设地点及所占地面积、工艺流程及设备选型、建筑标准、配套工程规模及标准、劳动定员等。建设项目投资估算是一项很复杂的工作，因为有很多因素会影响项目投资估算的准确性，其主要影响因素有以下四种。

1．项目投资估算所需资料的可靠性

项目投资估算所选用的已运行项目的实际投资额、有关单元指标、物价指数、项目建设规模、建筑材料、设备价格等数据和资料的可靠性都直接影响投资估算的准确性。

2．项目本身的具体情况

项目本身的内容和复杂程度、设计深度和详细程度、建设工期等也必然对项目投资估算的准确性产生重大影响。当项目本身包括的内容繁多、技术要求比较复杂、建设工期较长时，那么在估算项目所需投资额时，就容易发生漏项和重复，导致投资估算的失真。

3．项目所在地的相关条件

项目所在地的相关条件主要是指项目所在地的自然条件、市场条件、基础设施条件等。项目所在地的自然条件，如建设场地条件、工程地质条件、水文地质、地震烈度等情况和有关数据的可靠性；项目所在地的市场条件，建筑材料供应情况、价格水平、物价波动幅度、施工协作条件等情况；基础设施条件，如给水排水、供电、通信、燃气供应、热力供应、公共交通及消防等相关条件的具体情况，都会影响投资估算的准确性。

4．项目投资估算人员的水平

项目投资估算人员业务水平、经验、职业道德等主观因素都会影响投资估算的准确性。

4.4.2 投资估算的审查

1．投资估算审查的意义

（1）投资估算审查是保障项目决策正确的前提之一　投资估算、资金筹措、建设地点、资源利用等都影响项目是否可行，由于投资估算的正确与否关系到项目财务评价和经济分析是否正确，从而影响到项目在经济上是否可行。因此必须对投资估算编制的正确性（误差范围）进行审查。

（2）投资估算审查为工程造价的控制奠定了基础　在项目建设各阶段中，通过工程造价的确定与控制，相应形成了投资估算、设计概算、施工图预算、承包合同价、结算价及竣工决算。这些造价形成之间存在着前者控制后者，后者补充前者的相互作用关系，只有合理地计算投资估算，采用科学的估算方法和可靠的数据资料，保证投资估算的正确性，才能保证其他阶段的造价控制在合理的范围内，使投资控制目标能够实现。

2．投资估算审查的内容

（1）审查投资估算的编制依据　投资估算所采用的依据必须具有合法性和有效性。

1）合法性。首先必须对投资估算编制依据的合法性进行鉴定。投资估算所采用的各种编制依据必须经过国家和主管部门的批准，符合国家有关编制政策规定，未经批准的不能采用。

2）有效性。即对编制依据的有效性进行鉴定。各种编制依据都应根据国家有关部门的现行规定进行，不能脱离现行的国家各种财务规定去做投资估算，如有新的管理规定和办法应按新的规定和办法执行。

（2）审查投资估算的构成内容　根据工程造价的构成，建设项目投资估算包括固定资产投资估算和铺底流动资金在内的流动资金估算，具体的构成内容已在本书前面进行了介绍。审查投资估算的构成内容，主要是审查项目投资估算内容的完整性和构成的合理性。

（3）审查投资估算的估算方法和计算的正确性　根据投资项目的特点和行业类别，计算投资估算可选用的具体方法很多。一般说来，供决策用的投资估算，不宜使用单一的投资估算方法，而是综合使用几种投资估算方法，互相补充，相互校核；对于投资额不大、一般规模的工程项目，适宜使用类似比较或系数估算法。此外，还应对建设前期阶段不同的工程项目，选用不同的投资估算方法。因此审查投资估算时，应对投资估算采用的方法所适用的条件、范围、计算是否正确进行评价；对投资估算采用的工作量，设备、材料和价格等是否正确、合理进行评价；对投资比例是否合理，费用或费率是否有漏项、少算，是否有意压价、高估冒算或提高标准等进行评价；必须进口的国外设备的数量是否经过核实，价格是否合理（是否经过三家以上供应厂商的询价和对比），是否考虑了汇率、税金、利息和物价上涨指数等因素进行评价。

（4）审查投资估算的费用划分及投资数额

1）审查投资估算中费用项目的划分是否正确。主要应审查费用项目与规定要求、实际情况是否相符；是否有多项、重项和漏项的情况；是否符合国家有关政策规定；是否针对具体情况进行了适当增减。

2）投资额的估算是否考虑了物价变化、费率变动、现行标准和规范、已建项目当时的标准和规范的变化等对总投资的影响，所用的调整系数是否适当。

3）投资估算中是否考虑了项目将采用的高新技术、材料、设备以及新结构、新工艺等导致的投资额的变化。

4）审查投资估算中动态投资额的估算是否恰当等。

总之，在进行项目投资估算审查时，应在项目评估的基础上，将审查内容联系起来综合考虑，既要防止漏项少算，又要防止重复计算和高估冒算，保证投资估算的精确性，使项目投资估算真正能起到正确决策、控制投资的重要作用。

本章小结

我国建设工程的投资估算包括固定资产投资估算和铺底流动资金估算。固定资产投资包括：建筑安装工程费、设备及工器具购置费、工程建设其他费、预备费（基本预备费和涨价预备费）、建设期的贷款利息等。铺底流动资金是项目总投资估算中流动资金的一部分，它按项目投产后所需流动资金的30%计算。

建设项目投资估算应分别静态投资部分和动态投资部分进行，由于编制投资估算的方法很多，在具体编制某个项目的投资估算时，应根据项目的性质、技术资料和数据的具体情况，有针对性地选用适宜的方法。首先要进行静态投资部分的估算，对于静态投资部分的估算，要按照某一确定的时间来进行，一般是以开工前一年作为基准年，以这一年的价格为依据计算。一般情况下，工业生产项目的投资估算从设备费用入手，而民用项目则往往从建筑工程投资估算入手。

建设工程投资的静态投资估算方法有：资金周转率法、生产规模指数法、比例估算法、系数估算法、指标估算法等；动态投资部分的估算有：涨价预备费的计算 $PF=\sum_{t=1}^{n} I_t\left[(1+f)^t-1\right]$，建设期贷款利息的计算：各年应计利息=（年初借款本息累计+本年借款额/2）×年利率；流动资金的估算方法有：分项详细估算法和扩大指标估算法。

工程项目财务评价也是工程投资决策阶段项目可行性研究的核心内容，其评价结论是决定项目取舍的重要决策依据。财务评价的基本报表有现金流量表、损益表、资金来源与运用表、资产负债及外汇平衡表。

建设工程投资估算审查主要是审查投资估算的编制依据；审查投资估算的构成内容；审查投资估算的估算方法和计算的正确性；审查投资估算的费用划分及投资数额。

复习思考题

1. 什么是工程项目投资决策？它与项目投资有何关系？
2. 什么是投资估算？它有什么作用？
3. 投资估算的内容主要是什么？
4. 投资估算的方法有哪些？
5. 工程项目财务评价分析的主要指标有哪些？
6. 影响投资估算的因素是什么？
7. 如何进行投资估算的审查？
8. 某建设项目的工程费用与工程建设其他费用的估算额为 52 180 万元，预备费 5 000 万元，项目建设期为 3 年。3 年的投资比例是：第一年 20%，第二年 55%，第 3 年 25%，第 4 年投产。

该项目建设投资来源为自有资金和贷款。贷款的总额为40 000万元，其中外汇贷款为2 300万美元。外汇牌价为1美元兑换6.5元人民币，贷款的人民币部分，从中国建设银行获得，年利率为12.48%（按季计息）。贷款的外汇部分从中国银行获得，年利率为8%（按年计息）。

建设项目达到设计生产能力后，全厂定员为1 100人，工资和福利费按每人每年7 200元估算。每年其他费用为860万元（其中：其他制造费用为660万元）。年外购原材料、燃料动力费估算为19 200万元。年经营成本为21 000万元，年修理费占年经营成本10%。各项流动资金最低周转天数分别为：应收账款30天，现金40天，应付账款为30天，存货为40天。

问题：

1）估算建设期的利息。

2）用分项详细估算法估算拟建项目的流动资金。

3）估算拟建项目的总投资。

第 5 章 设计阶段的工程造价管理

学习目标

（1）熟悉工程设计阶段造价管理的意义。
（2）掌握工程设计阶段影响工程造价的主要因素。
（3）熟悉设计阶段工程造价管理的程序。
（4）熟悉设计阶段工程造价管理的措施和方法。
（5）掌握设计概算的编制内容和方法。
（6）熟悉设计概算的审查内容和方法。
（7）掌握施工图预算的编制内容和方法。
（8）掌握施工图预算的审查内容和方法。

工程设计是具体实现技术与经济对立统一的过程，是建设项目由计划变为现实的决定性工作阶段。工程设计分为两阶段设计（初步设计和施工图设计）及三阶段设计（初步设计、扩初设计和施工图设计）。拟建项目一经决策确定后，设计就成了工程建设和控制工程造价的关键。初步设计基本上决定了工程建设的规模、产品方案、结构形式和建筑标准及使用功能，形成了设计概算，确定了投资的最高限额；施工图设计完成后，编制出了施工图预算，准确地计算出工程造价。设计费虽然只占工程全寿命周期费用的 1%以下，但在决策正确的条件下，它对工程造价的影响程度达 75%以上。可见，工程设计阶段是影响工程造价的关键环节。

工程造价对设计也有很大的制约作用。在市场经济条件下，归根结底还是经济决定技术，财力决定工程规模、建设标准和技术水平。因此，设计概算和施工图预算是工程设计阶段的工程造价管理的重点内容。

5.1 设计阶段工程造价管理概述

5.1.1 设计阶段工程造价管理的重要意义

（1）在设计阶段控制工程造价效果最显著　工程造价控制贯穿于项目建设全过程，而设计阶段的工程造价控制是整个工程造价控制的龙头。一般来说，初步设计阶段对投资的影响约为 20%，技术设计阶段对投资的影响约为 40%，施工图设计准备阶段对投资的影响约为 25%。很显然，控制工程造价的关键是在设计阶段。在设计一开始就将控制投资的思想植根于设计人员的头脑中，可保证选择恰当的设计标准和合理的功能水平。

（2）在设计阶段控制工程造价便于技术与经济相结合　由于体制和传统习惯的原因，我国的工程设计工作往往是由建筑师等专业技术人员来完成的，他们在设计过程中往往更关注工程的使用功能，力求采用比较先进的技术方法实现项目所需功能，而对经济因素考虑较少。如果在设计阶段吸收造价工程师参与全过程设计，使设计从一开始就建立在健全的经济基础之上，在作出重要决定时就能充分认识其经济后果。另外，投资限额一旦确定以后，设计只能在确定的限额内进行，有利于建筑师发挥个人创造力，选择一种最经济的方式实现技术目标，从而确保设计方案能较好地体现技术与经济的结合。

（3）在设计阶段进行工程造价的计价与控制可以提高投资控制效率　编制设计概算并进行分析，可以了解工程各组成部分的投资比例。对于投资比例比较大的部分应作为投资控制的重点，这样可以提高投资控制效率。

（4）在设计阶段进行工程造价的计价与控制可以使造价构成更合理，提高资金利用效率　设计阶段工程造价的计价形式是编制设计概预算，通过设计概预算可以了解工程造价的构成，分析资金分配的合理性，并可以利用价值工程理论分析项目各个组成部分功能与成本的匹配程度，调整项目功能与成本使其更趋于合理。

（5）在设计阶段控制工程造价会使控制工作更主动　长期以来，人们把控制理解为目标值与实际值的比较，以及当实际值偏离目标值时分析产生差异的原因，确定下一步对策。这对于批量性生产的制造业而言，是一种有效的管理方法。但是对于建筑业而言，由于建筑产品具有单件性的特点，这种管理方法只能发现差异，不能消除差异，也不能预防差异的发生，而且差异一旦发生，损失往往很大，因此是一种被动的控制方法。而如果在设计阶段控制工程造价，可以先按一定的标准，开列新建建筑物每一部分或分项的计划支出费用的报表，即造价计划；当详细设计制定出来以后，对工程的每一部分或分项估算造价，对照造价计划中所列的指标进行审核，预先发现差异，主动采取控制方法消除差异，使设计更经济。

5.1.2　工程设计阶段影响工程造价的主要因素

设计阶段是决策阶段工作的延续，是可行性研究的深化和具体实现。因此，决策阶段影响工程造价的因素仍然影响着工程造价。但是，项目的建设规模、建设地点、工艺流程及主要设备选型已经确定，它们不再是影响造价的主要因素，项目设计阶段影响工程造价的主要因素有总平面设计、工艺设计和建筑设计。工程设计是影响和控制工程造价的关键环节，必须克服重施工、轻设计的传统观念。

1. 总平面设计

总平面设计是指总图运输设计和总平面配置。主要包括的内容有占地面积和土地利用情况；总图运输、主要建筑物和构筑物及公用设施的配置；外部运输、水、电、气及其他外部协作条件等。总平面设计是否合理对于整个设计方案的经济合理性有重大影响。正确合理的总平面设计可以大大减少建筑工程量，缩短工艺流程，节约建设用地，节省建设投资，降低工程造价和项目运行后的使用成本，加快建设进度，并可以为企业创造良好的生产组织、经营条件和生产环境，还可以为城市建设和工业区创造完美的建筑艺术整体。进行总平面设计时应注意占地面积、功能分区、运输方式的选择等问题。

2．工艺设计

工艺设计部分要确定企业的技术水平。主要包括：建设规模、标准和产品方案；工艺流程和主要设备的选型；主要原材料、燃料供应；“三废”治理及环保措施；生产组织及生产过程中的劳动定员情况等。按照建设程序，建设项目的工艺流程在可行性研究阶段已经确定。设计阶段的任务就是严格按照批准的可行性研究报告的内容进行工艺技术方案的设计，确定从原料到产品整个生产过程的具体工艺流程和生产技术。

（1）工艺设计的要求　①工艺设计要以市场研究为基础，不同的市场需求量需要不同的生产规模，从而需要不同的生产工艺。②工艺设计要考虑技术发展的最新动态，选择先进适用的技术方案。在选择工艺设计方案时，应考虑先进技术方案所增加的投资与因此而节约的劳动消耗的对比情况，通过技术经济分析，综合考虑各方面因素，然后确定合理的技术方案。

（2）设备选型与设计　在工艺设计中确定了生产工艺流程后，就要根据工厂生产规模和工艺过程的要求，选择设备型号和数量。设备选型和设计应注意的要求有：①设备选型应该注意标准化、通用化和系列化。②采用的设备要符合技术先进、稳妥可靠、经济合理的原则。③设备的选择应立足国内，对于国内不能生产的关键设备，进口时要注意与工艺流程相适应，并与有关设备配套，避免重复引进。④设备选型与设计要考虑建设地点的实际情况和动力、运输、资源等具体条件。

（3）工艺设计方案的评价　不同的工艺技术方案会产生不同的投资效果，工艺技术方案的评价就是互斥投资项目的比选。评价指标有：净现值、净年值、差额内部收益率等。

3．建筑设计

工业建筑设计必须为合理生产创造条件，因此，在建筑平面布置和立面形式选择上应该满足生产工艺要求；民用建筑设计是根据建筑物的使用功能要求，确定建筑标准、结构形式、建筑物空间与平面布置以及建筑群体的配置等。建筑设计必须采用各种切合实际的先进技术，从建筑形式、材料和结构的选择、结构布置和环境保护等方面采取措施以满足生产工艺对建筑设计的要求。

在建筑设计阶段，影响工程造价的主要因素有平面形状，流通空间，层高，建筑物层数，住宅单元组成、户型和住户面积，柱网布置，建筑物的体积、面积以及建筑结构等。建筑设计评价指标包括：单位面积造价；建筑物周长与建筑面积比；厂房展开面积；厂房有效面积与建筑面积比；工程全寿命成本等。

5.1.3　设计阶段工程造价管理的程序

设计阶段工程造价管理的程序如图 5-1 所示。

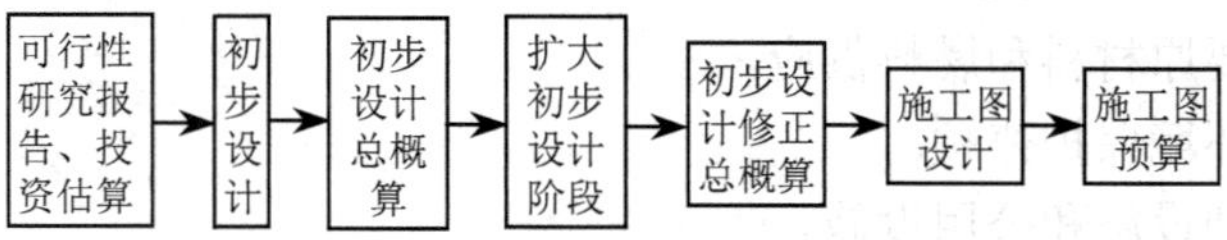

图 5-1　设计阶段工程造价管理的程序图

设计中的工业和民用的大中型建设项目一般采用两阶段设计——初步设计、施工图设计；重大或特殊项目可采用三阶段设计，中间增设技术设计阶段。在各个设计阶段要进行相应的成本管理工作。

在初步设计阶段，设计单位根据批准的可行性研究报告、投资估算或设计承包合同进行初步设计。在此阶段应根据初步设计图（含有作业图）、说明书及概算定额（扩大预算定额或综合预算定额）编制初步设计总概算；概算一经批准，即为控制拟建项目工程造价的最高限额。

在技术设计阶段（扩大初步设计阶段），应根据批准的初步设计文件进行扩大初步设计。在此阶段，应根据技术设计的图样、说明书及概算定额（扩大预算定额或综合预算定额）编制初步设计修正总概算。

在施工图设计阶段，应根据批准的初步设计文件或扩大初步设计文件和主要设备订货情况进行施工图设计。此阶段应根据施工图和说明书及预算定额编制施工图预算，用以核实施工图阶段造价是否超过批准的初步设计概算。

设计阶段的造价控制是一个有机联系的整体，各设计阶段的造价（估算、概算、预算）相互制约、相互补充，前者控制后者，后者补充前者，共同组成工程造价的控制系统。

5.1.4 设计阶段工程造价管理的措施和方法

设计阶段进行造价的控制和管理具有重要的意义。在具体实施的过程中，不仅要遵循一定的程序，而且要采取一定的方法，主要是通过优化设计进行造价控制；通过设计招标和设计方案竞选优化设计方案；运用价值工程优化设计方案；推广标准化设计，优化设计方案；采用限额设计等。

5.1.5 优化设计的方法与造价管理

5.1.5.1 优化设计的方法

优化设计一般在设计阶段进行，包括初步设计、技术设计和施工图设计阶段。优化的内容有整个项目设计方案的优化、项目局部设计方案的优化及项目局部结构设计优化等。

1．初步设计的优化

在初步设计阶段，需要进行优化的工作很多，主要应做好以下几个方面：

1）总平面设计优化。减少占地面积，提高土地利用率；合理布置主要建筑物、构筑物及公用设施，做好功能分区；合理规划生产物料运输路线和方式；保证外部运输、水、电、气供应顺畅及其他外部协作条件协调等。

2）优化工艺设计，缩短工艺流程。确定合理的技术水平，包括建设规模、标准和产品方案、工艺流程和主要设备的选型。

3）合理规划主要原材料和燃料供应。

4）做到生产与环境保护兼顾。

5）合理配置辅助设施和公用设施。

6）确定适当的建设标准。

2．施工图设计的优化

施工图设计的优化是初步设计优化工作的延续，主要侧重于项目局部设计方案的优化和结构设计优化等。施工图设计优化主要应做好以下工作：

1）核实初步设计确定的总平面、工艺流程及主要设备选型、辅助设施、公用设施和建设标准是否最优，是否还有进一步优化的可能。

2）配套的辅助设备应尽量选用标准设备和通用设备，兼顾生产运行中的保养和维修。

3）建筑物和构筑物设计要考虑当地习惯做法，尽量采用标准图和通用图。

4）材料的选用要考虑当地市场的供应情况。

5）选择合理的建设标准。

6）充分考虑施工能力和施工方法。

7）结合当地预制加工能力，合理采用预制构件，尽量工厂化生产。

3．采取各种手段优化设计

设计优化工作要有一定的手段来保证，通常通过设计招标、方案竞选等措施优化设计方案。限额设计也是优化设计中的一种方法。

4．技术与经济有机结合优化设计

设计优化包括两个方面，一个方面是技术优化，另一个方面是投资造价控制。这两个方面应该兼顾。只有处理好技术与经济的关系才能保证设计的优化，片面地强调技术先进或节约投资降低造价都是不正确的。技术与经济要有机结合，争取做到技术先进与经济合理统筹兼顾、经济效益与环境保护兼顾、建设标准与投资造价控制兼顾。

5.1.5.2　优化设计的造价管理

（1）做好优化设计工作　优化设计是合理控制项目概算投资及工程建设造价水平的重要手段。

（2）做好设计概预算的编制及管理工作　设计概预算的编制及管理是合理有效地确定和控制项目投资水平及工程建设造价水平的基础。

（3）做好设计概预算的审查工作　设计概预算的评估审查是合理有效地确定和控制项目投资水平及工程建设造价水平的保障。

5.1.6　限额设计

1．限额设计的概念

限额设计是按照投资或造价的限额进行满足技术要求的设计。它包括两方面内容，一方面是项目的下一阶段按照上一阶段的投资或造价限额达到设计技术要求，另一方面是项目局部按设定投资或造价限额达到设计技术要求。限额设计是建设项目投资控制系统中的一个重要环节，也是一项关键措施。在整个设计过程中，设计人员与经济管理人员要密切配合，做到技术与经济的统一。设计人员在设计时以投资或造价为出发点，进行方案比较，有利于强化设计人员的工程造价意识，优化设计；经济管理人员及时进行造价计算，为设计人员提供有关信息和合理建议，达到动态控制投资的目的。

2．限额设计的目标

（1）确定合理的限额设计目标　确定合理的限额设计目标是非常重要的，目标过高难以实现，目标过低会失去限额设计的意义。初步设计的限额设计目标是在初步设计开始前，根据批准的可行性研究报告及其投资估算确定的；同样，施工图设计的限额设计目标是在施工图设计开始前，根据批准的初步设计文件及其投资概算确定的。

（2）限额设计目标的设定应与项目规模、技术发展、环保安全和职业卫生、建设标准及社会发展相适应。

3．限额设计目标的实现

(1) 根据限额设计总目标下达分解限额设计指标　限额设计指标由项目经理或总设计师提出，经主管院长审批下达，其总额度一般只下达直接工程费的90%，以便项目经理或总设计师和室主任留有一定的调节指标。限额指标用完后，必须经批准才能调整。专业之间或专业内部节约下来的单项费用，未经批准，不能相互调用。

（2）采用方案比选和优化设计方法确保限额目标的实现　方案比选和优化设计是一项复杂的工作，它以系统工程理论为基础，应用现代数学方法对工程设计方案、设备选型、参数匹配和效益分析等方面进行方案比选和设计方法优化，是控制投资和工程造价的重要措施。在进行方案比选和优化设计时，必须根据问题的性质，选择不同方法确保限额目标的实现。

（3）通过数学模型进行优化设计　一般工作步骤是：首先，分析设计对象综合数据，建立设计目标；其次，根据设计对象的数据特征选择合适的优化方法，并建立模型；最后，用计算机对问题求解，并分析计算结果的可行性，对模型进行调整，直到得到满意结果为止。

4．限额设计的全过程

限额设计的全过程，实际上就是建设项目投资目标管理的过程，即目标分解与计划、目标实施、目标实施检查和信息反馈的控制循环过程。限额设计的过程管理体现为限额设计目标要在设计中表现，在项目具体建设施工中实现；初步设计限额设计要在施工图设计中实现和细化，施工图设计限额设计要在施工中实现，才能最终达到限额设计的目的，完成限额设计的全过程。在限额设计的全过程管理中，要注重投资或造价的分配（限额的分配）、限额设计（目标）的实现、限额设计（目标）的实施及检查、信息反馈和改进。

5.2　设计概算的编制

5.2.1　设计概算的概念与作用

1．设计概算的概念

设计概算是设计阶段（包括初步设计、技术设计和施工图设计）对工程项目投资额度的概略计算。设计概算投资应包括建设项目从立项、可行性研究、设计、施工、投产试运行到竣工验收等的全部建设资金。

设计概算是设计文件的重要组成部分，初步设计（基础设计）阶段必须编制初步设计概算，技术设计阶段编制修正概算；施工图设计（详细设计）阶段以前没有编制概算的项目，要编制施工图概算。设计概算是在投资估算的控制下由设计单位根据初步设计（或扩大初步设计）图纸，概算定额（或概算指标），各项费用定额或取费标准（指标），建设地区自然、技术经济条件和设备及材料价格等资料，编制和确定的建设项目从筹建至竣工交付使用所需全部费用的文件。

2. 设计概算的作用

（1）设计概算是编制建设项目投资计划、确定和控制建设项目投资的依据　经批准的建设项目设计总概算的投资额，是该工程建设投资的最高限额。国家规定，编制年度固定资产投资计划，确定计划投资总额及其构成数额，要以批准的初步设计概算为依据，没有批准的初步设计及其概算的建设工程，不能列入年度固定资产投资计划。

（2）设计概算是签订建设工程合同和贷款合同的依据　在工程建设过程中，年度固定资产投资计划安排、银行拨款或贷款、施工图设计及其预算和竣工决算等，未经按规定的程序批准，都不能突破设计概算的限额。如果项目的投资额突破设计概算，必须查明原因后由建设单位报请上级主管部门，调整或追加设计概算总投资额。

（3）设计概算是控制施工图设计和施工图预算的依据　经批准的设计概算是建设项目投资的最高限额，设计单位必须按照批准的初步设计及其总概算进行施工图设计，施工图预算不得突破设计概算。如确需突破总概算时，应按规定程序报经审批。

（4）设计概算是衡量设计方案经济合理性和选择最佳设计方案的依据　设计概算是设计方案技术经济合理性的综合反映，据此可以用来对不同的设计方案进行技术与经济合理性的比较，以便选择最佳的设计方案。

（5）设计概算是考核建设项目投资效果的依据　通过设计概算与竣工决算对比，可以分析和考核投资效果的好坏，同时还可以验证设计概算的准确性，有利于加强设计概算管理和建设项目的造价管理工作。

5.2.2　设计概算的内容

设计概算可分为单位工程概算、单项工程综合概算和建设项目总概算三级。各级概算之间的相互关系如图 5-2 所示。

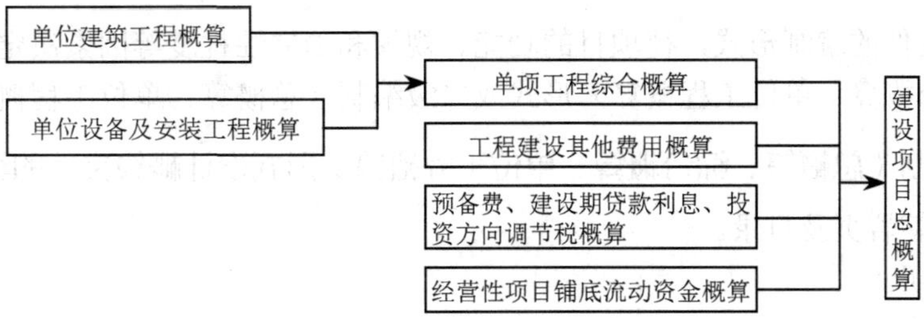

图 5-2　设计概算的三级概算关系

1．单位工程概算

单位工程概算是单项工程综合概算的组成部分。单位工程概算按工程性质分为建筑工程概算、设备及安装工程概算两大类。建筑工程概算包括土建工程概算，给水排水、采暖工程概算，通风、空调工程概算，电气照明工程概算，弱电工程概算，特殊构筑物工程概算等；设备及安装工程概算包括机械设备及安装工程概算，电气设备及安装工程概算，以及工具、器具及生产家具购置费概算等。

2．单项工程概算

单项工程概算是确定一个单项工程所需建设费用的文件，由单项工程中的各单位工程概算汇总编制而成，是建设项目总概算的组成部分。单项工程综合概算的组成内容如图 5-3 所示。

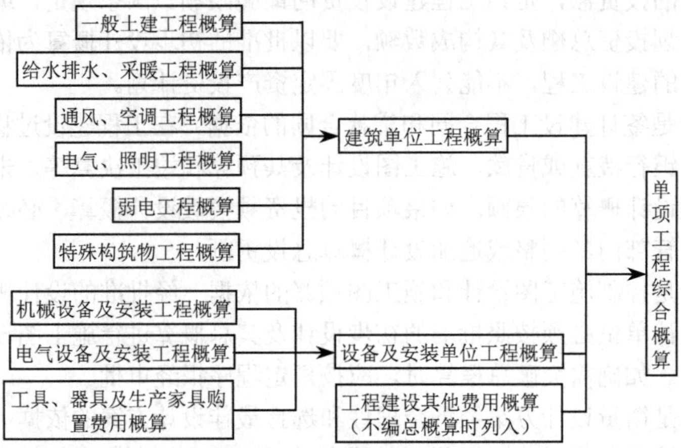

图 5-3　单项工程综合概算的组成内容

3．建设项目总概算

建设项目总概算是确定整个建设项目从筹建到竣工验收所需全部费用的文件，由各单项工程综合概算、工程建设其他费用概算、预备费、建设期贷款利息和投资方向调节税概算、经营性项目的铺底流动资金概算等汇总编制而成。

5.2.3　设计概算文件的组成和编制

5.2.3.1　设计概算文件的组成

设计概算文件的编制形式，视项目的功能、规模和独立性程度等因素决定采用三级编制（总概算、综合概算、单位工程概算）形式或二级编制（总概算、单位工程概算）形式。

1．三级编制（总概算、综合概算、单位工程概算）形式设计概算文件的组成

1）封面、签署页及目录。

2）编制说明。

3）总概算表。

4）工程建设其他费用计算表。

5）单项工程综合概算表。

6）单位工程概算表。

7）附件：补充单位估价表。

8）附件：主要设备材料数量及价格表。

2．二级编制（总概算、单位工程概算）形式设计概算文件的组成

1）封面、签署页及目录。

2）编制说明。

3）总概算表。

4）工程建设其他费用计算表。

5）单位工程概算表。

6）附件：补充单位估价表。

7）附件：主要设备材料数量及价格表。

5.2.3.2　设计概算的编制方法

1．单位工程设计概算的编制方法

单位工程设计概算书分为建筑工程概算书和设备及安装工程概算书两类。单位工程设计概算文件计算的费用只包括工程费用。常用的编制方法有：概算定额法、概算指标法、类似工程预算法、设备购置费概算法、预算单价法、设备价值百分比法和综合吨位指标法等。

（1）概算定额法　概算定额法又称扩大单价法或扩大结构定额法，是采用概算定额编制工程概算的方法。根据设计图纸资料和概算定额的项目划分计算出工程量，然后套用概算定额单价（基价），计算汇总后，再计取有关费用，便可得出单位工程概算造价。

概算定额法要求设计达到一定深度。对于建筑工程来说，建筑结构比较明确，能按照设计的平面、立面、剖面图纸计算出楼地面、墙身、门窗和屋面等分部工程（或扩大结构件）项目的工程量，因此这种方法对于施工图概算特别适用。这种方法编制出的概算精度较高，但是编制工作量大，需要大量的人力和物力。

概算定额法编制设计概算的步骤为：

1）列出单位工程中分项工程或扩大分项工程的项目名称，并计算其工程量。

2）确定各分部分项工程项目的概算定额单价。

3）计算分部分项工程的直接工程费，合计得到单位工程直接工程费总和。

4）按照有关固定标准计算措施费，合计得到单位工程直接费。

5）按照一定的取费标准计算间接费和利税。

6）计算单位工程概算造价。

概算定额法对设计文件深度要求较高，一般在初步设计阶段不容易达到，同时，我国初步设计文件编制深度规范没有要求达到这一深度，因此初步设计概算采用概算定额法编制是比较困难的。20 世纪 90 年代起，有的省（市）和行业在概算定额的基础上，进一步综合扩大编制出“概算指标”，与初步设计配套使用编制初步设计概算，这种办法既做到了编制出

的概算精度较高，又能适合初步设计阶段设计文件深度要求，对安装工程单位工程概算编制特别适用，我们也称之为概算定额法。

（2）概算指标法　概算指标法是采用直接工程费指标，用拟建的厂房、住宅的建筑面积（或体积）乘以技术条件相同或基本相同工程的概算指标，得出直接工程费，然后按规定计算出措施费、间接费、利润和税金等，编制出单位工程概算的方法。

概算指标法的适用范围是设计深度不够，不能准确地计算出工程量，但工程设计技术比较成熟而又有类似工程概算指标可以利用的项目。概算指标法主要适用初步设计概算编制阶段的建筑物工程土建、给水排水、暖通、照明等，以及较为简单或单一的构筑工程这类单位工程的编制。此方法计算出的费用精确度不高，往往起控制性作用。这是因为，拟建工程（设计对象）往往与类似工程的概算指标的技术条件不尽相同，而且概算指标编制年份的设备、材料、人工等价格与拟建工程当时当地的价格也不会一样。如果想要提高精确度，需对指标进行调整，以下列举几种调整方法。

1）设计对象的结构特征与概算指标有局部差异时的调整。其计算公式为：

$$\text{结构变化修正概算指标（元/m}^2\text{）}=J+Q_1P_1-Q_2P_2 \tag{5-1}$$

式中　J——原概算指标；

Q_1——换入新结构的数量；

Q_2——换出旧结构的数量；

P_1——换入新结构的单价；

P_2——换出旧结构的单价。

2）设备、人工、材料机械台班费用的调整。

设备、人工、材料机械修正概算费用=原概算指标的设备、人工、材料、机械费用+∑换入设备、人工、材料、机械数量×拟建地区相应单价−∑换出设备、人工、材料、机械数量×原概算指标设备人工、材料、机械单价　（5-2）

（3）类似工程预算法　类似工程预算法是利用技术条件与设计对象相类似的已完工程或在建工程的工程造价资料来编制拟建工程设计概算的方法。

类似工程预算法适用于拟建工程设计与已完工程或在建工程的设计相类似而又没有可用的概算指标时采用，但必须对建筑结构差异和价差进行调整。建筑结构差异的调整方法与概算指标法的调整方法相同；类似工程造价的价差调整有两种方法：

1）类似工程造价资料有具体的人工、材料和机械台班的用量时，可按类似工程预算造价资料中的主要材料用量、工日数量、机械台班用量乘以拟建工程所在地的主要材料预算价格、人工单价和机械台班单价，计算出直接工程费，再乘以当地的综合费率，即可得出所需的造价指标。

2）类似工程造价资料只有人工、材料和机械台班费用及措施费、间接费时，可按下列公式进行调整：

$$D=A\cdot K \tag{5-3}$$

$$K=a\%K_1+b\%K_2+c\%K_3+d\%K_4+e\%K_5$$

式中　D——拟建工程单方概算造价；

A——类似工程单方预算造价；

K——综合调整系数；

$a\%$、$b\%$、$c\%$、$d\%$、$e\%$——类似工程预算的人工费、材料费、机械台班费、措施费、间接费占预算造价的比重，如，$a\%$=类似工程人工费（或工资标准）/类似工程预算造价×100%，$b\%$、$c\%$、$d\%$、$e\%$类同；

K_1、K_2、K_3、K_4、K_5——拟建工程地区与类似工程预算造价在人工费、材料费、机械台班费、措施费和间接费之间的差异系数，如：K_1=拟建工程概算的人工费（或工资标准）/类似工程预算人工费（或地区工资标准），K_2、K_3、K_4、K_5类同。

（4）设备购置费概算法　根据设计文件的设备清单计算出设备原价，并汇总求出设备总原价，然后按有关规定的设备运杂费率乘以设备总原价，两项相加即为设备购置费概算。有关设备原价、运杂费和设备购置费的计算方法前面已经介绍。

（5）预算单价法　预算单价法是指施工图概算编制直接采用工程预算定额单价编制。当初步设计深度较深，有详细的设备型号和具体满足预算定额工程量清单时，可直接按工程预算定额单价编制安装工程概算，或者对于分部分项组成简单的单位工程也可采用工程预算定额单价编制概算。

（6）设备价值百分比法　又称安装设备百分比法。当设计深度不够，只有设备出厂价而无详细规格、质量时，安装费可按占设备费的百分比计算。其百分比值（即安装费率）由主管部门制定或由设计单位根据已完类似工程确定。该方法常用于价格波动不大的定型产品和通用设备产品。其计算公式为：

$$设备安装费=设备原价\times安装费率（\%） \tag{5-4}$$

（7）综合吨位指标法　当设计文件提供的设备清单有规格和设备质量时，可采用综合吨位指标编制概算，综合吨位指标由主管部门或由设计院根据已完类似工程资料确定。该方法常用于设备价格波动较大的非标准设备和引进设备的安装工程概算，或者安装方式不确定、没有定额或指标的工程概算。其计算公式为：

$$设备安装费=设备吨重\times每吨设备安装费指标（元/t） \tag{5-5}$$

2．单项工程综合概算的编制方法

单项工程是具有独立的设计文件，建成后可以独立发挥生产能力或使用效益的工程。单项工程综合概算（以下简称综合概算）是确定单项工程（设计单元）建设费用的综合性文件，是建设项目总概算的组成部分。综合概算以单项工程所属的单位工程概算为基础，采用综合概算表进行汇总编制而成，分别按各个单位工程设计概算汇总成若干个单项工程综合概算，不计算第二、三部分费用。对单一的具有独立生产能力的单项工程建设项目，不需要编制综合概算，可按二级编制形式直接编制独立的总概算。

3．建设项目总概算的编制方法

建设项目总概算是设计文件的重要组成部分，是确定整个建设项目从筹建到竣工交付使用所预计花费的全部费用的文件。它是由各单项工程综合概算、工程建设其他费用、建设期贷款利息、预备费、固定资产投资方向调节税和经营性项目的铺底流动资金概算组成，按照主管部门规定的统一表格进行编制而成的。

设计概算文件一般包括封面及目录、编制说明、总概算表、工程建设其他费用概算表、单项工程综合概算表、单位工程概算表、工程量计算表、分年度投资汇总表与分年度资金流量汇总表，以及主要材料汇总表与工日数量表等。现将有关主要问题说明如下。

（1）封面、签署页及目录　封面、签署页格式见表5-1。

表5-1　封面、签署页格式

建设项目设计概算文件
建设单位：
建设项目名称：
设计单位（或工程造价咨询单位）：
编制单位：
编制人（资格证号）：
审核人（资格证号）：
项目负责人：
总工程师：
单位负责人：
年　　月　　日

（2）编制说明　编制说明包括下列内容：

1）工程概况。简述建设项目性质、特点、生产规模、建设周期和建设地点等主要情况。引进项目要说明引进内容以及与国内配套工程等主要情况。

2）资金来源及投资方式。

3）编制依据及编制原则。

4）编制方法。说明设计概算是采用概算定额法，还是采用概算指标法等。

5）投资分析。主要分析各项投资的比重、各专业投资的比重等经济指标。

6）其他需要说明的问题。

（3）总概算表　总概算表反映静态投资和动态投资两个部分：静态投资是按设计概算编制期价格、费率、利率和汇率等确定的投资；动态投资是指从概算编制期到竣工验收前因价格变化等多种因素所需的投资。

（4）工程建设其他费用概算表　按国家或地区或部委所规定的项目和标准确定，并按统一表格式编制。

（5）单项工程综合概算表和建筑安装单位工程概算表。

（6）工程量计算表和工、料数量汇总表。

（7）分年度投资汇总表和分年度资金流量汇总表。

4．设计概算编制实例

某有色冶金厂建设项目总概算是按××××年×月工程所在地的现行概算定额和设备、材料市场价编制的，见表5-2。其他各种表格从略。

表 5-2　某有色金属工业建设项目总概算

序号	主项号	工程项目或费用名称	建设规模（吨/年）	概算价值（万元）										技术经济指标		占总投资（%）	
				静态部分							动态部分		静、动态合计	静态指标（元/吨）	动态指标（元/吨）	静态部分	动态部分
				建筑工程费	设备购置费		安装工程费	其他	合计	其中外币（币种）	合计	其中外币（币种）					
					需安装设备	不需安装设备											
一		工程费用															
	1	主要生产工程	10000	764.08	1286.00	59.30	64.30		2173.68				2173.68				
	2	辅助生产工程		242.13	854.00	27.00	42.70		1165.83				1165.83				
	3	公用设施工程		122.65	86.00	56.00	4.30		268.95				268.95				
		小　计		1128.86	2226.00	142.30	111.30		3608.46				3608.46	3608.46			
二		工程建设其他费用															
	1	土地征用费						75.20	75.20				75.20				
	2	勘察设计费						113.00	113.00				113.00				
	3	其　他						66.00	66.00				66.00				
		小　计						254.20	254.20				254.20	254.20			
三		预备费															
	1	基本预备费						308.00	308.00				308.00	308.00			
	2	造价调整预备费									354.60		354.60		354.60		
		小　计						308.00	308.00		354.60		662.60				
四		投资方向调节税															
五		建设期贷款利息									324.00		324.00		324.00		
合　计			10000	1128.86	2226.00	142.30	111.30	562.20	4170.66		678.60		4849.26	4170.66	678.60	84.83	15.17

5.2.4 设计概算的审查和批准

5.2.4.1 审查设计概算的意义

1）有利于合理分配投资资金，加强投资计划管理，有助于合理确定和有效控制工程造价。

2）有利于促进设计概算编制单位严格执行国家有关概算的编制规定和费用标准，从而提高设计概算的编制质量。

3）有利于促进设计的技术先进性与经济合理性。

4）有利于核定建设项目的投资规模。

5）有利于为建设项目投资的落实提供可靠的依据。

5.2.4.2 设计概算的审查内容

1．审查设计概算的编制依据

（1）审查编制依据的合法性　采用的各种编制依据必须经过国家和授权机关的批准，符合国家有关的编制规定。

（2）审查编制依据的时效性　各种依据（如定额、指标、价格、取费标准等）都应根据国家有关部门的现行规定执行。

（3）审查编制依据的适用范围　各主管部门规定的各种专业定额及其取费标准，只适用于该部门的专业工程；各地区规定的各种定额及其取费标准，只适用于该地区范围内，特别是地区的材料预算价格应该按照所在地的规定执行。

2．审查概算编制深度

（1）审查编制说明　审查编制说明可以检查概算的编制方法、深度和编制依据等重大原则问题，若编制说明有差错，具体概算肯定也有差错。

（2）审查概算编制深度　一般大中型项目的设计概算，应有完整的编制说明和“三级概算”（即总概算表、单项工程综合概算表、单位工程概算表），并按有关规定的深度进行编制。审查是否有符合规定的“三级概算”，各级概算的编制、核对、审核是否按规定签署。

（3）审查概算的编制范围　审查概算编制范围及具体内容是否与主管部门批准的建设项目范围及具体工程内容一致。

3．审查设计概算的内容

1）审查概算的编制是否符合国家的方针、政策，是否根据工程所在地的自然条件编制。

2）审查建设规模（投资规模、生产能力等）、建设标准（用地指标、建筑标准等）、配套工程及设计定员等是否符合原批准的可行性研究报告或立项批文的标准。

3）审查编制方法、计价依据和程序是否符合现行规定。包括定额或指标的适用范围和调整方法是否正确；补充定额或指标的项目划分、内容组成、编制原则等是否与现行的定额精神相一致等。

4）审查工程量是否正确。工程量的计算是否根据初步设计图纸、概算定额、工程量计算规则和施工组织设计的要求进行，尤其对工程量大，造价高的项目要重点审查。

5）审查材料用量和价格。审查主要材料（如钢材、木材、水泥、砌块等）的用量数据是否正确，材料预算价格是否符合工程所在地的价格水平，材料价差调整是否符合现行规定及其计算是否正确等。

6）审查设备规格、数量和配置是否符合设计要求，是否与设备清单相一致，设备预算价格是否真实，设备原价和运杂费的计算是否正确，非标准设备原价的计价方法是否符合规定，进口设备的各项费用的组成及其计算程序、方法是否符合国家主管部门的规定。

7）审查建筑安装工程各项费用的计取是否符合国家或地方有关部门的现行规定，计算程序和取费标准是否正确。

8）审查综合概算和总概算的编制内容、方法是否符合现行规定和设计文件的要求。

9）审查总概算文件的组成内容是否完整地包括了建设项目从筹建到竣工投产为止的全部费用组成。

10）审查工程建设其他费用项目。要按国家和地区规定逐项审查，不属于总概算范围的费用项目不能列入概算，具体费率或计取标准是否按国家、行业有关部门规定计算。

11）审查技术经济指标。技术经济指标的计算方法和程序是否正确，综合指标和单项指标与同类型工程指标相比偏高还是偏低，其原因是什么，并予以纠正。

12）审查投资经济效果　设计概算是初步设计经济效果的反映，要按照生产规模、工艺流程、产品品种和质量，从企业的投资效益和投产后的运营效益全面分析，是否达到了先进可靠、经济合理的要求。

5.2.4.3 审查设计概算的方法

1. 对比分析法

对比分析法主要是通过建设规模、标准与立项批文对比；工程数量与设计图纸对比；综合范围、内容与编制方法、规定对比；各项取费与规定标准对比；材料、人工单价与统一信息对比；引进设备、技术投资与报价要求对比；技术经济指标与同类工程对比等。

2. 查询核实法

查询核实法是对一些关键设备和设施、重要装置、引进工程图纸不全、难以核算的较大投资进行多方查询核对，逐项落实的方法。

3. 联合会审法

组成由业主、审批单位、专家等参加的联合审查组，组织召开联合审查会。审前可先采取多种形式分头审查，包括业主预审、工程造价咨询公司评审、邀请同行专家预审等。在会审大会上，各有关单位、专家汇报初审、预审意见，然后进行认真分析、讨论，结合对各专业技术方案的审查意见所产生的投资增减，逐一核实原概算投资增减额。

对审查中发现的问题和偏差按照单位工程概算、综合概算、总概算的顺序，按设备费、安装费、建筑费和工程建设其他费用分类整理，汇总核增或核减的项目及其投资额。最后将具体审核数据，按照“原编概算”、“审核结果”、“增减投资”、“增减幅度”、“调整原因”

五栏列表，并按照原总概算表的汇总顺序，将增减项目逐一列出，相应调整所属项目投资合计，再依次汇总审核后的总投资及增减投资额。对于差错较多、问题较大或不能满足要求的设计概算，责成编制单位按审查意见修改后，重新报批。

5.2.4.4 设计概算的批准

经审查合格后的设计概算提交审批部门复核，复核无误后上报有关部门审查批准。

5.3 施工图预算的编制

5.3.1 施工图预算及其作用

1．施工图预算

施工图预算是施工图设计预算的简称，又叫设计预算。它是由设计单位在施工图设计完成后，根据施工设计图纸、现行的计价管理办法、预算定额、费用定额以及地区设备、材料、人工和施工机械台班等预算价格编制和确定的建筑安装工程造价的文件。

2．施工图预算的作用

在社会主义市场经济条件下，施工图预算的主要作用是：

1）施工图预算是设计阶段控制工程造价的重要环节，是控制施工图设计不突破设计概算的重要措施。

2）施工图预算是编制或调整固定资产投资计划的依据。

3）对于实行招标的工程，施工图预算是编制标底的依据，也是承包企业投标报价的基础。

4）对于不宜实行招标的工程，采用施工图预算加调整价结算的工程，施工图预算可作为确定合同价款的基础或作为审查施工企业提出的施工图预算的依据。

5.3.2 施工图预算的内容和编制依据

1．施工图预算的内容

施工图预算有单位工程预算、单项工程预算和建设项目总预算。单位工程预算是根据施工图设计文件、现行预算定额、费用标准以及人工、材料、设备和机械台班等预算价格资料，以一定方法编制的单位工程施工图预算；然后汇总所有各单位工程施工图预算，成为单项工程施工图预算；再汇总所有各单项工程施工图预算，便是一个建设项目建筑安装工程的总预算。

单位工程预算包括建筑工程预算和设备安装工程预算。建筑工程预算按其工程性质分为一般土建工程预算、卫生工程预算（包括室内外给水排水工程、采暖通风工程、煤气工程等）、电气照明工程预算、特殊构筑物（如炉窑、烟囱、水塔等）工程预算和工业管道工程预算等。设备安装工程预算可分为机械设备安装工程预算、电气设备安装工程预算、化工设备安装工程预算、热力设备安装工程预算等。

2．施工图预算的编制依据

（1）施工图纸及说明书和标准图集　经审定的施工图纸、说明书和标准图集，完整地反映了工程的具体内容、各部分的具体做法、结构尺寸、技术特征以及施工方法，是编制施工图预算的重要依据。

（2）现行的计价管理办法、预算定额及单位估价表　国家和地区颁发的现行建筑、装饰、安装工程预算定额及单位估价表和相应的工程量计算规则，是编制施工图预算确定分项工程子目、计算工程量、计算工程直接费的主要依据。

（3）施工组织设计或施工方案　因为施工组织设计或施工方案中包括了与编制施工图预算必不可少的有关资料，如建设地点的土质、地质情况，土石方开挖的施工方法及余土外运方式与运距，施工机械使用情况，结构件预制加工方法及运距，重要的梁板柱的施工方案，重要或特殊机械设备的安装方案等。

（4）人工、材料和机械台班预算价格及调价规定　人工、材料和机械台班预算价格是预算定额的三要素，也是构成直接工程费的主要因素。材料费在工程成本中占的比重大，而且在市场经济条件下，人工、材料和机械台班的价格是随市场而变化的，为使预算造价尽可能接近实际造价，各地区主管部门对此都有明确的调价规定。因此，合理确定人工、材料和机械台班预算价格及其调价规定是编制施工图预算的重要依据。

（5）建筑安装工程费用定额　各省、市、自治区和各专业部门规定的费用定额及计算程序，是计取间接费、利润和税金的依据。

（6）预算工作手册及有关工具书　预算工作手册和工具书中有计算各种结构件面积和体积的公式，钢材、木材等各种材料规格、型号及用量数据；各种单位换算比例；特殊断面、结构件的工程量的速算方法；金属材料重量表等。这些都是编制施工图预算必不可少的依据。

5.3.3　施工图预算的编制方法

施工图预算有单位工程预算、单项工程预算和建设项目总预算。根据施工图设计文件、现行预算定额、费用定额以及人工、材料、设备、机械台班等预算价格资料，编制单位工程的施工图预算；然后按所属关系汇总所有各单位工程施工图预算，成为单项工程施工图预算；在单项工程施工图预算基础上汇总预算的工程费用，再计算项目建设其他预算费用，便是建设项目总预算。

施工图预算的编制方法主要是针对单位工程施工图预算的编制方法而言，可以分为单价法和实物量法。其中，单价法又分为工料单价法和综合单价法。

5.3.3.1　单价法

1．工料单价法

工料单价法是施工图预算普遍采用的方法。它是根据建筑安装工程施工图和建筑安装工程预算定额（或单位估价表），按分部分项工程的顺序，先计算出单位工程的各分项工程量，然后再乘以对应的定额基价，求出各分项工程直接工程费；将各分部分项工程直接工程费汇总为单位工程直接工程费；单位工程的直接工程费汇总后另加措施费、间接费、差价（包括人工、机械、材料）、利润、税金，生成单位工程施工图预算。工料单价法编制施工图预算的步骤如图 5-4 所示。

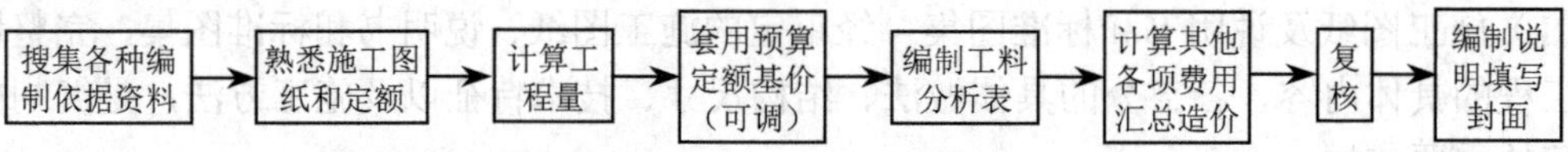

图 5-4　工料单价法编制施工图预算的步骤

具体步骤如下：

1）搜集各种编制依据资料。包括施工图纸、施工组织设计或施工方案、现行建筑安装工程预算定额、取费标准、统一的工程量计算规则、预算工作手册和工程所在地区的人工、材料和机械台班预算价格与调价规定等。

2）熟悉施工图纸和定额。只有对施工图和预算定额有全面详细的了解，才能全面准确地计算出工程量，进而合理地编制出施工图预算造价。

3）计算工程量。工程量的计算在整个预算过程中是最重要、最繁琐的一个环节，不仅影响预算的及时性，更重要的是影响预算造价的准确性。因此，必须在工程量计算上狠下功夫，确保预算质量。计算工程量一般可按下列具体步骤进行：

① 根据施工图示的工程内容和定额项目，列出计算工程量分部分项工程。

② 根据一定的计算顺序和计算规则，列出计算式。

③ 根据施工图示尺寸及有关数据，代入计算式进行数学计算。

④ 按照定额中的分部分项工程的计量单位对相应的计算结果的计量单位进行调整，使之一致。

4）套用预算定额基价。工程量计算完毕并核对无误后，用所得到的分部分项工程量套用预算定额或单位估价表中相应的定额基价，相乘后相加汇总，便可求出单位工程的直接费。套用预算定额基价时需注意以下几点：

① 分项工程量的名称、规格、计量单位必须与预算定额或单位表所列内容一致，否则重套、错套、漏套预算基价都会引起直接工程费的偏差，导致施工图预算造价偏高或偏低。

② 当施工图纸的某些设计要求与定额单价特征不完全符合时，必须根据定额使用说明对定额基价进行调整或换算。

③ 当施工图纸的某些设计要求与定额单价特征相差甚远，既不能直接套用也不能调整或换算时，必须编制补充定额。

5）编制工料分析表。根据各分部分项工程的实物工程量和相应定额中的项目所列的用工工日及材料数量，计算出各分部分项工程所需的人工及材料数量，相加汇总便得出该单位工程所需的各类人工和材料的数量。

6）计算其他各项应取费用和汇总造价。按照建筑安装单位工程造价构成的规定费用项目、费率及计费基础，分别计算出其他直接费、现场经费、间接费、利润和税金，并汇总为单位工程造价。其计算公式如下：

单位工程造价=直接费+间接费（企业管理费）+利润+税金

7）复核。单位工程预算编制后，有关人员要对单位工程预算进行复核，以便及时发现差错，提高预算质量。复核时应对工程量计算公式和结果、套用定额基价、各项费用的取费费率及计算基础和计算结果、材料和人工预算价格及其价格调整等方面是否正确进行全面复核。

8）编制说明、填写封面。编制说明是编制者向审核者交代编制方面的有关情况，包括编制依据、工程性质、内容范围、设计图纸号、所用预算定额编制年份、有关部门的调价文件号、套用单价或补充单位估价表方面的情况及其他需要说明的问题。填写封面时应写明工程名称、工程编号、建筑面积、预算总造价及单方造价、编制单位名称及负责人和编制日期，审查单位名称及负责人和审核日期等。

单价法是编制施工图预算的主要方法，具有计算简单、工作量较小、编制速度较快和便于工程造价管理部门集中统一管理的优点。但由于单价法采用事先编制好的统一的单位估价表，其价格水平只能反映定额编制年份的价格水平，在市场经济价格波动较大的情况下，单价法的计算结果会偏离实际价格水平。虽然可以采用调价，但调价系数和指数从测定到颁布有一定滞后期且计算也较繁琐。

2. 综合单价法

综合单价法是工程量清单计价模式出现后的一个新概念。它是根据建筑安装工程施工图和《建筑工程工程量清单计价规范》的规定，按分部分项工程的顺序，先计算出单位工程的各分项工程量，然后再乘以对应的综合单价，求出各分项工程的综合费用；将各分部分项工程的综合费用汇总为单位工程的综合费用；单位工程的综合费用汇总后另加措施费、其他项目费、规费和税金，得到单位工程施工图预算。综合单价是指完成工程量清单中一个规定计量单位项目所需的人工费、材料费、机械使用费、管理费和利润，并考虑风险因素组成。

采用工程量清单招标的工程，其各分项工程量不需要另行计算，应该直接采用工程量清单中的工程量。单位工程施工图预算的综合单价，目前仍然是以预算定额为基础经过一定的组合与计算形成的。

综合单价法与工料单价法相比较，主要区别在于综合单价法将差价（包括人工、材料和机械）、间接费（应该列入措施费内的间接费用除外）和利润等分摊到各分项工程单价中，从而组成了分部分项工程综合单价，分项工程综合单价乘以其工程量即为该分项工程的完全价格。

5.3.3.2　实物量法

实物量法一直是预算编制的方法之一。它是依据施工图纸先计算出分项工程的工程量，然后套用预算定额的消耗量首先计算出各类人工、材料和施工机械台班的实物消耗量，然后再根据预算编制期的人工、材料和机械的市场（或信息）价格，分别计算由人工费、材料费和机械费组成的定额直接费，再依据定额直接费计算其他直接费、间接费、利润和税金等。

与单价法相比，用实物量法编制施工图预算优点是工料消耗比较清晰，其人工、材料和机械价格更能体现市场价格；缺点是分项工程单价不直观，计算、统计和价格采集工作量较大。所以，目前全国使用的行业或地方较少。

5.3.4　施工图预算的审查和批准

5.3.4.1　审查施工图预算的意义

施工图预算编完之后，需要认真进行审查。加强施工图预算的审查，对于提高预算的准确性，正确贯彻有关规定，合理确定工程造价都具有重要的现实意义。

5.3.4.2 审查施工图预算的内容

审查施工图预算的重点，应该放在工程量计算、预算定额套用和设备材料预算价格取定是否正确，各项费用标准是否符合现行规定，采用的标准规范是否合理，施工组织设计或施工方案是否合理等方面。

1. 审查工程量

工程量计算是设计施工图预算的基础，对施工图预算的审查应首先从工程量计算开始，然后才能进行后续工作。

2. 审查设备和材料的预算价格

设备和材料费用在施工图预算中所占比重较大，如果市场上同种类设备或材料价格差别较大，应当重点审查。

3. 审查施工图预算的定额子目套用和单价的换算

应重点审查定额子目的套用是否准确，应该换算的单价是否换算，以及换算的结果是否正确。特别是补充的定额子目及其单价，要审查其人工、材料和机械的消耗量是否合理，需要报批时是否按程序报批。

4. 审查有关费用项目及其取值

重点审查各个费用项目是否按照有关规定进行计算，计算结果是否有误。

5.3.4.3 审查施工图预算的方法

审查施工图预算方法较多，主要有全面审查法、标准预算审查法、分组计算审查法、对比审查法、筛选审查法、重点抽查法、利用手册审查法和分解对比审查法等八种。

1. 全面审查法

全面审查又称逐项审查法，就是按预算定额或施工的先后顺序，逐一地全部进行审查的方法。其具体计算方法和审查过程与编制施工图预算基本相同。此方法的优点是全面、细致，经过审查的施工图预算差错比较少，质量比较高；缺点是工作量大。

2. 标准预算审查法

标准预算审查法是对于采用标准图纸或通用图纸设计的工程，先集中力量，编制标准预算，以此为标准进行施工图预算，对局部不同部分作单独审查的审查方法。这种方法的优点是时间短、效果好；缺点是只适合按标准图纸设计的工程，适用范围小，具有局限性。

3. 分组计算审查法

分组计算审查法是把预算中的项目划分为若干组，并把相邻且有一定内在联系的项目编为一组，审查或计算同一组中某个分项工程量，利用工程量之间具有相同或相似计算基础的关系，判断同组中其他几个分项工程量计算的准确程度的方法。

4. 对比审查法

对比审查法是用已建成工程的预算或虽未建成但已审查修正的工程预算对比审查拟建

的类似工程施工图预算的一种方法。

5．筛选审查法

不同的建筑工程虽然在建筑面积和高度上有所不同，但是它们的各个分部分项工程的工程量、造价、用工量在每个单位面积上的数值变化不大，筛选审查法将这些数据加以汇集、优选，归纳为工程量、造价（价值）、用工三个单方基本值表，并注明其适用的建筑标准。这些基本值犹如“筛子孔”，用来筛选各分部分项工程，筛下去的就不再审查，没有筛下去的就意味着此分部分项的单位建筑面积数值不在基本值范围之内，应对该分部分项工程详细审查。筛选法的优点是简单易懂，便于掌握，审查速度和发现问题快，但解决差错分析其原因需继续审查。

6．重点抽查法

重点抽查法审查的重点一般是工程量大或造价较高、工程结构复杂的工程、补充单位估价表、计取的各项费用（计费基础、取费标准等），即抓住工程施工图预算中的重点进行审查。重点抽查法的优点是重点突出，审查时间短、效果好。

7．利用手册审查法

把工程中常用的构件、配件，事先整理成预算手册，按手册对照审查。

8．分解对比审查法

将一个单位工程，按直接费与间接费进行分解，然后再将直接费按工种和分部分项工程进行分解，分别与审定的标准预算进行对比分析的方法，叫作分解对比审查法。分解对比审查法一般有三个步骤：

1）全面审查某种建筑的定型标准施工图或复用施工图的工程预算，经审定后作为审查其他类似工程预算的对比基础；并将审定预算按直接费与应取费分解成两部分，再把直接费分解为各工种工程和分部工程预算。

2）把拟审的工程预算与同类型预算单方造价进行对比，若差值不在允许范围以内，再按分部分项工程进行分解，边分解边对比，对出入较大者进一步审查。

3）对比审查

① 经分析对比，如发现应取费用相差较大，应考虑建设项目的投资来源、工程类别及其取费项目和取费标准是否符合现行规定；材料调价相差较大时，则应进一步审查《材料调价统计表》，将各种调价材料的用量、单位差价及其调增数量等进行对比。

② 经过分解对比，如发现某项工程预算价格出入较大，首先审查差异出现机会较大的项目；然后再对比其余各个分部工程；发现某一分部工程预算价格相差较大时，再进一步对比各分项工程或工程细目。在对比时，先检查所列工程细目是否正确，预算价格是否一致。发现相差较大者时，再进一步审查所套预算单价，最后审查该项工程细目的工程量。

5.3.4.4　施工图预算的审查步骤

1．做好审查前的准备工作

（1）熟悉施工图纸　施工图是编审预算分项数量的重要依据，必须全面熟悉了解施工图，核对所有图纸，清点无误后，依次识读。

（2）了解预算包括的范围　根据预算编制说明，了解预算包括的工程内容。例如配套设施、室外管线、道路以及图纸会审后的设计变更等。

（3）熟悉预算采用的单位估价表　任何单位估价表或预算定额都有一定的适用范围，应根据工程性质，搜集和熟悉相应的单价及定额资料。

2．选择合适的审查方法，按相应内容审查

由于工程规模、繁简程度不同，施工方法和承包商的情况不一样，所编施工图预算的质量也不同，因此需选择适当的审查方法进行审查。

3．预算调整

综合整理审查资料，并与编制单位交换意见，定案后编制调整后的预算。审查后需要进行增加或核减的，经与编制单位协商，统一意见后，进行相应的修正。

5.3.4.5　施工图预算的批准

经审查合格后的施工图预算提交审批部门复核，复核无误后上报有关部门审查批准。

本章小结

工程设计费虽然只占工程全寿命费用的 1%以下，但在决策正确的条件下，它对工程造价的影响程度达 75%以上。因此，工程设计阶段是影响工程造价的关键环节。本章主要了解设计阶段的划分及掌握工程设计阶段影响造价管理的主要因素，熟悉设计阶段工程造价管理的程序、措施和方法。掌握设计概算的编制和审查的内容和方法；掌握施工图预算的编制和审查的内容和方法。能运用工料单价法和综合单价法编制一份单位工程施工图预算，能应用施工图预算的审查方法审查一份单位工程施工图预算。

复习思考题

1．在设计阶段为什么要进行工程造价管理？

2．设计阶段影响工程造价管理的主要因素是什么？

3．设计阶段工程造价管理的程序是怎样的？

4．什么是限额设计？限额设计目标是如何实现的？

5．什么是设计概算？设计概算有何作用？

6．单位工程设计概算的编制方法有哪些？

7．如何进行设计概算的审查？审查设计概算的方法有哪些？

8．什么是施工图预算？施工图预算有何作用？

9．施工图预算包括哪些内容？其编制依据是什么？

10．施工图预算有哪些编制方法？

11．简述工料单价法编制施工图预算的步骤。

12．什么是综合单价？简述综合单价法编制施工图预算的步骤。

13．审查施工图预算的主要方法有哪些？

第6章 招标投标阶段的工程造价管理

学习目标

（1）熟悉工程招标投标的概念与分类。
（2）熟悉工程招标投标的意义、具备的条件及招标投标双方的目标。
（3）掌握工程施工招标投标的程序及双方的工作。
（4）掌握标底的编制方法，能够审查标底。
（5）掌握工程投标报价的编制，能用投标报价的策略进行投标报价。
（6）熟悉工程合同价的确定与施工合同的签订。
（7）了解设备、材料采购及合同价款的确定。

6.1 工程招标投标概述

6.1.1 工程招标投标的概念与分类

1．工程招标投标的概念

工程招标，是指建设单位（或业主）就拟建的工程发布通告，用法定方式吸引建设项目的承包单位参加竞争，进而通过法定程序从中选择条件优越者来完成工程建设任务的法律行为。

工程投标，是指经过特定审查而获得投标资格的建设项目承包单位，按照招标文件的要求，在规定的时间内向招标单位填报投标书，并争取中标的法律行为。

工程招标投标是在市场经济条件下进行工程建设活动的一种主要的竞争形式和交易方式，是引入竞争机制订立合同的一种法律形式。建设工程招标投标是以工程勘察、设计或施工等为对象，在招标人和若干个投标人之间进行的交易方式，是商品经济发展到一定阶段的产物。招标人通过招标活动来选择条件优越者，使其力争用最优的技术、最好的质量、最低的价格和最短的周期完成工程项目任务；投标人也通过这种方式选择项目和招标人，以使自己获得更丰厚的利润。

2．工程招标投标的分类

工程招标投标可分为工程勘察招标投标、工程设计招标投标、工程施工招标投标以及建设项目总承包招标投标等。

工程勘察、设计招标投标是指招标人就拟建工程的勘察和设计任务发布通知，以法定方式吸引勘察单位或设计单位参加竞争，经招标单位审查获得投标资格的勘察或设计单位，按照招标文件的要求，在规定时间内向招标单位填报投标书，招标人从中择优确定中标人来完成工程勘察或设计任务。

工程施工招标投标则是针对工程施工阶段的全部工作开展的招投标，根据工程施工范围的大小及专业不同，可分为全部工程招投标、单项工程招投标和专业工程招投标等。

建设项目总承包招标投标又称建设项目全过程招标投标，亦称“交钥匙”工程招标投标。它是指对建设项目从可行性研究、勘察、设计、设备材料询价与采购、工程施工直至竣工投产、交付使用全面实行招标投标。工程总承包单位根据建设单位（业主）所提出的工程要求，对可行性研究、勘察、设计、设备询价与采购、材料订货、工程施工、职工培训、试生产、竣工投产等实行全面报价投标。

3．工程招标投标的范围与方式

工程招标投标的范围，《中华人民共和国招标投标法》指出凡在中华人民共和国境内进行工程建设项目，包括项目的勘察、设计、施工、监理以及与工程建设有关的重要设备、材料等的采购，均可进行招标投标。

建设工程的招标方式包括公开招标和邀请招标。

6.1.2 工程招标投标的意义

工程招标投标制是我国固定资产投资管理体制和建筑业改革的主要内容之一，也是我国建筑市场规范化、完善化的重要举措之一。工程招标投标制的推行，使建设任务的发包从计划经济条件下的以行政计划分配为主，转变到如今市场经济条件下的以投标竞争为主，使我国承发包方式发生了质的变化。

推行建设工程招标投标制其意义主要表现在以下几方面：

（1）规范建筑市场平等竞争的秩序，完善社会主义市场经济体制 市场经济的一个重要特点，就是要充分发挥竞争机制的作用，使市场主体在平等条件下公平竞争，优胜劣汰，从而实现资源的优化配置。而招标这种择优竞争的方式完全符合市场经济的上述要求，它通过事先公布招标条件和要求，众多的投标人按照同等条件进行竞争，招标人按照规定程序从事选择订约方这一系列程序，真正实现“公开、公平、公正”的市场竞争原则。综观世界各国，凡是市场机制比较健全的国家，大多都有比较悠久的招标历史。

（2）有利于打破垄断，开展竞争，促进企业转变经营机制，提高企业的管理水平 实行建设工程招标投标制，打破了部门、地区、城乡和所有制界限，发包单位和承包单位必须进入市场，使双方都有选择的余地。建设工程招标投标制给企业带来了市场竞争的紧迫感，企业要想在优胜劣汰的市场经济的大潮中取得好的经济效益和社会效益，必须转变观念、加强管理、提高素质、注重技术进步，必须靠自己的能力在市场上进行竞争，以适应市场经济发展和市场竞争的需要。

（3）建设工程实行招标投标制，可以有效保证工程质量　由于招标的特点是公开、公平和公正，将采购活动置于透明的环境之中，有效地防止了腐败行为的发生，使工程、设备采购等项目的质量得到了保证。从某种意义上说，招标投标制度执行得如何，是项目质量能否得到保证的关键。从我国近些年来发生的重大工程质量事故看，大多是因为没有进行招标投标或招标投标制度执行得差，使无资质或者资质不够的施工队伍承包工程，造成建设工程质量下降，事故不断发生。因此，应通过推行招标投标制，选择真正符合要求的供货商、承包商，使项目的质量得以保证。

（4）促进建立市场定价的工程价格机制，规范市场价格行为，降低工程造价　推行招标投标制最明显的表现是若干投标人之间发生激烈竞争，这种市场竞争最直接、最集中的表现就是在价格上的竞争。由于不同投标者的个别劳动消耗水平是有差异的，通过招标投标使那些个别劳动消耗水平最低或接近最低的投标人获胜，确定出的工程价格更为合理，这将使工程价格趋于下降，有利于节约投资、提高投资效益。据不完全统计，通过招标，工程建设的节资率达 1%～3%，工期缩短 10%；进口机电设备的节资率达 15%，节汇率达 10%。同时，招标投标活动有特定的机构进行管理，有严格的程序必须遵循，有高素质的专家支持系统和工程技术人员的群体进行评估与决策，能够避免盲目过度的竞争和营私舞弊现象的发生，对建筑领域中的腐败现象也可以起到强有力的遏制作用，使价格形成过程变得更为规范。

（5）促进经济体制的改革和市场经济体制建立　建设工程实行招投标制，涉及计划、价格、物质供应和劳动工资等各个方面，在积极推行招标投标制的过程中，对那些不能适应招标投标制需要的现行的计划体制、价格体制、物资供应体制和劳动工资制度进行配套改革，这对其他行业的改革有一定的启示作用，进而可以促进整个市场经济体制的建立和发展。

（6）促进我国建筑企业进入国际市场　随着我国对外开放的扩大，我国建筑业要积极参与国际竞争和国际合作。国际工程咨询和国际工程承包是一个巨大的市场，而这些项目都要通过竞争性招标投标才能取得。建设工程实行招标投标制，使我国的建筑企业不断提高自身素质，从而促进其进入国际市场，并在国际工程承包中获得益处。

6.1.3　工程施工招标投标双方应具备的条件

1．施工招标人应具备的条件

1）是法人或依法成立的其他组织。

2）有与招标工程相适应的经济、技术管理人员。

3）有组织编制招标文件的能力。

4）有审查投标单位的能力。

5）有组织开标、评标、定标的能力。

不具备以上条件的单位，须委托具有相应资质的中介机构代理招标，招标单位与中介代理机构签订委托代理招标的协议，并报招标管理机构备案。

2．施工投标人应具备的条件

《中华人民共和国招标投标法》规定，投标人应当具备承担招标项目的能力，国家有关规定对投标人资格条件或者招标文件对投标人资格条件有规定的，投标人应当具备规定的资格条件。有关施工投标人的主要条件有：

1）必须是具有独立资格的法人或其他组织。

2）必须具备与招标文件要求相适应的人力、物力和财力。

3）必须具备招标文件要求的资质证书和相应的工作经验与业绩证明。

4）法律、法规规定的其他条件。

两个以上法人或者其他组织可以组成一个联合体，以一个投标人的身份共同投标。联合体各方均应当具备承担招标项目的相应能力；国家有关规定或者招标文件对投标人资格条件有规定的，联合体各方均应当具备规定的相应资格条件。由同一专业的单位组成的联合体，按照资质等级较低的单位确定资质等级。联合体各方应当签订共同投标协议，明确约定各方拟承担的工作和责任，并将共同投标协议连同投标文件一并提交招标人。联合体中标的，联合体各方应当共同与招标人签订合同，就中标项目向招标人承担连带责任。

6.1.4 工程施工招标投标双方的目标

1. 招标人（建设单位或业主）的基本目标

招标人作为建设单位或业主，是工程和服务的买方，其目标就是项目的总体目标。但在工程建设的各个不同阶段，还有其阶段性的目标。在招标投标阶段，其阶段性目标具体是：

1）通过招标竞争使工程价格达到合理的低价。

2）选择一个有资信、有能力，且其技术和方案都能保证工程顺利实施的承包商。

3）确定严格和周密的合同条款，以保证在合同实施中对承包商进行严格的控制，使工程顺利实施。

2. 施工投标人的目标

在招标投标阶段，施工投标人的主要目标有两个。

（1）提出一个有利又具有竞争力的报价　投标报价是投标人投标文件的重要内容，是能否取得承包工程资格、取得合同的关键。也是中标后确定合同价的基础，有时就是合同价。它在投标截止期后即具有法律效力。所以投标人对投标报价必须慎重。一般来讲，报价必须符合两个基本要求：

1）应是有利的。投标价格应包含投标单位中标后为完成合同规定的义务的全部费用支出和投标人期望获得的利润。

2）应具有竞争力。由于通过资格预审，参加投标竞争的单位都在争夺承包工程的资格，投标人之间主要通过报价进行竞争，所以投标人不仅要争取在开标时为招标人选中，取得和招标人进行议价谈判的资格，而且必须在议价谈判中击败竞争对手而中标。因此，投标人的报价应是既要低又要合理。一般地说，价越高，竞争力越小；报价越低，竞争力越强。

（2）签订一个有利的合同　投标单位中标后即成为工程的承包商。对承包商来说，签订一个有利的合同，使得工程能够顺利完成，并得到期望的利益至关重要。有利的合同要从以下方面定性地进行评价：

1）合同条款比较优惠或有利。

2）合同价格较高或适中。

3）合同风险较小。

4）合同双方责权利关系比较平衡。

5）没有苛刻的、单方面的约束性条款等。

6.1.5　工程施工招标投标的程序

国家建设部以及许多地方的建设管理部门都颁发了工程建设施工招标投标管理和合同管理法规，还颁布了招标文件以及各种合同文件范本。在国际上也有一整套公开招标的国际惯例。招标程序通常包括如下步骤：

1．招标的前期工作

招标的前期工作是建设项目进行施工招标的必备条件，按照国家有关规定，要包括以下几个方面：

1）招标人已经依法成立。

2）初步设计及概算应当履行审批手续的，已经批准。

3）招标范围、招标方式和招标组织形式等应当履行核准手续的，已经核准。

4）相应资金或资金来源已经落实。

5）对招标文件或者资格预审文件收取的费用已确定。

6）对投标人的资质等级的要求已确定。

2．资格预审

《中华人民共和国招标投标法》规定，招标人可以根据招标项目本身的要求，在招标公告或者投标邀请书中，要求潜在投标人提供有关资质证明文件和业绩情况，并对潜在投标人进行资格审查；国家对投标人的资格条件有规定的，依照其规定办理。

资格审查分为资格预审和资格后审。资格预审是指在投标前对潜在投标人进行的资格审查；资格后审是指在开标后对投标人进行的资格审查。进行资格预审的，一般不再进行资格后审，但招标文件另有规定的除外。采取资格预审的，招标人应当在资格预审文件中载明资格预审的条件、标准和方法；采取资格后审的，招标人应当在招标文件中载明对投标人资格要求的条件、标准和方法。

招标人不得以不合理的条件限制或者排斥潜在投标人，不得对潜在投标人实行歧视待遇。

按照诚实信用原则，投标人必须提供真实的资格审查资料。招标人必须作出全面审查和综合评价，以确定投标人是否初选合格，并通知合格的投标人。资格审查应主要审查潜在投标人或者投标人是否符合下列条件：

1）具有独立订立合同的权利。

2）具有履行合同的能力，包括专业、技术资格和能力，资金、设备和其他物质设施状况，管理能力，经验、信誉和相应的从业人员。

3）没有处于被责令停业，投标资格被取消，财产被接管、冻结或破产状态。

4）在最近三年内没有骗取中标和严重违约及重大工程质量问题。

5）法律、行政法规规定的其他资格条件。

投标单位应提供令招标单位满意的资格文件，以证明其符合投标合格条件和具有履行合同的能力。为此，所提交的资格预审文件中应包括下列资料：

1）有关确立投标单位法律地位的原始文件的副本（包括营业执照、资质等级证书及非中国注册的施工企业经建设行政主管部门核准的资质证件）。

2）投标单位在过去三年完成的工程的情况和现在正在履行的合同情况。

3）按规定的格式提供项目经理简历，及拟在施工现场或不在施工现场的管理和主要施工人员情况。

4）按规定格式提供完成该合同拟采用的主要施工机械设备情况。

5）按规定格式提供拟分包的工程项目及拟承担分包工程项目施工单位情况。

6）投标单位提供财务状况情况，包括最近两年经过审计的财务报表，下一年度财务预测报告和投标单位向开户银行开具的、由该银行提供财务情况证明的授权书。

7）有关投标单位目前和过去两年内参与或涉及诉讼案的资料。

3．投标人购买标书

只有通过资格预审，投标人才可以购买招标文件。招标文件一般包括如下内容：

（1）投标人须知。

（2）合同主要条款。

（3）投标文件格式。

（4）采用工程量清单招标的，应当提供工程量清单。

（5）技术条款。

（6）设计图纸。

（7）评标标准和方法。

（8）投标辅助材料。

招标人应当在招标文件中规定实质性要求和条件，并用醒目的方式标明。

4．现场勘察

投标人取得招标文件后，招标单位要在招标文件规定的时间内，组织各个投标人考察现场。为了使投标人及时弄清招标文件和现场情况以利做标，考察现场应在投标截止期之前，并留出一定时间。

招标单位应向投标单位介绍有关现场的以下情况：①施工现场是否达到招标文件规定的条件，施工现场的地理位置和地形、地貌，施工现场的地质、土质、地下水位、水文等情况；②施工现场气候条件，如气温、湿度、风力和年雨雪量等；③现场环境，如交通、饮水、污水排放、生活用电和通信等；④工程在施工现场中的位置或布置；⑤临时用地、临时设施搭建等。投标单位在勘察现场中如有疑问，应以书面形式向招标单位提出。

5．投标预备会

投标预备会也称答疑会或标前会议，是指招标单位为澄清或解答招标文件或现场勘察中的问题，以便投标单位更好地编制投标文件而组织召开的会议。

投标预备会的目的在于澄清招标文件中的疑问，解答投标单位对招标文件和现场勘察时所提出的问题，以及对图纸进行交底和解释。投标预备会在招标管理机构监督下，由招标单位组织并主持召开，参加会议的人员包括招标单位、投标单位、代理机构、招标文件的编制人员及招投标管理机构的管理人员等。投标预备会结束后，由招标单位整理会议记录和解答内容，报招标管理机构核准同意后，以书面形式将问题及解答同时发送到所有获得招标文件的投标单位。

6．投标人投标

从取得招标文件到投标截止期，投标人的主要工作就是做标和投标。这是投标人在合同签订前的一项最重要的工作。在这一阶段，投标人完成招标文件分析、现场考察和环境调查，确定实施方案和计划，做工程预算，确定投标策略，并按招标人要求的格式和内容做标，按时将投标书送达“投标人须知”中规定的地点。施工投标文件的内容包括：

1）投标书。

2）投标书附录。

3）投标保证金。

4）法定代表人资格证明书。

5）授权委托书。

6）具有标价的工程量清单与报价表。

7）辅助资料表。

8）资格审查表（资格预审的不采用）。

9）对招标文件中的合同协议条款内容的确认和响应。

10）施工组织设计。

11）商务和技术偏差表。

另外有按招标文件规定提交的其他资料。

投标人应当在招标文件要求提交投标文件的截止日期前，将投标文件送达投标地点。投标截止期是一个重要的里程碑：

1）投标人必须在该时间前提交标书，否则投标无效。

2）投标人的投标从此时开始正式作为要约文件，如果投标人不履行“投标人须知”中的规定，招标人可以没收投标人的投标保证金。而在此之前，投标人可以撤回、修改投标文件。

7．开标

开标通常仅是一项事务性工作。一般需当众检查各投标书的密封及表面印鉴，剔除不合格的标书，再当场拆开并宣读所有合格标书的投标单位名称、标价、工期质量、修改和撤回通知、投标保证金及优惠条件等指标。

投标文件有下列情形之一的，招标人不予受理：

1）逾期送达的或者未送达指定地点的。

2）未按招标文件要求密封的。

投标文件有下列情形之一的，由评标委员会初审后按废标处理：

1）无单位盖章并无法定代表人或法定代表人授权的代理人签字或盖章的。

2）未按规定的格式填写，内容不全或关键字迹模糊、无法辨认的。

3）投标人递交两份或多份内容不同的投标文件，或在一份投标文件中对同一招标项目报有两个或多个报价，且未声明哪一个有效（按招标文件规定提交备选投标方案的除外）。

4）投标人名称或组织结构与资格预审时不一致的。

5）未按招标文件要求提交投标保证金的。

6）联合体投标未附联合体各方共同投标协议的。

8．评标

开标后，招标单位要组织评标，评标要按照《中华人民共和国招标投标法》的规定进行，评审包括如下内容。

（1）符合性评审　评审投标文件是否实质上响应招标文件的要求。如果不响应，招标单位将予以拒绝，并且不允许修正或撤销其不符合要求的内容。

（2）技术性评审　具体内容包括：施工方案的可行性；施工进度计划的可靠性；工程材料和机构设备供应的技术性能；施工质量的保证措施；技术建议和替代方案；施工现场的周围环境污染的保护措施等。

（3）商务性评审　具体内容包括：投标报价数据计算的正确性；报价构成的合理性；报价与施工组织的一致性；综合费率、利润率及预付款要求是否合理；主要材料单价；分析合价项目总计的报价；对建议方案的商务评审。

评标的方法现在一般多采用多指标量化评分的办法，综合考虑价格、工期、实施方案和项目组织等方面的因素，分别赋予不同的权重并进行评分，以确定中标单位。也可采用合理低标价法，按照规定程序，经过审定，以合理低标价作为中标的主要条件。

9．中标与签订合同

对选定的中标单位发出通知。发出中标通知是招标人的承诺。按照国际惯例，此时合同已正式生效，而双方签订合同协议书仅是一个形式。

6.1.6　工程招标投标双方的主要工作

1．招标方的主要工作

1）组织和领导整个招标工作。

2）起草招标文件。

3）组织和安排各种会议。

4）分析、评价投标文件。

5）决定中标单位，并与其签订合同。

2．投标方的主要工作

1）投标前工作。投标人通过承包市场调查，大量收集招标工程信息。在许多可选择的招标工程中，综合考虑工程特点、性质、规模、自己的实力、业主资信状况、承包市场状况和竞争者状况等，选择自己的投标方向。这是投标人的一次重要的决策。

投标人在决定参加投标后，首先要通过业主的资格预审。只有通过资格预审，投标人才有可能获得招标文件，才有资格参与投标竞争。

2）全面分析和正确理解招标文件。

3）全面的环境调查。工程环境包括工程项目所在国、所在地以及工程的具体环境。环境调查有极其广泛的内容，包括政治方面、法律方面、经济方面、业主自然条件方面、参加投标的竞争对手的情况、过去同类工程的资料及其他方面。

4）确定实施方案。

5）工程造价计价（工程预算）。

6）制定报价策略并作出报价。

7）按照招标文件的要求填写投标书，并准备相应的投标文件，在投标截止期前送达招标方。

8）向业主澄清投标书中的问题。

9）进行合同谈判。

6.2　工程招标标底的编制

6.2.1　标底的概念和作用

1．标底的概念

标底是建筑工程造价的表现形式之一，是指由招标人经批准自行编制或委托有编制标底资格和能力的中介单位代理编制，并经当地招标投标管理部门或工程造价管理部门核准审定的工程造价，是招标工程的预期造价。《中华人民共和国招标投标法》中没有明确规定招标工程是否必须设置标底价格，招标人可根据工程的实际情况决定是否需要编制标底。

2．标底的作用

（1）能够使招标人对招标所需的费用进行测算和控制　标底能够使招标人预先明确自己在拟建工程上应承担的财务义务，从而合理地组织资金的筹集和供应，为工程的顺利完成打好基础。

（2）标底是判断投标报价合理性的依据　可以说，标底是审核报价、评标和决标的标准。有了标底，才能正确判断投标者所投报价的合理性、可靠性。投标人的报价与招标人的标底相比，报价高于标底的，投标人就推动了报价的竞争性，甚至根本不予考虑；报价过分低于标底，招标人也有理由怀疑这个价格的合理性，怀疑该企业是否有条件中标。招标单位应对低标进行分析，并且要与必要的保证措施分析相结合，如果技术方案片面、费用节减就缺乏可靠性，这样的报价就不可信；反之，报价与标底比较虽然低于标底，但它是通过优化技术方案、节约管理费用和节约其他各项物资消耗实现的，这种报价是建立在可靠的基础上的，则可以给予信任。

（3）标底是择优选择投标人的重要依据　选择合适的中标人，要对所有投标人的报价、工期、企业的信誉和其他因素进行综合评价。报价虽然不是选择中标施工单位的唯一依据，但是一个重要的依据。在评标体系中，价格因素的评价结论所占的比例是比较高的，在其他条件相同的情况下，报价甚至是决定因素。

（4）保证招标人有效地控制投资　工程标底是根据国家有关规定编制的，是利用相对稳定的建筑产品价格的标准（即当地现行预算定额和取费标准等），将工程造价控制在计划投资以内。标底的审定，也给上级主管部门提供了核实建设规模的依据。

（5）工程标底是保证工程质量的经济基础　招标工程的标底，必须能适应当地建筑市场的变化情况，不能超越建筑产品必需的、最低的活劳动和物化劳动的消耗量。应该允许投标价有一个合理的上下浮动范围。只有保证投标价在可能的价格范围内浮动，才能避免招标人片面压低造价，又可防止某些投标人为了招揽任务而盲目投低标。任何违背价值规律的做法都会导致工程质量降低、建设资金短缺及拖延工期等后果，正确的标底是保证工程质量可靠的经济基础。

6.2.2 标底的内容

标底的内容主要包括：

1）标底的综合编制说明。

2）标底价格审定书、标底价格计算书、带有价格的工程量清单、现场因素、各种施工措施费的测算明细以及采用固定价格工程的风险系数测算明细等。

3）主要材料用量。

4）标底附件。

6.2.3 标底的编制依据

1）招标文件。

2）工程施工图纸及设计交底纪要。

3）施工现场的有关资料，包括地质、水文、地上情况等。

4）施工方案或施工组织设计。

5）现行工程预算定额、工程量计算规则、工期定额、取费标准、国家或地方有关价格调整文件规定等。

6）招标时建筑安装材料及设备的市场价格。

6.2.4 标底的编制原则

1）标底的编制必须符合“四个统一”的原则，即项目编码要统一、项目名称要统一、计量单位要统一、工程量计算规则要统一。

2）参照国家制定的基础定额，要符合国家、行业、地方规定的技术标准规范以及要素市场价格。

3）标底的计价内容、计价依据应与招标文件的规定完全一致 招标文件是招标工作的大纲，标底不能脱离招标文件，特别要注意招标文件所列明的招标范围、材料供应方式、材料价差计算、材料和施工的特殊要求及技术措施规定等。

4）标底造价作为建设单位的期望价格，应力求与市场的实际变化吻合，要有利于竞争和保证工程质量。

编制标底考虑市场因素，含义有两点：

① 已经纳入标底内的费用，特别是材料费，要对市场材料价格和定额内材料预算价格的差异足额计算。如果施工合同是固定总价合同，那么要根据施工工期预测市场材料价格行情，计算风险费用，将可能在以后发生的材料价格涨落因素包括在标底中。

② 对于某些单位价值大、数量比重大的材料，例如三大材，可在施工合同中单独订明结算方式。

5）标底造价应由成本、利润、税金等组成，一般应控制在批准的总概算（或修正概算）的限额内。

标底反映的造价应具有完整性。必需的费用要足额计算，不能为节约投资人为地在标底中少计施工成本，这可能会使得施工单位中标后为获得预期利润而偷工减料或使用劣质材料，造成工程质量的隐患；也不能人为地抬高标底，浪费国家资金。

6）标底应考虑人工、材料、设备、机械台班等变化因素，还应包括不可预见费（特殊情况）、措施费（赶工措施费、技术措施费、特殊条件下施工增加费）、保险以及采用固定总价合同的工程的风险金等。

7）一个工程只能编制一个标底。

6.2.5　标底计价方法

按照建设部第 107 号令《建筑工程施工发包与承包计价管理办法》的规定，标底的计价方法有以下两种。

1．定额计价法

分部分项工程量的单价为直接费。直接费以人工、材料、机械的消耗量及其相应价格确定。间接费、利润、税金等按照规定另行计算。

2．工程量清单计价法

分部分项工程量的单价为综合单价。综合单价综合了完成分部分项工程所发生的直接费、间接费、有关文件规定的工程特殊取费、材料价差、利润、税金及风险金等一切费用。

6.2.6　编制标底需要考虑的因素

目前，招标工程的标底大多是在施工图预算的基础上作出的，但它不完全等同于施工图预算。编制一个合理、可靠的标底还必须在此基础上考虑以下因素：

1．标底必须适应目标工期的要求，对提前工期因素有所反映

招标工程的工期一般应以现行的《全国统一建筑安装工程工期定额》为准。但实际上，招标工程的目标工期往往不等于国家规定的定额工期，需要缩短工期。施工单位此时要考虑赶工措施，增加人员和设备数量，加班加点，付出比正常工期更多的人力、物力、财力，这样就会提高工程成本。因此，在编制招标工程的标底时，必须考虑这一因素，对照目标工期和定额工期，给出必要的赶工费和奖励，并列入标底。同时也应注意，目标工期比定额工期缩短的幅度应适宜，不能违反施工过程的自然规律，否则会造成工程质量上的问题。

2．标底必须适应招标人的质量要求，对高于国家验收规范的质量因素有所反映

标底中对工程质量的反映，首先应按国家相关的施工验收规范的要求，为合格的建筑产品。但招标人往往还要提出要达到高于国家验收规范的质量要求。为此，施工单位要付出比

达到合格水平更多的费用。标底的计算应体现优质优价。

3．标底必须适应建筑材料采购渠道和市场价格的变化，考虑材料差价因素

在编制标底时，要考虑到材料的价格与定额取定价的差别，所用的市场价格有变化的材料及其价格应列出清单，随同招标文件、图纸发给投标单位，供报价时参考。

4．标底必须充分考虑招标工程范围

如将地下工程及“三通一平”等随同主要工程一起招标，这部分费用也应正确计入标底价格，并在招标文件中预先加以说明。

5．标底要合理考虑现场条件和合理的施工方案

施工现场的自然地理条件对工程造价影响较大。在编制标底时，应对现场实际情况认真了解，考虑由于自然条件导致的施工不利因素而增加的费用。

（1）工程建设地点现场条件

1）现场自然条件。包括现场环境、地形、地貌、地质、水文、地震烈度及气温、雨雪量、风向、风力等。

2）现场施工条件。包括建设用地面积、建筑物占用面积、场地拆迁及平整情况，施工用水、用电及有关勘探资料等。

3）临时设施布置。招标人应提交一份施工现场临时设施布置图表并附文字说明，说明临时施工、加工车间、现场办公、设备及仓储、供电、供水、卫生、生活等设施的情况和布置。编制一个比较理想的标底，要有一个比较先进、比较切合实际的施工组织设计，包括合理的施工方案、施工进度安排、施工总平面布置和施工资源估算，要认真分析国内的施工水平和可能前来投标的施工单位的实际水平，从而采用比较合理的编制依据。

（2）施工方法给定条件　编制标底所依据的方案应先进、可行、经济、合理，并能指导施工。各分部分项工程与工程造价有关的施工方法和布置至少应包括如下内容：

1）各分部分项工程的完整的施工方法，保证质量的措施。

2）各形象部位施工进度计划。

3）施工机械的进场计划。

4）工程材料的进场计划。

5）施工现场布置图及施工道路平面图。

6）冬、雨期施工措施。

7）地下管线及其他地上、地下设施的加固措施。

8）保证安全生产、文明施工，减少扰民，降低环境污染和噪声的措施。

6.2.7 编制标底的注意事项

编制标底除了要注意上述原则和考虑因素外，还特别要注意以下各项。

1．做好标底编制前的各项准备工作

1）认真“消化”招标文件。

2）踏勘现场。标底编制切不可“闭门造车”，一定要踏勘现场，了解现场供水、供电、

通路和场地状况。

3）清点和熟悉施工图。首先要检查接收的施工图所表达的工程内容是否属于招标范围，属于招标范围的工程项目或内容是否都表达在施工图内；其次，将图纸目录与各张施工图校对，防止目录与实际图纸不一致。

2．计算工程量

工程量是标底编制中最基本和最重要的数据，而且工程量又作为招标文件的组成内容，即工程量清单，投标人按工程量清单确定的工程数量进行报价。工程量的分项工程名称以及工程量的计算方法应与所使用的定额的规定一致。用什么定额，就按所用的定额列出分项工程名称，依据相应计算规则计算工程量。分项工程名称的描述要全面、准确，名称含糊不清容易造成理解错误。

3．正确使用定额和补充单价

定额要正确运用。定额不适用的一些分项如何正确换算和补充要有依据，不能凭主观想象生搬硬套。标底中的单价以当地现行的预算定额为依据。对定额中的缺项或有特殊要求的项目，应编制补充单价分析。

4．正确计算材料价差

如果招标工程采用固定总价合同，在编制标底时除了考虑现实材料价格变化外，还要特别注意未来市场价格的变化，合理估计涨价因素，原则上要考虑施工单位的风险承受能力。目前常用的处理方法有：

1）先按有关文件规定使用材料价差系数。

2）对地方材料，调查价差系数颁发以来的价格浮动，预测下阶段的价格浮动。对工期长的工程，这种预测尤为重要。综合各项材料，如浮动幅度不大的略去不计，如浮动有一定的幅度可以采取下述方法：①按具体材料品名、数量和浮动价格计算价差，列入标底；②把价差折合成系数，在原材料价差系数基础上递增，列入标底。

3）对钢材、水泥、木材等主要材料，如由建设单位供应，则价差直接发生在建设单位，不列入标底，施工单位投标报价也不包括这部分价差。如建设单位委托施工单位采购，则材料价差应在标底内估列；工程竣工结算时，应视招标文件规定计算。

5．正确计算施工措施性费用

施工措施性费用，是标底编制中较难处理的问题之一。设计单位只提供施工图，一般不提供施工方案。所以标底编制人员平时要注意积累收集有关这方面的资料。如缺少资料，要做好调查研究，进行多方案的比较，特别是对一些深基础工程、超重和超大构件的吊装和运输、大规模的混凝土结构工程、工期要求比定额工期缩短过多的工程要采取抢工施工措施、施工机械搬迁等，更应慎重考虑。

6.2.8　标底的审查

1．审查标底的目的

审查标底的目的是检查标底价格编制是否真实、准确。标底价格如有漏洞，应予以调整和修正。如果标底价超过概算，应按照有关规定进行处理。同时，不得以压低标底价格作为降低投资的手段。

2. 标底审查的内容

标底审查的具体内容如下：

（1）审查标底的计价依据　如招标文件规定的承包范围、计价方法等。

（2）审查标底价格的组成内容　主要包括工程量清单及其单价组成，措施费费用组成，间接费、利润、规费、税金的计取，有关文件规定的调价因素等。

（3）审查标底价格相关费用　主要包括人工、材料和机械台班的市场价格，现场因素费用、不可预见费用等，对于采用固定价格合同的还应审查在施工周期内价格的风险系数等。

6.3 投标报价的编制

任何一个工程项目的投标报价都是一项系统工程，必须遵循一定的程序。

6.3.1 投标报价前期的调查研究

投标报价前期的调查研究主要是对投标和中标后履行合同有影响的各种客观因素、业主和监理工程师的资信以及工程项目的具体情况等进行深入细致的了解和分析。具体包括以下内容：

（1）政治和法律方面　投标人首先应当了解在招标投标活动中以及在合同履行过程中有可能涉及的法律，也应当了解与项目有关的政治形势、国家政策等，如国家对该项目采取的是鼓励政策还是限制政策。

（2）自然条件　包括工程所在地的地理位置和地形、地貌；气温、湿度、主导风向、年降水量等气象状况；洪水、台风及其他自然灾害状况等。

（3）市场情况　调查市场情况是一项非常艰巨的工作，其内容也非常多，主要包括建筑材料、施工机械设备、燃料、动力、水和生活用品的供应情况及价格水平，还包括过去几年批发物价和零售物价指数以及今后的变化趋势和预测；劳务市场情况，如工人技术水平、工资水平、有关劳动保护和福利待遇的规定等；金融市场情况，如银行贷款的难易程度以及银行贷款利率等。

对材料设备的市场情况尤需详细了解，包括原材料和设备的来源方式，购买的成本，来源国或厂家供货情况；材料、设备购买时的运输、税收、保险等方面的规定、手续和费用；施工设备的租赁、维修费用；使用投标人本地原材料、设备的可能性以及成本比较。

（4）工程项目方面的情况　包括工作性质、规模、发包范围；工程的技术规模和对材料性能及工人技术水平的要求；总工期及分批竣工交付使用的要求；施工场地的地形、地质、地下水位、交通运输、给排水、供电和通信条件的情况；工程项目资金来源；对购买器材和雇用工人有无限制条件；工程价款的支付方式、外汇所占比例；监理工程师的资历、职业道德和工作作风等。

（5）业主情况　包括业主的资信情况、履约态度、支付能力，在其他项目上有无拖欠工程款的情况，对实施的工程需求的迫切程度等。

（6）投标人自身情况　投标人对自己内部情况、资料也应当进行归纳管理。这类资料主要用于招标人要求的资格审查和本企业履行项目的可能性。

（7）竞争对手资料　掌握竞争对手的情况，是投标策略中的一个重要环节，也是投标人参加投标能否获胜的重要因素。投标人在制定投标策略时必须考虑到竞争对手的情况。

6.3.2　对是否参加投标作出决策

企业在是否参加投标的决策时，应考虑到以下几个方面的问题：

(1) 承包招标项目的可行性与可能性　如本企业是否有能力（包括技术力量、设备机械等）承包该项目，能否抽调出管理力量、技术力量参加项目承包，竞争对手是否有明显的优势等。

（2）招标项目的可靠性　如项目的审批程序是否已经完成、资金是否已经落实等。

（3）招标项目的承包条件　如果承包条件苛刻，自己无力完成施工，也应放弃投标。

6.3.3　研究招标文件并制订施工方案

1．研究招标文件

投标人报名接受邀请参加某一工程的投标，通过了资格审查并取得招标文件之后，首要的工作就是认真仔细地研究招标文件，充分了解其内容和要求，以便有针对性地安排投标工作。

2．制订施工方案

施工方案是投标报价的一个前提条件，也是招标人评标时要考虑的因素之一。施工方案应由投标人的技术负责人主持制订，主要应考虑施工方法、主要施工机具的配置、各工种劳动力的安排及现场施工人员的平衡、施工进度及分批竣工的安排、安全措施等。施工方案的制订应在技术和工期两方面对招标单位有吸引力，同时又有助于降低施工成本。

6.3.4　投标报价的编制

1．投标报价的原则

投标报价的编制主要是投标人对承建招标工程所要发生的各种费用的计算。在进行投标计算时，必须首先根据招标文件进一步复核工程量。作为投标计算的必要条件，应预先确定施工方案和施工进度，此外，投标计算还必须与采用的合同形式相协调。报价是投标的关键性工作，报价是否合理直接关系到投标的成败。

1）以招标文件中设定的发承包双方责任划分作为考虑投标报价费用项目和费用计算的基础，根据工程发承包模式考虑投标报价的费用内容和计算深度。

2）以施工方案、技术措施等作为投标报价计算的基本条件。

3）以反映企业技术和管理水平的企业定额作为计算人工、材料和机械台班消耗量的基本依据。

4）充分利用现场考察、调研成果、市场价格信息和行情资料编制基价，确定调价办法。

5）报价计算方法要科学严谨、简明适用。

2．投标报价的计算依据

1）招标人提供的招标文件。

2）招标人提供的设计图纸、工程量清单及有关的技术说明书等。

3）国家及地区颁发的现行建筑、安装工程预算定额及与之相配套执行的各种费用定额规定等。

4）地方现行材料预算价格、采购地点及供应方式等。

5）因招标文件及设计图纸等不明确经咨询后由招标人书面答复的有关资料。

6）企业内部制定的有关的各项政策、规定及调整系数等。

7）其他与报价计算有关的各项政策、规定及调整系数等。

在标价的计算过程中，对于不可预见费用的计算必须慎重考虑，不要遗漏。

3．投标报价的编制方法

（1）以定额计价模式投标报价　一般采用预算定额来编制投标报价，即按照定额规定的分部分项工程子目逐项计算工程量，套用定额基价或根据市场价格确定直接费，然后再按规定的费用定额计取各项费用，最后汇总形成标价。这种方法在我国大多数省（市）现行的报价编制中比较常用。

（2）以工程量清单计价模式投标报价　这是与市场经济相适应的投标报价方法，也是国际通用的竞争性招标方式所要求的。以工程量清单计价模式投标报价一般是由标底编制单位根据业主委托，将拟建招标工程全部项目和内容按相关的计算规则计算出工程量，列在清单上作为招标文件的组成部分，供投标人逐项填报单价，计算出总价作为投标报价，然后通过评标竞争，最终确定合同价。工程量清单报价由招标人给出工程量清单，投标者填报单价，单价应完全依据企业技术、管理水平等企业实力而定，以满足市场竞争的需要。

采取工程量清单计价模式计算投标报价时，投标人填入工程量清单中的单价是综合单价，应包括人工费、材料费、机械费、其他直接费、间接费、利润、税金以及材料差价和风险金等全部费用，将工程量与该单价相乘得出合价，将全部合价汇总后即得出投标总报价。工程量清单计价的投标报价由分部分项工程费、措施项目费、其他项目费用及规费和税金构成，具体如图 6-1 所示。

1）分部分项工程费是指完成分部分项工程量清单项目所需的费用。投标人负责填写分部分项工程量清单中的金额一项。金额按照综合单价填报。分部分项工程量清单中的合价等于工程数量和综合单价的乘积。

2）措施项目费是指分部分项工程费以外，为完成该工程项目施工必须采取的措施所需的费用。投标人负责填写措施项目清单中的金额。措施项目清单中的措施项目包括通用项目、建筑工程措施项目、安装工程措施项目和市政工程措施项目等四类。措施项目清单中费用金额也是一个综合单价，包括人工费、材料费、机械费、管理费、利润、风险因素等项目。

3）其他项目费指的是分部分项工程费和措施项目费用以外，该工程项目施工中可能发生的其他费用。其他项目清单包括的项目分为招标人部分和投标人部分工程量清单计价模式下的投标总价。

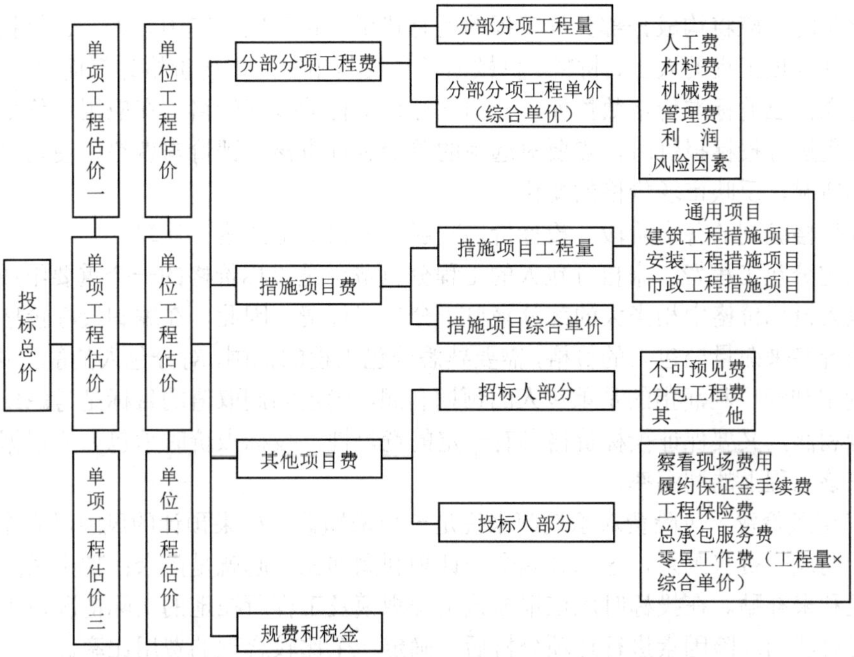

图 6-1　工程量清单计价模式下的投标总价构成

4）规费和税金。

我国工程造价改革的总体目标是建立以市场形成价格为主的价格体系，但目前尚处于过渡时期。今后几年内，我国工程造价管理模式将会出现一个前所未有的多种模式并存的局面。一般来说，工程项目投标报价方面存在着如下几种基本模式，见表 6-1。

表 6-1　我国投标报价的模式

现行报价模式		工程量清单报价模式		
单位估价法	实物量法	直接费单价法	全费用单价法	综合单价
1. 计算工程量 2. 查套定额单价 3. 计算直接费 4. 计算取费 5. 得到投标报价书	1. 计算工程量 2. 查套定额消耗量 3. 套用市场价格 4. 计算直接费 5. 计算取费 6. 得到投标报价书	1. 计算各分项工程资源消耗量 2. 套用市场价格 3. 计算直接费 4. 按实计算其他费用 5. 得到投标报价书	1. 计算各分项工程资源消耗量 2. 套用市场价格 3. 计算直接费 4. 按实计算分摊费用 5. 分摊管理费和利润 6. 得到分项综合单价 7. 计算其他费用 8. 得到投标报价书	1. 计算各分项工程资源消耗量 2. 套用市场价格 3. 计算直接费 4. 核实计算所有分摊费用 5. 分摊费用 6. 得到投标报价书

4．投标报价的编制程序

不论采用何种投标报价体系，一般计算过程如下：

（1）复核或计算工程量　工程招标文件中如果提供有工程量清单，投标价格计算之前要对工程量进行校核；如果若招标文件中没有提供工程量清单，则必须根据图纸计算全部工程量。如招标文件对工程量的计算方法有规定，应按照规定的方法进行计算。

（2）确定单价，计算合价　在投标报价中，复核或计算出各个分部分项工程的实物工程量以后，就需要确定每一个分部分项工程的单价并按照招标文件中工程量表的格式填写报价。一般是按照分部分项工程量内容和项目名称填写单价与合价。

计算合价时，应将构成分部分项工程的所有费用项目都归入其中。人工、材料和机械费用应根据分部分项工程的人工、材料、机械消耗量及其相应的市场价格计算而得。一般来说，投标人应建立自己的标准价格数据库，并据此计算工程的投标价格。在应用单价数据库针对某一具体工程进行投标报价时，需要对选用的单价进行审核、评价与调整，使之符合拟投标工程的实际情况，反映市场价格的变化。

在投标价格编制的各个阶段，投标价格一般以表格的形式进行计算。

（3）确定分包工程费　来自分包人的工程分包费用是投标价格的一个重要组成部分，有时，总承包人投标价格中相当大的部分来自于分包工程费。因此，在编制投标价格时需要有一个合适的价格来衡量分包人的价格，需要熟悉分包工程的范围，对分包人的能力进行评估。

（4）确定利润　利润指的是承包人的预期利润，确定利润取值的目标是考虑既可以获得最大的可能利润，又要保证投标价格具有一定的竞争性。投标报价时承包人应根据市场竞争情况确定在该工程上的利润率。

（5）确定风险费　风险费对承包商来说是一个未知数，如果预计的风险没有全部发生，则可能预计的风险费有剩余，这部分剩余和计划利润加在一起就是盈余；如果风险费估计不足，则由盈利来补贴。在投标时应该根据该工程规模及工程所在地的实际情况，由有经验的专业人员对可能的风险因素进行逐项分析后，确定一个比较合理的费用比率。

（6）确定投标价格　如前所述，将所有的分部分项工程的合价汇总后就可以得到工程的总价，但是这样的工程总价还不能作为投标价格。因为计算出来的价格可能有重复和漏算，也有可能某些费用的预估有偏差等，因而必须对计算出来的工程总价进行必要的调整。调整投标价格应当建立在对工程盈亏分析的基础上，盈亏预测应使用多种方法，从多角度进行，找出计算中的问题以及分析可以通过采取哪些措施降低成本、增加盈利，确定最后的投标报价。

工程投标报价编制的一般程序如图 6-2 所示。

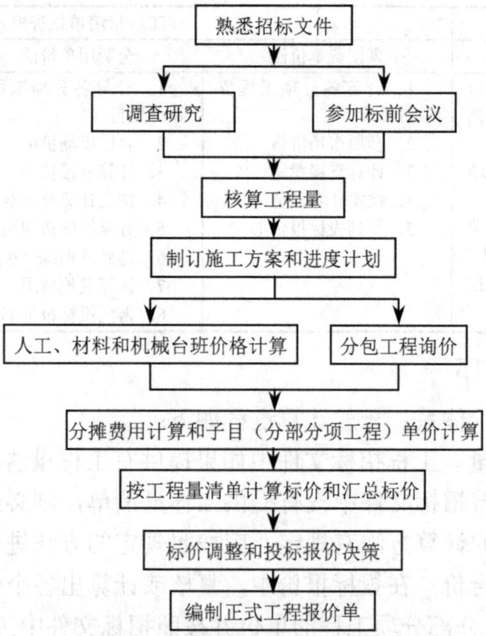

图 6-2　工程投标报价编制的一般程序

6.3.5　确定投标报价的策略

投标报价策略是指投标人在投标竞争中的系统工作部署及其参与投标竞争的方式和手段。投标报价策略作为投标取胜的方式、手段和艺术，贯穿于投标竞争的始终，内容十分丰富。常用的投标报价策略如下：

1．根据招标项目的不同特点采用不同报价

投标报价时，既要考虑自身的优势和劣势，也要分析招标项目的特点。按照工程项目的不同特点、类别、施工条件等来选择报价策略。

（1）遇到如下情况时报价可高一些　施工条件差的工程；专业要求高的技术密集型工程，而本公司在这方面又有专长，声望也较高；总价低的小工程，以及自己不愿做、又不方便不投标的工程；特殊的工程，如港口码头、地下开挖工程等；工期要求急的工程；投标对手少的工程；支付条件不理想的工程。

（2）遇到如下情况时报价可低一些　施工条件好的工程；工作简单、工程一般公司都可以做的工程；本公司目前急于打入某一市场或某一地区，或在该地区面临工程结束，机械设备等无工地转移时的工程；本公司在附近有工程，而本项目又可利用该工程的设备、劳务，或有条件短期内突击完成的工程；投标对手多，竞争激烈的工程；非急需工程；支付条件好的工程。

2．不平衡报价法

这一方法是指一个工程项目总报价基本确定后，通过调整内部各个项目的报价，以期既不提高总报价、不影响中标，又能在结算时得到更理想的经济效益。一般可以考虑在以下几方面采用不平衡报价法：

1）能够早日结账收款的项目（如开办费、基础工程、土方开挖、桩基等）可适当提高。

2）预计今后工程量会增加的项目，单价可适当提高，这样在最终结算时可多赚钱；将工程量可能减少的项目单价降低，工程结算时损失不大。

上述两种情况要统筹考虑，即对于工程量有错误的早期工程，如果实际工程量可能小于工程量表中的数量，则不能盲目抬高单价，要具体分析后再定。

3）设计图纸不明确，估计修改后工程量要增加的，可以提高单价；工程内容解说不清楚的，则可适当降低一些单价，待澄清后可再要求提价。

4）暂定项目，又称任意项目或选择项目，对这类项目要具体分析。因为这类项目要在开工后再由业主研究决定是否实施，以及由哪家承包商实施。如果工程不分标，不会另由一家承包商施工，则其中肯定要做的单价可高些，不一定做的则应低些。如果工程分标，该暂定项目也可能由其他承包商施工时，则不宜报高价，以免抬高总报价。

采用不平衡报价法一定要建立在对工程量表中的工程量仔细核对分析的基础上，特别是对报低单价的项目，如工程量执行时增多将造成承包商的重大损失；不平衡报价过多和过于明显，可能会引起业主反对，甚至导致废标。

3．计日工单价的报价

如果是单纯报计日工单价，而且不计入总价中，可以报高些，以便在业主额外用工或使用施工机械时可多盈利。但如果计日工单价要计入总报价时，则需具体分析是否报高价，以免抬高总报价。总之，要分析业主在开工后可能使用的计日工数量再确定报价方针。

4. 可供选择的项目的报价

有些工程项目的分项工程，业主可能要求按某一方案报价，而后再提供几种可供选择方案的比较报价。但是，所谓“可供选择项目”并非由承包商任意选择，而业主才有权进行选择。因此，承包商虽然适当提高了可供选择项目的报价，但并不意味着肯定可以取得较好的利润，只是提供了一种可能性。一旦业主今后选用，承包商即可得到额外加价的利益。

5. 暂定工程量的报价

暂定工程量有三种。一种是业主规定了暂定工程量的分项内容和暂定总价款，并规定所有投标人都必须在总报价中加入这笔固定金额，但由于分项工程量不很准确，允许将来按投标人所报单价和实际完成的工程量付款；另一种是业主列出了暂定工程量的项目的数量，但并没有限制这些工程量的估价总价款，要求投标人既列出单价，还要按暂定项目的数量计算总价，将来结算付款时可按实际完成的工程量和所报单价支付；第三种是只有暂定工程的一笔固定总金额，将来这笔金额做什么用由业主确定。第一种情况，由于暂定总价款是固定的，对各投标人的总报价水平竞争力没有任何影响，因而投标时应当对暂定工程量的单价适当提高。这样做，既不会因今后工程量变更而受到损失，也不会削弱投标报价的竞争力。第二种情况，投标人必须慎重考虑。如果单价定得高了，同其他工程量计价一样，将会增高总报价，影响投标报价的竞争力；如果单价定得低了，将来这类工程量如果增大，将会影响收益。一般来说，这类工程量可以采用正常价格；如果投标人估计今后实际工程量肯定会增大，则可适当提高单价，使将来可增加额外收益。第三种情况对投标竞争没有实际意义，按招标文件要求将规定的暂定款列入总报价即可。

6. 多方案报价法

对于一些招标文件，如果发现工程范围不很明确，条款不清楚或很不公正，或技术规范要求过于苛刻时，则要在充分估计投标风险的基础上，按多方案报价法处理。即按原招标文件报一个价，然后再提出如某某条款作某些变动，报价可降低多少，由此可报出一个较低的价格。这样，可以降低总价，吸引业主。

7. 增加建议方案

有时招标文件中规定可以提一个建议方案，即可以修改原设计方案，提出投标人的方案。投标人这时应抓住机会，组织一批有经验的设计和施工工程师，对原招标文件的设计和施工方案仔细研究，提出更为合理的方案以吸引招标人，促成自己的方案中标。这种新建议方案可以降低总造价或是缩短工期，或使工程运用更为合理，但要注意对原招标方案一定也要报价。建议方案不要写得太具体，要保留方案的技术关键，防止业主将此方案交给其他投标人。同时要强调的是，建议方案一定要比较成熟，有很好的可操作性。

8. 分包商报价的采用

由于现代工程的综合性和复杂性，总承包商不可能将全部工程内容完全独家包揽，特别是有些专业性较强的工程内容，需分包给其他专业工程公司施工；还有些招标项目，业主规定某些工程内容必须由他指定的几家分包商承担。因此，总承包商通常应在投标前先取得分包商的报价，并增加总承包商摊入的一定的管理费，作为自己投标总价的一个组成部分一并列入报价单中。应当注意的是，分包商在投标前可能同意接受总承包商压低其报价的要求，但等到总承包商得标后，他们常以种种理由要求提高分包价格，这将使总承包商处于十分被动的地位。解决的办法是，总承包商在投标前找 2～3 家分包商分别报价，而后选择其中一家信誉较好、实力较强和报价合理的分包商签订协议，同意该分包商作为本分包工程的唯一合作者，并将分包商的姓名列入投标文件中，但要求该分包商相应地提交投标保函。这种把分包商的利益同投标人捆在一起的方法，不但可以防止分包商事后反悔和涨价，还可能迫使分包商报出较合理的价格，以便共同争取得标。

9．无利润算标

缺乏竞争优势的投标人，在不得已的情况下，只好在算标中根本不考虑利润去夺标。这种办法一般在处于以下条件时采用：

1）有可能在得标后，将大部分工程分包给索价较低的一些分包商。

2）对于分期建设的项目，先以低价获得首期工程，而后赢得机会创造第二期工程中的竞争优势，并在以后的实施中赚得利润。

3）较长时期内，投标人没有在建的工程项目，如果再不得标，就难以维持生存。因此，虽然本工程无利可图，只要能有一定的管理费维持公司的日常运转，就可设法渡过暂时的困难，以图将来东山再起。

6.3.6　投标担保

施工招标投标中的投标担保，对于进一步规范招标投标活动、确保合同的顺利履行具有重要意义。从法律性质上讲，施工招标是要约邀请，投标则是要约，中标通知书是承诺。正是在此基础上，招标作为一种要约邀请，对行为人不具有合同意义上的约束力，招标人无需向潜在投标人提供招标担保。当招标项目出现问题（如在评标过程中发现项目设计有重大问题），需要重新招标甚至终止招标时，即使责任完全在招标人一方，招标人仍可以拒绝所有投标，且无需对投标人承担赔偿责任。而投标作为一种要约则不同，一旦招标人（受要约人）承诺，要约人即受该意思表示约束。这主要表现在如下方面：①投标文件到达招标人后即不可撤回；②如果要约人确定了承诺期限或以其他形式明示要约不可撤销，则该要约是不允许被撤销的；③招标人在招标文件中确定了投标有效期，投标人接受该有效期，这个有效期即为承诺期限，在这个期限当中，招标人应当完成开标、评标、定标等工作，招标人可以要求投标人提供投标担保，以担保自己在投标有效期内不撤销投标文件，一旦中标即与招标人订立承诺合同。

施工招标投标中的投标担保应当在投标时提供。建设部颁布的《房屋建筑和市政基础设施工程施工招标投标管理办法》（建设部第 89 号令）中规定，“投标人应当按照招标文件要求的方式和金额，将投标保函或者投标保证金随投标文件提交招标人”。由此可见，投标担保方式一般可以有两种方式：

（1）投标保证金　一般投标保证金数额不超过投标总价的 2%，最高不得超过 50 万元（人民币）。投标保证金可以使用支票、银行汇票等。投标保证金的有效期应超过投标有效期。

（2）银行或担保公司开具的投标保函　这是一种第三人的使用担保（保证）。其保函格式应符合招标文件所要求的格式。银行保函或担保书的有效期应在投标有效期满后 28 天内继续有效（建设部《房屋建筑和市政基础设施工程施工招标文件范本》2003 年 1 月 1 日施行）。

对于未能按要求提交投标保证金的投标，招标单位将视为不响应投标而予以拒绝。

如投标单位在投标有效期内有下列情况，将被没收投标保证金：

1）投标单位在投标有效期内撤回其投标文件。

2）中标单位未能在规定期限内提交履约保证金，或签署合同协议。

6.4　工程合同价的确定与施工合同的签订

6.4.1　工程合同价的确定

根据《中华人民共和国合同法》、《建设工程施工合同（示范文本）》以及建设部的有关规定，依据招标文件、投标文件，双方签订施工合同。建设工程合同可分为总价合同、单价合同和成本加酬金合同三种；总价合同又分为固定总价合同和可调总价合同两种；单价合同又分为固定单价合同和可调单价合同两种。按计价方式的不同，双方可选择不同的确定合同价款的方式。

1．固定合同价格

固定合同价格是指在约定的风险范围内价款不再调整的合同。双方须在专用条款内约定合同价款包含的风险范围、风险费用的计算方法和承包风险范围以外对合同价款影响的调整方法，在约定的风险范围内，合同价款不再调整。固定合同价格可分为固定合同总价和固定合同单价两种方式。

（1）固定合同总价　固定合同总价是指承包整个工程的合同价款总额已经确定，在工程实施中不再因物价上涨而变化。所以，固定合同总价应考虑价格风险因素，也须在合同中明确规定合同总价包括的范围。这类合同价可以使发包人对工程总开支做到大体心中有数，在施工过程中可以更有效地控制资金的使用。但对承包人来说，要承担较大的风险，如物价波动、气候条件恶劣、地质地基条件及其他意外困难等，因而合同价款一般会高些。

（2）固定合同单价　固定合同单价是指合同中确定的各项单价在工程实施期间不因价格变化而调整，而在每月（或每阶段）工程结算时，根据实际完成的工程量结算，在工程全部完成时以竣工图的工程量最终结算工程总价款。

2．可调合同价

（1）可调总价　可调总价是指合同中确定的工程合同总价在实施期间可随价格变化而调整。发包人和承包人在商定合同时，以招标文件的要求及当时的物价计算出合同总价。如果在执行合同期间，由于通货膨胀引起成本增加达到某一限度时，合同总价则进行相应调整。可调合同价使发包人承担了通货膨胀的风险，承包人则承担其他风险。一般适合于工期较长（如 1 年以上）的项目。

（2）可调单价　合同单价可调一般是在工程招标文件中规定的。在合同中签订的单价，根据合同约定的条款，如在工程实施过程中物价发生变化等，可进行调整。有的工程在招标或签约时，因某些不确定性因素而在合同中暂定某些分部分项工程的单价，在工程结算时，再根据实际情况和合同约定对合同单价进行调整，确定实际结算单价。

3．成本加酬金确定的合同价

合同中确定的工程合同价，其工程成本总值按现行计价依据计算，酬金部分则按工程成本乘以通过竞争确定的费率计算，将两者相加，确定出合同价。一般分为以下几种形式。

（1）成本加固定百分比酬金确定的合同价　这种合同价是发包人对承包人支付的人工费、材料费和施工机械使用费、其他直接费、施工管理费等按实际直接成本全部据实补偿，同时按照实际直接成本的固定百分比付给承包人一笔酬金，作为承包方的利润。

这种合同价使得建筑安装工程总造价及付给承包人的酬金随工程成本而水涨船高，不利于鼓励承包方降低成本，因此很少被采用。

（2）成本加固定金额酬金确定的合同价　这种合同价与上述成本加固定白分比酬金合同价相似。其不同之处仅在于发包人付给承包人的酬金是一笔固定金额的酬金。

采用上述两种合同价方式时，为了避免承包人因企图获得更多的酬金而对工程成本不加控制，往往在承包合同中规定一些补充条款，以鼓励承包方节约资金，降低成本。

（3）成本加奖罚确定的合同价　采用这种合同价，首先要确定一个目标成本，这个目标成本是根据粗略估算的工程量和单价表编制出来的。在此基础上，根据目标成本来确定酬金的数额，可以是百分数的形式，也可以是一笔固定酬金。然后根据工程实际成本支出情况另外确定一笔奖金。当实际成本低于目标成本时，承包人除从发包人处获得实际成本和酬金补偿外，还可根据成本降低额得到一笔奖金。当实际成本高于目标成本时，承包人仅能从发包人处得到成本和酬金的补偿。此外，视实际成本高出目标成本情况，若超过合同价的限额，还要处以一笔罚金。除此之外，还可设工期奖罚。

这种合同价形式可以促使承包商降低成本、缩短工期，而且目标成本随着设计的进展而加以调整，承发包双方都不会承担太大风险，故应用较多。

（4）最高限额成本加固定最大酬金确定的合同价　在这种合同价中，首先要确定限额成本、报价成本和最低成本。当实际成本没有超过最低成本时，承包人花费的成本费用及应得酬金等都可得到发包人的支付，并与发包人分享节约额；如果实际工程成本在最低成本和报价成本之间，则只能得到全部成本；当实际工程成本超过最高限额成本时，则超过部分发包人不予支付。

这种合同价形式有利于控制工程造价，并能鼓励承包人最大限度地降低工程成本。

6.4.2　施工合同的签订

1．施工合同格式的选择

合同是双方对招标成果的认可，是招标之后、开工之前双方签订的工程施工、付款和结算的凭证。合同的形式应在招标文件中确定，投标人应在投标文件中做出响应。目前的建筑工程施工合同格式一般采用如下几种方式。

（1）参考 FIDIC 合同格式订立的合同　FIDIC 合同是国际通用的规范合同文本。它一般用于大型的国家投资项目和世界银行贷款项目。采用这种合同格式，可以有效避免工程竣工结算时的经济纠纷；但因其使用条件较严格，因而在一般中小型项目中较少采用。

（2）按照《建设工程施工合同（示范文本）》格式订立的合同（简称示范文本合同） 按照国家工商管理部门和建设部推荐的《建设工程施工合同（示范文本）》格式订立的合同是比较规范的，也是公开招标的中小型工程项目采用最多的一种合同格式。该合同格式由 4 部分组成：协议书、通用条款、专用条款和附件。《协议书》明确了双方最主要的权利义务，经当事人签字盖章，具有最高的法律效力；《通用条款》具有通用性，基本适用于各类建筑施工和设备安装；《专用条款》是对《通用条款》必要的修改与补充，其与《通用条款》相对应，多为空格形式，需双方协商完成，更好地针对工程的实际情况，体现了双方的统一意志；《附件》对双方的某项义务以确定格式予以明确，便于实际工作中的执行与管理。整个示范文本合同是招标文件的延续，故一些项目在招标文件中就拟定了补充条款内容以表明招标人的意向；投标人若对此有异议时，可在招标答疑（澄清）会上提出，并在投标函中提出投标人能接受的补充条款；双方对补充条款再有异议时可在询标时得到最终统一。

（3）自由格式合同 自由格式合同是由发包人和承包人协商订立的合同，它一般适用于通过邀请招标或议标发包而定的工程项目。这种合同是一种非正规的合同形式，往往由于一方（主要是建设单位）对建筑工程的复杂性、特殊性等方面考虑不周，从而使其在工程实施阶段陷于被动。

2．施工合同签订过程中的注意事项

（1）关于合同文件部分 招标投标过程中形成的补遗、修改、书面答疑和各种协议等均应作为合同文件的组成部分。特别应注意作为付款和结算依据的工程量和价格清单，应根据评标阶段做出的修正稿重新整理和审定，并且应标明按完成的工程量测算付款和按总价付款的内容。

（2）关于合同条款的约定 在编制合同条款时，应注重有关风险和责任的约定，将项目管理的理念融入合同条款中，尽量将风险量化，责任明确，公正地维护双方的利益。其中主要要重视以下几类条款。

1）程序性条款。程序性条款的目的在于规范工程价款结算依据的形成，预防不必要的纠纷。程序性条款贯穿于合同行为的始终，包括信息往来程序、计量程序、工程变更程序、索赔处理程序、价款支付程序及争议处理程序等。编写时应注意明确具体步骤，约定时间期限。

2）有关工程计量的条款。注重计算方法的约定，应严格确定计量内容（一般按净值计量），加强隐蔽工程计量的约定。计量方法一般按工程部位和工程特性确定，以便于核定工程量及便于计算工程价款为原则。

3）有关工程计价的条款。应特别注意价格调整条款，如对未标明价格或无单独标价的工程，是采用重新报价方法，还是采用定额及取费方法，或者协商解决，在合同中应约定相应的计价方法。对于工程量变化的价格调整，应约定费用调整公式；对工程延期的价格调整、材料价格上涨等因素造成的价格调整，是采用补偿方式，还是变更合同价，应在合同中约定。

4）有关双方职责的条款。为进一步划清双方责任，量化风险，应对双方的职责进行恰当的描述。对那些未来很可能发生并影响工程、增加合同价款及延误工期的事件和情况加以明确，防止索赔或争议的发生。

5）工程变更的条款。适当规定工程变更和增减总量的限额及时间期限。如在 FIDIC 合同条款中规定，单位工程的增减量超过原工程量 15%时应相应调整该项的综合单价。

6）索赔条款。明确索赔程序、索赔的支付及争端的解决方式等。

6.4.3　不同计价模式对合同价和合同签订的影响

采用不同的计价模式会直接影响到合同价的形成方式，从而最终影响合同的签订和实施。目前国内使用的定额计价方法存在诸多弊端，相比之下，工程量清单的计价方法能更为合理地确定合同价，并且便于合同的实施。

（1）工程量清单计价的合同价的形成方式使工程造价更接近工程实际价值　因为确定合同价的两个重要因素——投标报价和标底价都以实物法编制，采用的消耗量、价格和费率都是市场波动值，因此能使合同价能更好地反映工程的性质和特点，更接近市场价值。

（2）易于对工程造价进行动态控制　在定额计价模式下，无论合同采用固定价还是可调价格，无论工程量变化多大、施工工期多长，双方只要约定采用国家定额、国家造价管理部门调整的材料指导价和颁布的价格调整系数，便适用于合同内、外项目的结算。在新的计价模式下，工程量由招标人提供，报价人的竞争性报价是基于工程量清单上所列量值，招标人为避免由于对图纸理解不同而引起的问题，一般不要求报价人对工程量提出意见或作出判断。但是工程量变化会改变施工组织和施工现场情况，从而引起施工成本、利润率、管理费率的变化，带来项目单价的变化。新的计价模式能实现真正意义上的工程造价动态控制。

（3）在合同条款的约定上加强双方的风险和责任意识　在定额计价模式下，由于计价方法单一，承、发包双方对有关风险和责任意识不强；工程量清单计价模式下，招、投标双方对合同价的确定共同承担责任。招标人提供工程量，承担工程量变更或计算错误的责任，投标单位只对自己所报的成本、单价负责。工程量结算时，根据实际完成的工程量，按约定的方法调整，双方对工程情况的理解以不同的方式体现在合同价中，招标方以工程量清单体现，投标方在报价中体现。另外，工程项目造价一般已通过清单报价明确下来，在日后的施工过程中，施工企业为获取最大利益，会利用工程变更和索赔手段追求额外的利润。因此双方对合同管理的意识会大大加强，合同条款的约定会更加周密。

工程量清单计价模式赋予造价控制工作新的内容和新的侧重点。首先工程量清单成为报价的统一基础，使获得竞争性投标报价得到有力保证，无标底合理低价中标评标方式使评选的中标价更为合理，合同条款更注重风险的合理分摊，更注重对造价的动态控制，更注重对价格调整及工程变更、索赔等方面的约定。

6.5　设备、材料采购及合同价款的确定

6.5.1　设备、材料采购的招标投标方式

设备、材料的采购是建设工程合同实施过程中极为重要的工作之一。采购货物质量的好坏和价格的高低，对项目的投资效益影响很大。

《工程建设项目招标范围和规模标准规定》强调：与工程建设有关的重要设备、材料等货物的采购，单项合同价在 100 万元以上的，或者单项合同估算价低于 100 万元但项目总投

资额在 3 000 万元以上的，必须进行招标。同时，设备、材料采购应符合《中华人民共和国政府采购法》的有关规定。

为了将这方面工作做好，应根据采购的标的物的具体特点正确选择设备、材料的招投标方式，进而正确选择好设备、材料供应商。主要方式有公开招标和邀请招标。

1．公开招标

设备、材料采购的公开招标，是由招标单位通过报刊、广播、电视等新闻媒体公开发布招标公告，在尽量大的范围内征集供应商。公开招标对于设备、材料采购，能够引起最大范围内的竞争。其主要优点有：

1）可以使符合资格的供应商能够在公平竞争条件下，以有利、合适的价格获得供货机会。

2）可以使设备、材料采购者以低价格、高质量获得所需的设备和材料。

3）可以促进供应商进行技术改造，以降低成本，提高质量。

4）可以防止徇私舞弊的产生，有利于设备、材料采购的公平和公正。

设备、材料采购的公开招标一般组织方式严密，程序复杂，所需时间较多，故成本较高。因此，一些紧急需要或价值较小的设备和材料的采购则不适宜这种方式。

设备、材料采购的公开招标又称为国际竞争性招标和国内竞争性招标。

国际竞争性招标就是公开、广泛地征集投标者，引起投标者之间的充分竞争，从而使项目法人能以较低的价格和较高的质量获得设备或材料。我国政府和世界银行商定，凡工业项目采购额在 100 万美元以上的，均需采用国际竞争性招标。通过这种招标方式，一般可以使买主以有利的价格采购到需要的设备、材料，可引进国外先进的设备、技术和管理经验，并且可以保证所有合格的投标人都有参加投标的机会，保证采购工作公开而客观地进行。

国内竞争性招标适合于合同金额小，工程地点分散且施工时间较长，劳动密集型生产或国内获得货物的价格低于国际市场价格，行政与财务上不适于采用国际竞争性招标等情况。国内竞争性招标也要求对所有的投标人一视同仁，每个投标人都具有公平竞争机会，并且根据事先公布的评选标准，选择最符合标准且标价最低的投标人。

2．邀请招标

设备、材料采购的邀请招标，是由招标单位向具备设备、材料制造或供应能力的单位直接发出投标邀请书，被邀请投标的单位不少于 3 家，一般为 5～7 家。这种方式也称为有限国际竞争性招标。它适用于合同金额不大，或所需特定货物的供应商数目有限，或需要尽早地交货等情况。有的工业项目合同价值很大，也较为复杂，在国际上只有为数不多的几家潜在投标人，并且准备投标的费用很大，这样也可以直接邀请来自三四个国家的合格公司进行投标，以节省时间。但这样可能遗漏合格的有竞争力的供应商，因此应该从尽可能多的供应商中征求投标。评标方法参照国际竞争性招标，但不适用国内或地区性优惠待遇。

采用设备、材料采购邀请招标主要条件有：

1）招标单位对拟采购的设备在世界上（或国内）的制造商的分布情况比较清楚，并且制造厂家有限，又可以满足竞争的需要。

2）已经掌握拟采购设备的供应商、制造商或其他代理商的有关情况，对他们的履约能力、资信状况等已经了解。

3）建设项目工期较短，不允许拿出更多时间进行设备采购，而采用邀请招标。

4）一些不宜进行公开采购的项目，如国防工程、保密工程、军事技术等。

3．其他采购方式

（1）设备、材料采购有时也通过询价方式选定设备、材料供应商　一般是通过对国内外几家供货商的报价进行比较后，选择其中一家签订供货合同。这种方式一般仅适用于现货采购或价值较小的标准规格产品。

（2）在设备、材料采购时，有时也采用非竞争性采购方式（直接订购方式）这种采购方式一般适用于如下情况：增购与现有采购合同类似货物而且合同价格也较低廉；保证设备或零配件标准化，以便适应现有设备需要；所需设备设计比较简单或属于专卖性质的；要求从指定的供货商采购关键性货物以保证质量；在特殊情况下急需采购的某些材料、小型工具或设备。

6.5.2　设备、材料采购评标

1．设备、材料采购评标的原则与要求

根据《建设工程设备招标投标管理试行办法》的规定，设备、材料采购评标、定标应遵循下列原则及要求：

（1）招标单位应当组织评标委员会（或评标小组），负责评标定标工作　评标委员会应当由专家、设备需方、招标单位以及有关部门的代表组成，与投标单位有直接经济关系（财务隶属关系或股份关系）的单位人员不参加评标委员会。

（2）评标前，应当制定评标程序、方法、标准以及评标纪律　评标应当依据招标文件的规定以及投标文件所提供的内容评议并确定中标单位。在评标过程中应当平等、公正地对待所有投标者，招标单位不得任意修改招标文件的内容或提出其他附加条件作为中标条件，不得以最低报价作为中标的唯一标准。

（3）招标设备标底应当由招标单位会同设备需方及有关单位共同协商确定　设备标底价格应当以招标当年现行价格为基础，生产周期长的设备应考虑价格变化因素。

（4）设备招标的评标工作一般不超过 10 天，大型项目设备承包的评标工作最多不超过 30 天。

（5）评标过程中，如有必要可请投标单位对其投标内容进行澄清解释　澄清时不得对投标内容作实质性修改。澄清解释的内容必要时可做书面纪要，经投标单位授权代表签字后，作为投标文件的组成部分。

（6）评标过程中有关评标的情况不得向投标人或与招标工作无关的人员透露　凡招标申请公证的，评标过程应当在公证部门的监督下进行。

评标定标以后，招标单位应当尽快向中标单位发出中标通知，同时通知其他未中标单位。

另外，设备、材料采购应以最合理价格采购为原则，即评标时不仅要看其报价的高低，还要考虑货物运抵现场过程中可能支付的所有费用，以及设备在评审预定的寿命期内可能投入的运营、维修和管理的费用等。

2．设备、材料采购评标的主要方法

设备、材料采购评标中可采用综合评标价法、全寿命费用评标价法、最低投标法或百分评定法。

（1）综合评标价法　综合评标价法是指以设备投标价为基础，将评定各要素按预定的方法换算成相应的价格，在原投标价上增加或扣减该值而形成评标价格。开标价格最低的投标书为最优。采购机组、车辆等大型设备时较多采用这种方法。评标时，除投标价格以外还需考察的因素和折算主要方法，一般包括以下几个方面：

1）运输费用。这部分是招标单位可能支付的额外费用，包括运费、保险费和其他费用，如运输超大件设备需要对道路加宽、桥梁加固所需支出的费用等。换算为评标价格时，可按照运输部门（铁路、公路、水运）、保险公司以及其他有关部门公布的取费标准，计算货物运抵最终目的地将要发生的费用。

2）交货期。评标时以招标文件的供货一览表中规定的具体交货时间作为标准。如果投标书中提出的交货期早于规定时间，一般不给予评标优惠，因为提前到货，可能要增加仓储管理费和设备保养费。如果迟于规定的交货日期，但推迟的时间尚在可以接受的范围之内，则交货日期每延迟一个月，按投标价的某一百分比（一般为 2%）计算折算价，将其加入投标价中。

3）付款条件。投标人应按照招标文件中规定的付款条件来报价，对不符合规定的投标，可视为非响应性投标而予以拒绝。但在订购大型设备的招标中，如果投标人在投标致函内提出“若采用不同的付款条件（如增加预付款或前期阶段支付款）可降低报价的方案”供招标单位选择时，这一付款要求在评标时也应予以考虑。当支付要求的偏离条件在可接受范围情况下，应将偏离要求而给招标人增加的费用（资金利息等），按招标文件中规定的贴现率换算成评标时的净现值，加到投标致函中提出的更改报价上后，作为评标价格。如果投标书中提出可以减少招标文件说明的预付款金额，则招标人晚支付部分可能少支付的利息，也应以贴现方式从投标价内扣除此值。

4）零配件和售后服务。零配件以设备运行两年内各类易损备件的获取途径和价格作为评标要素。售后服务内容一般包括安装监督、设备调试、提供备件、负责维修、人员培训等工作，要评价提供这些服务的可能性和价格。评标时如何对待这两笔费用，要视招标文件的规定区别对待。当这些费用已要求投标人包括在投标价之内时，则评标时不再考虑这些因素；若要求投标人在投标价之外单报这些费用，则应将其加到报价上。如果招标文件中没有上述任何一种规定，评标时应按投标书技术规范附件中由投标人填报的备件名称和数量，计算可能需购置的总价格，以及由招标单位自行安排的售后服务价格，然后将其加到投标价上去。

5）设备性能、生产能力。投标设备应具有招标文件技术规范中规定的生产效率。如果所提供设备的性能、生产能力等某些技术指标没有达到技术规范要求的基准参数时，以投标设备实际生产效率单位成本为基础计算，增加以上各项评审价格，累计金额即为该标底的评标价。

（2）全寿命费用评标价法　采购生产线、成套设备、车辆等运行期内各种后续费用（备件、油料及燃料、维修等）较高的货物时，可采用以设备全寿命费用为基础的评标价法。评标时应首先确定一个统一的设备评审寿命期，然后再根据各投标书的实际情况，在投标价上加上该年限运行期内所发生的各项费用，再减去寿命期末设备的残值。计算各项费用和残值时，都应按照招标文件中规定的贴现率折算成净现值。

这种方法是在综合评标价法的基础上，进一步加上一定运行年限内的费用作为评审价格。这些以贴现值计算的费用包括估算寿命期内所需的燃料消耗费；估算寿命期内所需备件及维修费用，备件费可按投标人在技术规范附件中提供的担保数字或过去已用过可作参考的类似设备实际消耗数据为基础，以运行时间来计算；估算寿命期末设备的残值。

（3）最低投标价法　采购技术规格简单的初级商品、原材料、半成品以及其他技术规格简单的货物，由于其性能质量相同或容易比较其质量级别，可把价格作为唯一尺度，将合同授予报价最低的投标者。

（4）综合评分法　这一方法是按照预先确定的评分标准，分别对各设备投标书的报价和各种服务进行评审打分，得分最高者中标。一般评审打分的要素包括投标价格，运输费、保险费和其他费用，投标书中所报的交货期限，偏离招标文件规定的付款条件，备件价格和售后服务，设备的性能、质量、生产能力，技术服务和培训等。

评审要素确定后，应依据采购标的物的性质、特点以及各要素对采购方总投资的影响程度来具体划分权重和记分标准。例如世界银行贷款项目通常采用的分配比例为：投标价（60～75 分），备件价格（0～10 分），技术性能、维修、运行费（0～10 分），售后服务（0～5 分），标准备件等（0～5 分），总计 100 分。

综合评分法的优点是简便易行，评标考虑因素全面，可以将难以用金额表示的各项要素量化后加以比较。缺点是各评标人独立给分，对评标人的水平和知识面要求高，否则主观随意性较大。投标人提供的设备型号各异，难以合理确定不同技术性能的相关分值差异。

6.5.3　设备、材料合同价款的确定

在国内设备、材料采购招标投标中，中标单位在接到中标通知后，应当在规定时间内由招标单位组织与设备需方签订经济合同，进一步确定合同价款。一般来说，国内设备、材料采购合同价款就是评标后的中标价，但需要在合同签订中双方确认。按照《机电设备招标投标管理办法》规定，合同签订时，招标文件和投标文件均为经济合同的组成部分，随合同一起有效。投标单位中标后，如果撤回投标文件或拒签合同，作违约论，应当向招标单位和设备需方赔偿经济损失，赔偿金额不超过中标金额的 2%，可将投标单位的投标保证金作为违约赔偿金。中标通知发出后，设备需方如拒签合同，应当向招标单位和中标单位赔偿经济损失，赔偿金额为中标金额的 2%，由招标单位负责处理。合同生效以后，双方都应当严格执行，不得随意调价或变更合同内容。如果发生纠纷，双方都应当按照《中华人民共和国合同法》和国家有关规定解决。合同生效以后，接受委托的招标单位可向中标单位收取少量服务费，金额一般不超过中标设备金额的 1.5%。

设备、材料的国际采购合同中，合同价款的确定应与中标价相一致，其具体价格条款应包括单价、总价及与价格有关的运费、保险费、仓储费、装卸费、各种捐税、手续费及风险责任的转移等内容。由于设备、材料价格的构成不同，价格条件也各有不同。设备、材料国际采购合同中常用的价格条件有离岸价格（FOB）、到岸价格（CIF）、成本加运费价格（CFR）。这些内容需要在合同签订过程中认真磋商，最终确认。

本章小结

招标投标阶段的工程造价管理内容是招标人编制招标文件，投标人进行投标报价，合理

确定合同价，签订施工合同。因此，这个阶段的重点是招标人编制标底（预算控制价）；投标人合理报价；确定中标人之后，最终签订施工合同。

工程标底的编制，需要根据招标工程的具体情况，选择合适的编制方法计算。标底价格的编制，除依据设计图纸进行费用的计算外，还需考虑图纸以外的费用。在按工程量清单计算标底价格时，单价的计算可采用工料单价法和综合单价法。工程标底的审查内容包括审查分部分项工程数量、审查各项费用、审查“活口”费用。

我国工程项目投标报价的方法一般包括定额计价模式和工程量清单计价模式下的投标报价。常用的投标策略主要有：

① 根据招标项目的不同特点采用不同报价。

② 不平衡报价法。

③ 多方案报价法。

④ 无利润报价。

复习思考题

1. 什么是工程招标投标？为什么要推行工程招标投标制度？
2. 施工招标单位应具备的条件是什么？
3. 施工投标单位应具备的条件是什么？
4. 我国的工程招标投标有哪几种方式？工程招标投标的程序是怎样的？
5. 什么是标底？标底计价方法有哪些？
6. 为什么要审查标底？如何审查标底？
7. 投标报价的编制方法有哪些？
8. 简述投标报价的编制程序？
9. 投标报价常用哪些策略？
10. 如何确定工程合同价？如何签订施工合同？
11. 设备、材料采购合同价是如何确定的？

第 7 章 施工阶段的工程造价管理

学习目标

（1）熟悉工程预付款的概念及计算确定方法、付款程序。

（2）掌握进度款的概念及计算确定方法、付款程序。

（3）熟悉工程变更价款的确定及处理程序。

（4）掌握工程索赔的概念、分类，索赔的计算，以及处理索赔的基本程序。

（5）掌握工程竣工结算编制与审查的方法。

施工阶段是实现建设工程价值的主要阶段，也是资金投入量最大的阶段。在实践中，此阶段工程造价管理一般是指在建设项目已经完成施工图设计，并完成招标阶段工作和签订工程施工合同以后的工程造价确定与控制工作，其主要内容包括工程预付款确定、进度款确定、工程变更价款确定和索赔费用确定以及办理竣工结算等。

7.1 工程预付款和工程进度款

7.1.1 工程预付款

工程预付款是建设工程施工合同订立后，由发包人按照合同的约定，在正式开工前预先支付给承包人的工程款。它是施工准备和所需购买主要材料、结构件等的流动资金的主要来源，国内习惯上又称为预付备料款。工程预付款的支付，表明该工程已经实质性启动。

1．工程预付款的确定

工程预付款的确定要适应承包的方式，并在施工合同中明确约定。一般建筑施工工程承包有以下 3 种方式：

（1）包工包全部材料工程　当预付款数额确定后，由建设单位通过其开户银行，将备料款一次性或按施工合同规定分次付给施工单位。

（2）包工包地方材料工程　当供应材料范围和数额确定后，建设单位应及时向施工单位结算。

（3）包工不包料工程　建设单位不需要向施工单位预付备料款。

工程预付备料款是我国工程项目建设中一项行之有效的制度，中国人民建设银行对备料款的拨付作了专门规定，明确备料款作为一种制度必须执行，对全国各地区、各部门贯彻预付款制度的工作在原则和程序上起过重要的指导作用。各地区、各部门结合地区和部门的实际情况，制定了相应的实施办法，对不同承包方式、年度内开竣工和跨年度工程等进行了具体的规定。例如，某市规定：凡是实行包工包料的工程项目，备料款由发包人通过经办银行办理，且应在双方签订工程承包合同后的一个月内付清；包工不包料的工程，原则上不应预收备料款。承包人对当年开工、当年竣工的工程，按施工图预算和合同造价规定备料款额度预收备料款；跨年度工程，按当年建筑安装工程投资额和规定的备料款额度预收备料款，下年初应按下年的建筑安装投资额调整上年已预收的备料款。凡合同规定工程所需“三大材”（钢材、木材、水泥），全部由发包人负责供应实物，并根据工程进度或合同规定按期交料的，所提交材料可按材料预算价格作价并视作预收备料款；对虽在工程合同中规定工程所需“三大材”全部由发包人负责供应实物，而未能遵照合同规定按期、按品种、按数量交料的，承包人可按规定补足收取备料款；部分“三大材”由发包人采购供应实物的，相应扣减备料款额度，或将这部分材料抵作部分备料款。在对备料款的具体操作进行了规定后，同时又规定了违规操作的处理办法：凡是没有签订工程合同或协议和不具备施工条件的工程，发包人不得拨给承包人备料款，更不准以付给备料款为名转移资金；承包人收取备料款两个月后仍不开工，或发包人不按合同规定付给备料款的，经办银行可根据双方工程承包合同的约定分别从有关账户收回和付出备料款。

建设部作为我国建设行业的主管部门，为适应社会主义市场经济的发展，在《建筑工程施工发包与承包计价管理办法》（中华人民共和国建设部令第 107 号）第 14 条中明确规定：预付工程款的具体事宜由发承包双方根据建设行政主管部门的规定，结合工程款、建设工期和包工包料情况在合同中约定。《建设工程施工合同（示范文本）》中，有关工程预付款作了如下约定：“实行工程预付款的，双方应当在专用条款内约定发包人向承包人预付工程款的时间和数额，开工后按约定的时间和比例逐次扣回。预付时间应不迟于约定的开工日期前 7 天。发包人不按约定预付，承包人在约定预付时间 7 天后向发包人发出要求预付的通知，发包人收到通知后仍不能按要求预付，承包人可在发出通知后 7 天停止施工，发包人应从约定应付之日起向承包人支付应付款的贷款利息，并承担违约责任。”

工程预付款在国际工程承发包活动中也是一种通行的做法。国际上的工程预付款不仅有材料设备预付款，还有为施工准备和进驻场地的动员预付款。根据国际土木工程建筑施工合同规定，预付款一般为合同总价的 10%～15%。世界银行贷款的工程项目预付款较高，但也不超过 20%。近几年来，国际上减少工程预付款额度的做法有扩展的趋势。但是无论如何，工程预付款仍是支付工程价款的前提，未支付预付款，由承包人自己带资、垫资进行施工的做法对承包人来说是十分危险的。通常的做法是在合同签署后支付预付款，由承包人从自己的开户银行中出具与预付款额相等的保函，并提交给发包人，以后就可从发包人开户银行里领取该项预付款。

2．工程预付款额度

工程预付款额度，各地区、各部门的规定不完全相同，主要是保证施工所需材料和构件的正常储备。数额太少，备料不足，可能造成生产停工待料；数额太多，影响投资有效使用。

工程预付款额度一般是根据施工工期、建筑安装工作量、主要材料和构件费用占建筑安装工作量的比例以及材料储备周期等因素经测算来确定。下面简要介绍几种确定额度的方法。

（1）百分比法　百分比法是按年度工作量的一定比例确定预付备料款额度的一种方法。各地区和各部门根据各自的条件从实际出发分别制定了地方、部门的预付备料款比例。例如建筑工程一般不得超过当年建筑（包括水、电、暖、卫等）工程工作量的 25%，大量采用预制构件以及工期在 5 个月以内的工程，可以适当增加；安装工程一般不得超过当年安装工作量的 10%，安装材料用量较大的工程，可以适当增加；小型工程（一般指 30 万元以下）可以不预付备料款，直接分阶段拨付工程进度款，等等。

（2）数学计算法　数学计算法是根据主要材料（含结构件等）占年度承包工程总价的比重，材料储备定额天数和年度施工天数等因素，通过数学公式计算预付备料款额度的一种方法。其计算公式为：

$$\text{工程备料款数额}=\frac{\text{工程总价}\times\text{材料比重（\%）}}{\text{年度施工天数}}\times\text{材料储备定额天数} \tag{7-1}$$

$$\text{工程备料款额度}=\frac{\text{预收备料款数额}}{\text{工程总价}}\times 100\% \tag{7-2}$$

式中：年度施工天数按 365 日历天计算；材料储备定额天数由当地材料供应的在途天数、加工天数、整理天数、供应间隔天数、保险天数等因素决定。

【例 7-1】某一施工单位承建一项工程，年度承包工程总价为 2 000 万元，其中材料构件数约占 65%，材料储备天数 90 天，年度施工日历天按 365 天计算，则预收备料款数额为：

$$\text{工程备料款数额}=\frac{20\,000\,000\times 65\%}{365}\times 90=3\,205\,479$$

$$\text{工程备料款额度}=\frac{3\,205\,479}{20\,000\,000}\times 100\%=16.03\%$$

（3）协商议定　关于工程备料款，在较多情况下是通过承发包双方自愿协商一致来确定的。通常，建设单位作为投资方，通过投资来实现其项目建设的目标，工程备料款是其投资的开始。在商洽时，施工单位作为承包人，应争取获得较多的备料款，从而保证施工有一个良好的开端得以正常进行。但是，因为备料款实际上是发包人向承包人提供的一笔无息贷款，可使承包人减少自己垫付的周转资金，从而影响到作为投资人的建设单位的资金运用，如不能有效控制，则会加大筹资成本，因此，发包人和承包人必然要根据工程的特点，工期长短、市场行情、供求规律等因素，最终经协商确定备料款，从而保证各自目标的实现，达到共同完成建设任务的目的。

由协商议定工程备料款，符合建设工程规律、市场规律和价值规律，必将被建设工程承发包活动越来越多地加以采用。

3．工程备料款的回扣

发包人支付给承包人的工程备料款的性质是预支。随着工程进度的推进，拨付的工程进度款数额不断增加，工程所需主要材料、构件的用量逐渐减少，原已支付的预付款应以抵扣的方式予以陆续扣回。扣款的方法是从未施工工程尚需的主要材料及构件的价值相当于预付备料款数额时扣起，从每次中间结算工程价款中按材料及构件比重抵扣工程价款，至竣工之前全部扣清。因此，确定起扣点是工程预付款起扣的关键。

确定工程预付款起扣点的依据是：未完施工工程所需主要材料和构件的费用，等于工程预付款的数额。

因为

未施工工程主要材料、结构件价值=未施工工程价值×主要材料费比重

所以

未施工工程价值×主要材料费比重=预付备料款

即：

$$未施工工程价值=\frac{预付备料款}{主要材料费比重} \tag{7-3}$$

此时，工程所需的主要材料、结构件储备资金，可全部由预付备料款供应，之后就可陆续扣回备料款。

$$开始扣回预付备料款时的工程价值=年度承包工程总值-\frac{预付备料款}{主要材料费比重} \tag{7-4}$$

工程预付款起扣点可按下式计算：

$$T=P-M/N \tag{7-5}$$

式中 T——起扣点，即预付备料款开始扣回的累计完成工作量金额；

M——预付备料款数额；

N——主要材料，构件所占比重；

P——承包工程价款总额（或建筑安装工作量价值）。

【例 7-2】某项工程合同价 100 万，预付备料款数额为 24 万，主要材料、构件所占比重 60%，问：起扣点为多少万元？

【解】按起扣点计算公式：$T=P-M/N=100-24/0.6=60$ 万元，则：当工程量完成 60 万元时，本项工程预付款开始起扣。

当已完工程超过开始扣回预付备料款时的工程价值时，就要从每次结算工程价款中陆续扣回预付备料款。每次应扣回的数额按下列方法计算：

$$第一次应扣回预付备料款=（累计已完工程价值-开始扣回预付备料款时的工程价值）×主要材料费比重 \tag{7-6}$$

$$以后各次应扣回预付备料款=每次结算的已完工程价值×主要材料费比重 \tag{7-7}$$

在实际工作中，由于工程的情况比较复杂，工程形象进度的统计，主、次材料采购和使用不可能很精确。因此，工程备料款的回扣方法也可由发包人和承包人通过洽商用合同的形式予以确定，还可针对工程实际情况具体处理。如有些工程工期较短、造价较低，就无须分期扣还；有些工程工期较长（如跨年度工程），其备料款的占用时间很长，根据需要可以少扣或不扣。在国际工程承包中，国际土木建筑施工承包合同也对工程预付款回扣做了规定，

其方法比较简单，一般当工程进度款累计金额达到合同价格的 10%～20%时开始起扣，每月从支付给承包人的工程款内按预付款占合同总价的同一百分比扣回。

7.1.2 工程进度款

所谓工程进度款，是指承包人在施工过程中，根据合同约定的结算方式，按月或形象进度或控制界面，按已经完成的工程量计算各项费用，向发包人办理工程结算的过程，也叫中间结算。工程进度款支付程序是：承包人提交已完工程量报告→工程师确认→发包人审批认可→支付工程进度款。

1．工程进度款的计算

为了保证工程施工的正常进行，发包人应根据合同的约定和有关规定按工程的形象进度按时支付工程进度款。

关于支付工程进度款，有关部门已作了相应的规定。建设部《建筑工程施工发包与承包计价管理办法》规定，“建筑工程发承包双方应当按照合同约定，定期或者按工程进度分阶段进行工程款结算”。《建设工程施工合同（示范文本）》关于工程款的支付也作出了相应的规定：“在确认计量结果后 14 天内，发包人应向承包人支付工程款（进度款）”。“发包人超过约定的支付时间不支付工程款（进度款），承包人可向发包人发出要求付款的通知，发包人接到承包人通知后仍不能按要求付款，可与承包人协商签订延期付款协议，经承包人同意后可延期支付。协议应明确延期支付的时间和从计量结果确认后第 15 天起计算应付款的贷款利息”。“发包人不按合同约定支付工程款（进度款），双方又未达成延期付款协议，导致施工无法进行，承包人可停止施工，由发包人承担违约责任”。

工程进度款的计算主要涉及两个方面，一是工程量的核实确认，二是单价的计算方法。工程量的核实确认，应由承包人按协议条款约定的时间，向发包人代表提交已完工程量清单或报告，《建设工程施工合同（示范文本）》约定：发包人代表接到工程量清单或报告后 7 天内按设计图纸核实已完工程数量，经确认的计量结果作为工程价款的依据。发包人代表收到已完工程量清单或报告后 7 天内未进行计量，从第 8 天起，承包人报告中开列的工程量即视为确认，可作为工程价款支付的依据。

工程进度款单价的计算方法，主要根据由发包人和承包人事先约定的工程价格的计价方法决定。一般来讲，工程价格的计价方法可以分为工料单价法和综合单价法两种方法。所谓工料单价法是指单位工程分部分项的单价为直接成本单价，按现行计价定额的人工、材料和机械台班的消耗量及其预算价格确定，其他直接成本、间接成本、利润（酬金）、税金等按现行计算方法计算。所谓综合单价法是指单位工程分部分项工程量的单价是全部费用单价，既包括直接成本，也包括间接成本、利润（酬金）、税金等一切费用。二者在选择时，既可采取可调价格的方式，即工程价格在实施期间可随价格变化而调整，也可采取固定价格的方式，即工程价格在实施期间不因价格变化而调整。在工程价格中已考虑价格风险因素，并在合同中明确了固定价格所包括的内容和范围。实际工程中工程进度款单价的计算方法采用的是可调工料单价法和固定综合单价法，现结合实例进行介绍和计算。

（1）可调工料单价法的表现形式　以某办公楼结构工程报价单为例，见表 7-1。

表 7-1 可调工料单价法示例

序号	分项编号	项目名称	计量单位	工程量	工料单价	合价
1	1-5	人工挖土方三类	$100m^3$	1.50	540.00	810.00
2	1-46	室内外回填土夯填	$100m^3$	17.20	1 140.00	19 608.00
3	1-49	人工运土方50m内	$100m^3$	1.50	700.00	1 050.00
4	1-55	支木挡土板	$100m^2$	0.70	2 100.00	1 470.00
5	1-149	反铲挖掘机挖土深度3m内	$1\,000m^3$	2.40	5 600.00	13 440.00
6	1-213	自卸汽车运土方8t，5km内	$1\,000m^3$	3.60	12 500.00	45 000.00
7	3-7	外脚手架钢管双排24m内	$100m^2$	27.20	950.00	25 840.00
8	3-41	安全网立挂式	$100m^2$	27.20	410.00	11 152.00
9	4-3	烧结普通砖砖基础	$10m^3$	18.50	2 250.00	41 625.00
10	4-12	烧结普通砖混水砖墙一砖	$10m^3$	48.50	2 450.00	118 825.00
11	5-9	钢筋混凝土条形基础组合钢模板、钢支撑	$100m^2$	9.76	1 450.00	14 152.00
12	5-60	矩形柱组合钢模板、钢支撑	100m2	32.10	1 780.00	57 138.00
13	5-74	连续梁组合钢模板、钢支撑	$100m^2$	37.50	1 890.00	70 875.00
14	5-98	有梁板组合钢模板、钢支撑	$100m^2$	54.30	1 575.00	85 522.50
15	5-120	楼梯直形木模板支撑	$10m^2$	4.70	320.00	1 504.00
16	5-123	雨篷悬挑板直形木模板支撑	$10m^2$	1.50	216.00	324.00
17	5-296	圆钢筋Φ12以内	t	4.20	3 200.00	13 440.00
18	5-312	螺纹钢筋Φ20以内	t	131.0	3 600.00	471 600.00
19	5-316	螺纹钢筋Φ30以内	t	96.00	3 400.00	326 400.00
20	5-356	箍筋Φ8以内	t	15.00	3 300.00	49 500.00
21	5-394	条形基础混凝土C20	$10m^3$	48.00	3 500.00	168 000.00
22	5-398	矩形柱混凝土C25	$10m^3$	29.80	4 200.00	125 160.00
23	5-401	连续梁混凝土C25	$10m^3$	37.50	4 300.00	161 250.00
24	5-405	有梁板混凝土C20	$10m^3$	85.50	3 900.00	333 450.00
25	5-411	楼梯直形混凝土C20	$10m^2$	4.70	1 080.00	5 076.00
26	5-413	悬挑板混凝土C20	$10m^3$	1.10	600.00	660.00
27	13-26	办公楼现浇框架垂直运输费	$100m^2$	55.00	1 500.00	82 500.00
28	说明	机械场外运输安拆费	元	1.00	6 000.00	6 000.00
	（一）	直接费小计	元			2 251 371.50
	（二）	其他直接费（一）×3%	元			67 541.15
	（三）	间接费[（一）+（二）]×12%	元			278 269.52
	（四）	利润[（一）+（二）+（三）]×7%	元			181 802.75
	（五）	税金[（一）+（二）+（三）+（四）]×3.413%	元			94 846.76
	（六）	总计	元			2 873 831.68

（2）固定综合单价法的表现形式　仍以某办公楼结构工程工程量清单为例，其中直接费、

其他直接费、间接费、利润、税金不变，在税前增加不可预见风险费率组成全费用单价。其形式见表 7-2。

表 7-2　固定综合单价法示例

序　号	分项编号	项目名称	计量单位	工程量	综合单价	合　价
1	1-5	人工挖土方三类	$100m^3$	1.50	750.00	1 125.00
2	1-46	室内外回填土夯填	$100m^3$	17.20	1 600.00	27 520.00
3	1-49	人工运土方50m内	$100m^3$	1.50	900.00	1 350.00
4	1-55	支木挡土板	$100m^3$	0.70	2 800.00	1 960.00
5	1-149	反铲挖掘机挖土深度3m内	$1 000m^3$	2.40	7 000.00	16 800.00
6	1 213	自卸汽车运土方8t，5km内	$1 000m^3$	3.60	16 250.00	58 500.00
7	3-7	外脚手架钢管双排24m内	$100m^2$	27.20	1 235.00	33 592.00
8	3-41	安全网立挂式	$100m^2$	27.20	533.00	14 498.00
9	4-3	烧结普通砖砖基础	$10m^3$	18.50	3 150.00	58 275.00
10	4-12	烧结普通砖混水砖墙一砖	$10m^3$	48.50	3 185.00	154 473.00
11	5-9	钢筋混凝土条形基础组合钢模板、钢支撑	$100m^2$	9.76	2 000.00	19 520.00
12	5-60	矩形柱组合钢模板、钢支撑	$100m^2$	32.10	2 500.00	80 250.00
13	5-74	连续梁组合钢模板、钢支撑	$100m^2$	37.50	2 457.00	92 138.00
14	5-98	有梁板组合钢模板、钢支撑	$100m^2$	54.30	2 048.00	111 206.00
15	5-120	楼梯直形木模板支撑	$10m^2$	4.70	416.00	1 955.00
16	5-123	雨篷悬挑板直形木模板支撑	$10m^2$	1.50	285.00	428.00
17	5-296	圆钢筋Φ12以内	t	4.20	4 030.00	16 926.00
18	5-312	螺纹钢筋Φ20以内	t	131.0	4 680.00	613 080.00
19	5-316	螺纹钢筋Φ30以内	t	96.00	4 420.00	424 320.00
20	5-356	箍筋Φ8以内	t	15.00	4 290.00	64 350.00
21	5-394	条形基础混凝土C20	$10m^3$	48.00	4 550.00	218 400.00
22	5-398	矩形柱混凝土C25	$10m^3$	29.80	5 460.00	162 708.00
23	5-401	连续梁混凝土C25	$10m^3$	37.50	5 590.00	209 625.00
24	5-405	有梁板混凝土C20	$10m^3$	85.50	5 070.00	433 485.00
25	5-411	楼梯直形混凝土C20	$10m^2$	4.70	1 404.00	6 599.00
26	5-423	悬挑板混凝土C20	$10m^2$	1.10	780.00	858.00
27	13-26	办公楼现浇框架垂直运输费	$100m^2$	55.00	1 950.00	107 250.00
28	说明	机械场外运输安拆费	元	1.00	7 000.00	7 000.00
		总　计	元			2 938 191.00

（3）工程价格的计价方法　可调工料单价法和固定综合单价法在分项编号、项目名称、计量单位、工程量计算方面是相通的，都可按照国家或地区的单位工程分部分项进行划分、排列，包含了统一的工作内容，使用统一的计量单位和工程量计算规则。所不同的是，可调

工料单价法将工、料、机再配上预算价格作为直接成本单价，其他直接成本、间接成本、利润、税金分别计算；因为价格是可调的，其材料等费用在竣工结算时按工程造价管理机构公布的竣工调价系数或按主材计算差价或主材用工料分析法计算，次要材料按系数计算差价进行调整；固定综合单价法是包含了风险费用在内的全费用单价，故不受时间价值的影响。由于有两种不同的计价方法，因此工程进度款的计算方法也不同。

（4）工程进度款的计算

1）可调工料单价法计算的工程进度款。在确定所完工程量之后，可按以下步骤计算工程进度款：

① 根据所完工程量的项目名称，配上分项编号、单价得出合价。

② 将本月所完全部项目合价相加，得出直接费小计。

③ 按规定计算其他直接费、间接费、利润。

④ 按规定计算主材差价或差价系数。

⑤ 按规定计算税金。

⑥ 累计本月应收工程进度款。

【例 7-3】如前述办公楼开工第一个月末，已全部完成工程量为人工挖土、运土 150m^2，支木挡土板 70m^2，各分项工程的单价根据市场价格确定，则机械挖土 2400m^2，混凝土工程量，完成了 40%的钢筋混凝土基础工程量，基础模板 390m^2、螺纹钢筋Φ20 以内 4.0t、螺纹钢筋Φ30 以内 6.6t、箍筋Φ8 以内 1.5t、混凝土浇捣 C20 260m^2，完成土方外运 2 400m^3，当月的工程进度款应按以下步骤计算：

第一步，计算直接费：

人工挖土 150m^3×5.40 元/m^3=810 元

人工运土方 150m^3×7 元/m^3=1 050 元

支木挡土板 70m^2×21 元/m^2=1 470 元

机械挖土 2 400m^3×5.60 元/m^3=13 440 元

自卸汽车外运土方 2 400m^3×12.5 元/m^3=30 000 元

钢筋混凝土条形基础模板 390m^2×14.50 元/m^2=5 655 元

螺纹钢筋Φ20 以内 4.0t×3 600 元/吨=14 400 元

螺纹钢筋Φ30 以内 6.6t×3 400 元/吨=22 440 元

箍筋Φ8 以内 1.5t×3 300 元/吨=4 950 元

混凝土浇捣 C20260m^3×350 元/m^3=91 000 元

以上直接费小计 185 215 元。

第二步，计算其他直接费、间接费、利润（按报价单计算顺序，取整）：

其他直接费 185 215×3%=5 556 元

间接费 190 771×12%=22 892 元

利润 213 663×7%=14 956 元

以上费用小计 43 404 元。

第三步，计算主材差价和次要材料差价系数。

以可调工料差价法规定，中间结算和竣工结算，应以结算当时的价格进行价差调整。本例次要材料差价系数依规定以直接费为基数按 1%计算，主材按实际完成工程量和当月公布的价格进行调整，经测算计算如下：

主材差价：

螺纹钢筋Φ20 以内 4.0 吨×（3 800–3 600）元/吨=800 元

普通硅酸盐 42.5 水泥 95 吨×（360–350）元/吨=950 元

木材 $3.5m^3$×（1 600–1 800）元/m^3=–700 元

次要材料差价系数：185 215 元×1%=1 852 元

以上主次材料差价小计 2 902 元。

第四步，计算税金（以上费用合计）：231 521 元×3.41%=7 895 元。

第五步，累计本月应收款：185 215 元+43 404 元+2 902 元+7 895 元=239 416 元。

则：本月应收工程进度款为 239 416 元。

2）用固定综合单价法计算的工程进度款。用固定综合单价法计算工程进度款比用可调工料单价法更为方便。工程量得到确认后，只要将工程量与综合单价相乘得出合价，再叠加即可完成本月工程进度款的计算工作，故不再赘述。

2．工程进度款的支付

工程进度款的支付是工程施工过程中的经常性工作，其具体的支付时间、方式都应在合同中作出规定。

（1）时间规定和总额控制　建筑安装工程进度款的支付，一般实行月中按当月施工计划工作量的 50%支付，月末按当月实际完成工作量扣除上半月支付数进行结算，工程竣工后办理竣工结算的办法。在工程竣工前，施工单位收取的备料款和工程进度款的总额，一般不得超过合同金额（包括工程合同签订后经发包人签证认可的增减工程价值）的 95%，其余 5%尾款，在工程竣工结算时除保修金外一并清算。承包人向发包人出具履约保函或其他保证的，可以不留尾款。

（2）操作程序　承包人月中按月度施工计划工作量的 50%收取工程款时，应填写特制的“工程付款结算账单”，送发包人或工程师确认后办理收款手续。每月终了时，承包人应根据当月实际完成的工作量以及单价和费用标准，计算已完工程价值，编制特制的“工程价款结算账单”和“已完工程量月报表”送发包人或工程师审查确认后办理结算。一般情况下，审查确认应在 5 天内完成。

3．付款实例

【例 7-4】某建筑工程施工合同固定总价 600 万元，合同工期为 130 日历天，从当年 1 月 10 日开工至 5 月 10 日竣工，主要材料和结构件金额占工程合同总价款的 65%，规定材料储备为 60 天，各月完成的施工产值见表 7-3。

表 7-3　各月施工产值　（单位：万元）

月　份	一月	二月	三月	四月	五月
完成施工产值	90.00	130.00	180.00	120.00	80.00

试求：预付备料款、备料款的抵扣、每月的结算工程款。

【解】

（1）预付备料款= $\dfrac{600\times65\%}{130}\times60=180$万元；

（2）备料款的抵扣额：$T=P-M/N=600-180/65\%=323$ 万元。

即当累计结算额为 323 万元时，开始抵扣备料款。

（3）一月份完成施工产值 90 万元，结算 90 万元。

二月份完成施工产值 130 万元，累计结算 220 万元。

三月份完成施工产值 180 万元，因 220+180=400 万元>323 万元，已超过起扣点 77 万元，其中 180–77=103 万元全部结算，77 万元要扣除预付备料款，实际三月份应结算工程款为 103+77×（1–65%）=103+27=130 万元，累计结算 350 万元。

四月份完成施工产值 120 万元，结算款为 120×（1–65%）=42 万元，累计 392 万元。

五月份结算款为 80×（1–65%）=28 万元，累计 420 万元。

加上预付备料款 180 万元，共结算 600 万元。

【例 7-5】某建筑工程承包合同总额为 600 万元，计划 2009 年上半年内完工，主要材料及结构件金额占工程造价的 62.5%，预付备料款额度为 25%，2009 年上半年各月实际完成施工产值见表 7-4。问如何按月结算工程款？

表 7-4　各月实际完成施工产值　（单位：万元）

二月	三月	四月	五月（竣工）
100	140	180	180

【解】

（1）预付备料款=600×25%=150 万元。

（2）预付备料款的起扣点，即：

$$开始扣回预付备料款时的工程价值=600-\frac{150}{62.5\%}=600-240=360\ 万元$$

当累计结算工程款为 360 万元后，开始扣备料款。

（3）二月完成产值 100 万元，结算 100 万元。

（4）三月完成产值 140 万元，结算 140 万元，累计结算工程款 240 万元。

（5）四月完成产值 180 万元，到四月份累计完成产值 420 万元，超过了预付备料款的起扣点。

四月份应扣回的预付备料款=（420–360）×62.5%=37.5 万元

四月份结算工程款=180–37.5=142.5 万元，累计结算工程款 382.5 万元。

（6）五月份完成产值 180 万元，应扣回预付备料款=180×62.5%=112.5 万元；应扣 5%的预留款=600×5%=30 万元。

五月份结算工程款=180–112.5–30=37.5 万元，累计结算工程款 420 万元，加上预付备料款 150 万元，共结算 570 万元。预留合同总额的 5%作为保留金。

4. 付款方式

承包人收取工程进度款，可以按规定采用汇兑、委托收款、支票、本票等各种手段，但应按开户银行的有关规定办理；工程进度款也可以使用期票结算，发包人在开户银行存款总额内开出一定期限的商业汇票，交承包人，承包人待汇票到期后持票到开户银行办理收款；还可以因地域情况采用同城结算和异地结算的方式。总之，工程进度款的付款方式可从实际情况出发，由发包人和承包人商定和选择。

5．关于总包和分包付款

通常情况下，发包人只办理总包的付款事项。分包人的工程款由分包人根据总分包合同规定向总包提出分包付款数额，由总包人审查后列入“工程价款结算账单”统一向发包人办理收款手续，然后结转给分包人。由发包人直接指定的分包人，可以由发包人指定总包人代理其付款，也可以由发包人单独办理付款，但须在合同中约定清楚，事先征得总包人的同意。

7.2　工程变更价款的确定

7.2.1　工程变更的概念、分类及处理要求

1．工程变更的概念

工程变更顾名思义是工程局部做出修改而引起工程项目、工程量增（减）等的变化，包括设计变更、进度计划变更、施工条件变更等。

2．工程变更的分类

由于工程建设的周期长、涉及的经济关系和法律关系复杂，受自然条件和客观因素的影响大，导致项目的实际情况与项目招标投标的情况相比会发生一些变化。工程变更包括工程量变更、工程项目变更（如发包人提出增加或删除原项目内容）、进度计划变更、施工条件变更等。如果按照变更的起因划分，变更的种类有很多，如发包人的变更指令（包括发包人对工程有了新的要求、发包人修改项目计划、发包人削减预算、发包人对项目进度有了新的要求等）；由于设计错误，必须对设计图纸做修改；工程环境变化；由于产生了新的技术和知识，有必要改变原设计、实施方案或实施计划；法律、法规或者政府对建设项目有了新的要求，等等。当然，这样的分类并不是十分严格的，变更原因也不是相互排斥的。这些变更最终往往表现为设计变更，因为我国要求严格按图施工，因此，如果变更影响了原来的设计，则首先应当变更原设计。考虑到设计变更在工程变更中的重要性，通常将工程变更分为设计变更和其他变更两大类。

（1）设计变更　在施工过程中如果发生设计变更，将对施工进度产生很大的影响。因此，应尽量减少设计变更，如果必须对设计进行变更，必须严格按照国家的规定和合同约定的程序进行。

由于发包人对原设计进行变更，以及经工程师同意的，承包人要求进行的设计变更，导致合同价款的增减及造成的承包人损失，由发包人承担，延误的工期相应顺延。

（2）其他变更　合同履行中发包人要求变更工程质量标准及发生其他实质性变更，由双方协商解决。

3．工程变更的处理要求

（1）如果出现了必须变更的情况，应当尽快变更　如果变更不可避免，不论是停止施工等待变更指令，还是继续施工，无疑都会增加损失。

（2）工程变更后，应尽快落实变更　工作变更指令发出后，应当迅速落实指令，全面修

改相关的各种文件。承包人也应当抓紧落实，如果承包人不能全面落实变更指令，则扩大的损失应当由承包人承担。

（3）对工程变更的影响应进行进一步分析 工程变更的影响往往是多方面的，影响持续的时间也往往较长，对此应当有充分的分析。

7.2.2 工程变更的内容和控制

1．工程变更的内容

（1）建筑物功能未满足使用上的要求引起工程变更 例如，某工厂的生产车间为多层框架结构，因工艺调整，需增加一台进口设备。在对原设计荷载进行验算后，发现现有的设计荷载不能满足要求，需要加固，对设备所处部位如基础、柱、梁、板提供了新的变更施工图。

（2）设计规范修改引起的工程变更 一般来讲，设计规范相对成熟，但在某些特殊情况下，需进行某种调整或禁止使用。例如，碎石桩基础作为地基处理的一种措施，在大多数地区是行之有效的，并得到了大量推广应用；但由于个别地区地质不符合设计或采用碎石桩的要求，同时地下水的过量开采，地下暗浜、流沙等发生频繁，不易控制房屋的沉降，因而受到禁止，原设计图不得不进行更改。

（3）采用复用图或标准图的工程变更 某些设计人和发包人（如房地产开发商）为节省时间，复用其他工程的图纸或采用标准图集施工。这些复用图或标准图在过去使用时，已作过某些设计变更，或虽未作变更，也仅适用原来所建设实施的项目，并不完全适用现时的项目。由于不加分析全部套用，在施工时不得不进行设计修改，从而引起变更。

（4）技术交底会上的工程变更 在发包人组织的技术交底会上，经承包人或发包人技术人员审查研究的施工图，发现的诸如轴线、标高、位置和尺寸、节点处理、建筑图与结构图互相矛盾等问题，提出意见而产生的设计变更。

（5）施工中遇到需要处理的问题引起的工程变更 承包人在施工过程中，遇到一些原设计未考虑到的具体情况，需进行处理，因而发生的工程变更。例如挖沟槽时遇到古河道、古墓或文物，经设计人、发包人和承包人研究，认为必须采用换土、局部增加垫层厚度或增设基础梁等办法进行处理造成的设计变更。

（6）发包人提出的工程变更 工程开工后，发包人由于某种需要，提出要求改变某种施工方法，如要求设计人按逆作施工法进行设计调整，或增加、减少工程项目，或缩短施工工费等。

（7）承包人提出的工程变更 这是指施工中由于进度或施工方面的原因，例如某种建筑材料一时供应不上，或无法采购，或施工条件不便，承包人认为需要改用其他材料代替，或者需要改变某些工程项目的具体设计等，因而引起的设计变更。

可引起工程变更的原因很多，如合理化建议，工程施工过程中发包人与承包人的各种洽商，都可能是工程变更的内容或会引起工程的变更。

2．工程变更的控制

由于工程变更会增加或减少某些工程细目或工程量，引起工程价格的变化，影响工期甚至影响工程质量，又会增加无效的重复劳动，造成不必要的各种损失，因而设计人、发包人和承包人都有责任严格控制，尽量减少变更，为此，可从多方面进行控制。

（1）不提高建设标准　主要是指不改变主要设备和建筑结构，不扩大建筑面积，不提高建筑标准，不增加某些不必要的工程内容，避免结算超预算、预算超概算、概算超估算“三超”现象发生。如确属必要，应严格按照审查程序，经原批准机关同意，方可办理。

（2）不影响建设工期　有些工程变更由于提出的时间较晚，又缺乏必要的准备（如某些必需材料的准备，施工设备的调遣，人员的组织等），可能影响工期，忙中添乱，应该加以避免。承包人在施工过程中遇到困难而提出工程变更，一般也不应影响工程的交工日期，增加费用。

（3）不扩大范围　工程设计变更应该有一个控制范围，不属于工程设计变更的内容，不应列入设计变更。例如，设计时在满足设计规范和施工验收规范的条件下，可在施工图中说明钢筋搭接的方法、搭接倍数、钢筋锚固等。这样可以避免因设计不明确而可能提出采用钢筋锥螺纹、冷压套管、电渣压力焊等方法，引起设计变更，增加费用。即使由于材料供应上的原因不能满足钢筋的定尺长度规定，也可由承包人在技术交底会上提出建议，由发包人或设计人作为一般性的签证，适当微调，而不必作为设计变更，从而引起大的价格变化。

（4）建立工程变更的相关制度　工程发生变化，除了某些不可预测、无法事先考虑到的客观因素之外，其主要原因是规划欠妥、勘察不明、设计不周及工作疏忽等主观原因引起面积扩大、提高标准或增加不必要的工程内容等不良后果。要避免因客观原因造成的工程变更，就要提高工程的科学预测，保证预测的准确性；要避免因主观原因造成的工程变更，就要建立工程变更的相关制度。首先要建立项目法人制度，由项目法人对工程的投资负责；其次规划要完善，尽可能树立超前意识；还要强化勘察、设计制度，落实勘察、设计责任制，要有专人负责把关，认真进行审核，谁出事，谁负责，建立勘察、设计内部赔偿制度；更要加强工作人员的责任心，增强职业道德观念。在措施方面，既要有经济措施，又要有行政措施，还要有法律措施。只有建立完善的工程变更相关制度，才能有效地把工程变更控制在合理的范围之内。

（5）要有严格的程序　工程设计变更，特别是超过原设计标准和规模时，须经原设计审查部门批准取得相应的追加投资和有关材料指标。对于其他工程变更，要有规范的文件形式和流转程序。设计变更的文件形式可以是设计单位出具的设计变更单，其他工程变更应是根据洽商结果写成的洽商记录。变更后的施工图、设计变更通知单和洽商记录同时应经过三方或双方签证认可方可生效。

（6）合同责任　合同责任主要是民事经济责任。责任方应向对方承担民事经济责任，因工程勘察、设计、监理和施工等原因造成工程变更，从而导致非正常的经济支出和损失时，按其所应承担的责任进行经济赔偿或补偿。

7.2.3 《建设工程施工合同（示范文本）》条件下的工程变更

7.2.3.1　工程变更的程序

1．设计变更的程序

从合同的角度看，不论因为什么原因导致的设计变更，必须首先有一方提出，因此可以分为发包人对原设计进行变更和承包人原因对原设计进行变更两种情况。

（1）发包人对原设计进行变更　施工中发包人如果需要对原工程设计进行变更，应不迟于变更前 14 天以书面形式向承包人发出变更通知。承包人对于发包人的变更通知没有拒绝的权利，这是合同赋予发包人的一项权利。因为发包人是工程的出资人、所有人和管理者，对将来工程的运行承担主要的责任，只有赋予发包人这样的权利才能减少更大的损失。但是，变更超过原设计标准或者批准的建设规模时，须经原规划管理部门和其他有关部门审查批准，并由原设计单位提供变更的相应的图纸和说明。

（2）承包人原因对原设计进行变更　承包人应当严格按照图纸施工，不得随意变更设计。施工中承包人提出的合理化建议，涉及对设计图纸或者施工组织设计的更改及对原材料、设备的更换的，须经工程师同意，并经原规划管理部门和其他有关部门审查批准，并由原设计单位提供变更的相应图纸和说明。承包人未经工程师同意不得擅自更改或换用设计图纸，否则承包人承担由此发生的费用并赔偿发包人的有关损失，延误的工期不予顺延。

（3）设计变更事项　能够构成设计变更的事项包括以下变更：

1）更改有关部分的标高、基线、位置和尺寸。

2）增减合同中约定的工程量。

3）改变有关工程的施工时间和顺序。

4）其他有关工程变更需要的附加工作。

2．其他变更的程序

从合同角度看，除设计变更外，其他能够导致合同内容变更的都属于其他变更。如双方对工程质量要求的变化（指强制性标准以上的变化）、双方对工期要求的变化、施工条件和环境的变化导致施工机械和材料的变化等。这些变更的程序，首先应当由一方提出，与对方协商一致，签署补充协议后方可进行变更。

7.2.3.2　工程变更价款的确定

工程变更价款一般是由设计变更、施工条件变更、进度计划变更以及为完善使用功能提出的新增（减）项目而引起的工程价款变化，其中设计变更引起价款变化占主导地位。

工程变更价款的确定，同工程价格的编制和审核基本相同。所不同的是，由于在施工过程中情况发生了某些新的变化，应针对工程变化的特点采取相应的办法来处理工程变更价款。

工程变更价款的确定仍应根据原报价方法和合同的约定以及有关规定来办理，但应强调以下几个方面：

（1）手续应齐全　凡工程变更，都应该有发包人和承包人的盖章及代表人的签字，涉及设计上的变更还应该由设计单位盖章和有关人员的签字后才能生效。在确定工程变更价款时，应注意和重视上述手续是否齐全，否则，没有合乎程序的手续，工程变更再大也不能进行调整。

（2）内容应清楚　工程变更的资料应该齐全，内容应该清楚，要能够满足编制工程变更价款的要求。资料过于简单或不能反映工程变更的全部情况时，会给编制和确认工程变更价款增加困难。遇到这种情况时应与有关人员联系，重新填写有关记录，同时可以防止事后发生纠纷。

（3）应符合编制工程变更价款的有关规定　不是所有的工程变更通知书都可以作为计算工程变更价款的依据。应首先考虑工程变更内容是否符合规定，采用预算定额编制价格的应符合相应的规定，如已包含在定额子目工作内容中的，则不可重复计算；如果是原编预算已有的项目，则不可重复列项；采用综合单价报价的，重点应放在原报价所含的工作内容，不然容易混淆；此外，更应结合合同的有关规定，因为合同的规定最直接、最有针对性。如存在疑问，先与原签证人员联系，再熟悉合同和定额，使所签的工程变更通知书符合规定后，再编制价格。

（4）办理应及时　工程变更是一个动态的过程，工程变更价款的确认应在工程变更发生时办理，有些工程细目在完工之后或隐蔽在工程内部，或已经不复存在，如道路大石块基层因加固所增加的工程量、脚手架等，不及时办理变更手续便无法计量与计算。《建设工程施工合同（示范文本）》约定：“承包人在双方确定变更后 14 天内不向工程师提出变更工程价款报告时，视为该项变更不涉及合同价款的变更”。

7.2.3.3　工程变更价款的处理

工程变更发生后，应及时做好工程变更对工程造价增减的调整工作，在合同规定的时间里，先由承包人根据设计变更单、洽商记录等有关资料提出变更价格，再报发包人代表批准后调整合同价款。工程变更价款的处理应遵循下列原则：

（1）适用原价格　中标价、审定的施工图预算或合同中已有适用于变更工程的价格，按中标价、审定的施工图预算价或合同已有的价格计算，变更合同价款。通常有很多的工程变更项目可以在原价格中找到，编制人员应认真检查原价格，一一对应，避免不必要的争议。

（2）参照原价格　中标价、审定的施工图预算或合同中没有与变更工程相同的价格，只有类似于变更工程情况的价格，应按中标价、定额价或合同中相类似项目为基础确定变更价格，变更合同价款。此种方法可以从两个方面考虑，其一是寻找相类似的项目，如现浇钢筋混凝土异型构件，可以参照其他异型构件，折合成以 m^3 为单位，根据难易程度、人工、模板及钢筋含量的变化，增加或减少系数后返还成以件、只为单位的价格；其二是按计算规则、定额编制的一般规定，合同商定的人工、材料和机械价格，参照消耗量定额确定合同价款。

（3）协商价格　中标价、审定的施工图预算定额分项、合同价中既没有可采用的，也没有类似的单价时，应由承包人编制适当的一次性变更价格，送发包人代表批准执行。承包人应以客观、公平、公正的态度，实事求是地制定一次性价格，尽可能取得发包人的理解并使之接受。

（4）临时性处理　如果发包人代表不能同意承包人提出的变更价格，在承包人提出变更价格后规定的时间内通知承包人，提请工程师暂定，事后可请工程造价管理机构或以其他方式解释处理。

（5）争议的解决方式　对解释等其他方式有异议，可采用以下方式解决：

1）向协议条款约定的单位或人员要求调解。

2）向有管辖权的经济合同仲裁机关申请仲裁。

3）向有管辖权的人民法院起诉。

在争议处理过程中，涉及工程价格鉴定的，由工程造价管理机构、仲裁委员会或法院指定具有相应资质的咨询代理单位负责。

7.2.4 FIDIC合同条件下的工程变更

在FIDIC合同条件下，业主提供的设计一般较为粗略，有的设计（施工图）是由承包人完成的，因此设计变更少于我国施工合同条件下的施工。

7.2.4.1 工程变更的范围

由于工程变更属于合同履行过程中的正常管理工作，工程师可以根据施工进展的实际情况，在认为必要时就以下几个方面发布变更指令。

1．对合同中任何工作工程量的改变

由于招标文件中的工程量清单中所列的工程量是依据初步设计概算的量值，是为承包人编制投标书时合理进行施工组织设计及报价之用，因此实施过程中会出现实际工程量与计划值不符的情况。为了便于合同管理，当事人双方应在专用条款内约定工程量变化较大可以调整单价的百分比（视工程具体情况，可在15%～25%范围内确定）。

2．任何工作质量或其他特性的变更

如在强制性标准外提高或者降低质量标准。

3．工程任何部分标高、位置和尺寸的改变

这方面的改变无疑会增加或者减少工程量，因此也属于工程变更。

4．删减任何合同约定的工作内容

省略的工作应是不再需要的工程，不允许用变更指令的方式将承包范围内的工作变更给其他承包人实施。

5．新增工程按单独合同对待

新增工程是指进行永久工程所必需的任何附加工作、永久设备、材料供应或其他服务，包括任何联合竣工检验、钻孔和其他检验以及勘察工作。这种变更指令应是增加与合同工作范围性质一致的新增工作内容，而且不应以变更指令的形式要求承包人使用超过他目前正在使用或计划使用的施工设备范围去完成新增工程。除非承包人同意此项工作按变更对待，一般应将新增工程按一个单独的合同来对待。

6．改变原定的施工顺序或时间安排

此类变更属于合同工期的变更，既可能由于增加工程量或工作内容等情况，也可能源于工程师为了协调几个承包人施工之间的相互干扰而发布的变更指示。

7.2.4.2 变更程序

颁发工程接收证书之前的任何时间，工程师都可以通过发布变更指示或以要求承包人递交建议书的方式提出变更。

1．指示变更

工程师在发包人授权范围内，根据施工现场的实际情况，在确属需要时有权发布变更指示。指示的内容应包括详细的变更内容、变更工程量、变更项目的施工技术要求和有关部门文件图纸，以及变更处理的原则。

2．要求承包人递交建议书后再确定的变更

其变更的程序为：

（1）工程师将计划变更事项通知承包人，并要求对方递交实施变更的建议书。

（2）承包人应尽快予以答复。一种情况可能是通知工程师由于受到某些非自身原因的限制而无法执行此项变更，如无法得到变更所需的物资等，工程师应根据实际情况和工程的需要再次发出取消、确认或修改变更指示的通知。另一种情况是承包人依据工程师的指示递交实施此项变更的说明，内容包括将要实施的工作的说明书以及该工作实施的进度计划；承包人依据合同规定对进度计划和竣工时间作出任何必要修改的建议，提出工期顺延要求；承包人对变更估价的建议，提出变更费用要求。

（3）工程师作出是否变更的决定，尽快通知承包人说明批准与否或提出意见。

（4）承包人在等待答复期间，不应延误任何工作。

（5）工程师发出每一项实施变更的指示时，应要求承包人记录支出的费用。

（6）承包人提出的变更建议书只作为工程师决定是否实施变更的参考。除了工程师作出指示或批准以总价方式支付的情况外，每一项变更应依据计量工程量进行估价和支付。

7.2.4.3　变更估价

1．变更估价的原则

承包人按照工程师的变更指示实施变更工作后，往往会涉及对变更工程的估价问题。变更工程的价格或费率，往往是双方协商时的焦点。计算变更工程应采用的费率或价格，可分为 3 种情况：

1）变更工作在工程量表中有同种工作内容的单价或价格，应以该单价计算变更工程费用。实施变更工作未引起工程施工组织和施工方法发生实质性变动时，不应调整该项目的单价。

2）工程量表中虽然列有同类工作的单价或价格，但对具体变更工作而言已不适用，则应在原单价或价格的基础上制定合理的新单价或价格。

3）变更工作的内容在工程量表中没有同类工作的单价或价格，应按照与合同单价水平相一致的原则，确定新的单价或价格。任何一方不能以工程量表中没有此项价格为借口，将变更工作的单价定得过高或过低。

2．可以调整合同工作单价的原则

具备以下条件时，允许对某一项工作规定的单价或价格加以调整：

1）此项工作实际测量的工程量比工程量表或其他报表中规定的工程量的变动大于 10%。

2）工程量的变更与对该项工作规定的具体单价的乘积超过了接受的合同款额的 0.01%。

3）由此工程量的变更直接造成该项工作每单位工程量费用的变动超过 1%。

3．删减原定工作后对承包商的补偿

工程师发布删减工作的变更指示后，承包人不再实施部分工作，合同价款中包括的直接费部分没有受到损害，但摊销在该部分的间接费、税金和利润则实际上不能合理回收。因此承包人可以就其损失向工程师发出通知并提供具体的证明资料，工程师与合同双方协商后确定一笔补偿金额加入到合同价内。

7.2.4.4 承包人申请的变更

承包人根据工程施工的具体情况，可以向工程师提出对合同内任何一个项目或工作的详细变更请求报告。未经工程师批准前承包人不得擅自变更，若工程师同意则按工程师发布变更指示的程序执行。

1）承包人提出变更建议。承包人可以随时向工程师提交一份书面建议。建议的内容包括以下几项：

① 加速完工。

② 降低业主实施、维护或运行工程的费用。

③ 对业主而言能提高竣工工程的效率或价值。

④ 为业主带来其他利益。

2）承包人应自费编制此类建议书。

3）如果由工程师批准的承包人建议包括一项对部分永久工程的设计的改变，通用条件的条款规定如果双方没有其他协议，承包人应设计该部分工程。如果承包人不具备设计资质，也可以委托有资质单位进行分包。变更的设计工作应按合同规定承包人负责设计的规定执行，包括：

① 承包人应按照合同中说明的程序向工程师提交该部分工程的承包人的文件。

② 承包人的文件必须符合规范和图纸的要求。

③ 承包人应对该部分工程负责，并且该部分工程完工后应适合于合同中规定的工程的预期目的。

④ 在开始竣工检验之前，承包人应按照规范规定向工程师提交竣工文件以及操作和维修手册。

4）接受变更建议的估价

① 如果此变更造成该部分工程的合同的价值减少，工程师应与承包人商定或决定一笔费用，并将之加入合同价格。这笔费用应是以下金额差额的一半（50%）：

合同价的减少。由此变更造成的合同价值的减少，不包括依据后续法规变化作出的调整和因物价浮动调价所作的调整。

变更对使用功能的影响。考虑到质量、预期寿命或运行效率的降低，对业主而言已变更工作价值上的减少（如果存在）。

② 如果降低工程功能的价值大于减少合同价格对业主的好处，则没有该笔奖励费用。

7.2.4.5 按照计日工作实施的变更

对于一些小的或附带性的工作，工程师可以指示按计日工作实施变更。这时，工作应当按照包括在合同中的计日工作计划表进行估价。

在为工作订购货物前，承包人应向工程师提交报价单。当申请支付时，承包人应向工程师提交各种货物的发票、凭证，以及账单或收据。除计日工作计划表中规定不应支付的任何项目外，承包人应当向工程师提交每日的精确报表，一式两份，报表应当包括前一工作日中使用的各项资源的详细资料。

【例 7-6】某厂房建设场地原为农田。按设计要求在厂房建造时，厂房地坪范围内的耕植土应清除，基础必须埋在老土层下 2.00m 处。为此，业主在“三通一平”阶段就委任土方施工公司清除了耕植土并用好土回填压实至一定设计标高，故在施工招标文件中指出，施工单位无须再考虑清除耕植土问题。某施工单位通过投标方式获得了该项工程施工任务，并与建设单位签订了固定价格合同。然而，施工单位在开挖基坑时发现，相当一部分基础开挖深度虽已达到设计标高，但仍未见老土，且在基坑和场地范围内仍有一部分深层的耕植土和池塘淤泥等必须清除。问题：

（1）在工程中遇到地基条件与原设计所依据的地质资料不符时，承包人应该怎么办?

（2）对于工程施工中出现变更工程价款和工期的事件之后，发包人与承包人双方需要注意哪些时效性问题?

（3）根据修改的设计图纸，基坑开挖加深加大，造成土方工程量增加，施工工效降低。在施工中又发现了较有价值的出土文物，造成承包人部分施工人员和机械窝工，同时承包人为保护文物付出了一定的措施费用。请问承包人应如何处理此事?

【解】本例因地基条件变化引起的设计修改属工程变更的一种。该例主要考核承包人遇到工程地质条件发生变化时的工作程序和《建设工程施工合同（示范文本）》对工程变更的有关规定，特别要注意有关时效性的规定。

（1）在工程中遇到地基条件与原设计所依据的地质资料不符时，承包人应根据《建设工程施工合同（示范文本）》的规定，及时通知发包人，要求对工程地质重新勘察并对原设计进行变更。

（2）在出现变更工程价款和工期事件之后，主要应注意：

① 承包人提出变更工程价款和工期时间。

② 发包人答复的时间。

③ 双方对变更工程价款和工期不能达成一致意见时的解决方式和时间。

（3）在接到设计变更图纸后的 14 天内，向承包人提出变更工程价款和工期顺延的报告。承包人应在收到书面报告后的 14 天内予以答复，若同意该报告，则调整合同；若不同意，应进一步与承包人就变更价款协商，协商一致后，修改合同。如果协商不一致，按工程承包合同争议的处理方式解决。

发现出土文物后，首先应在 4 小时内，以书面形式通知发包人，同时采取妥善的保护措施；其次向发包人提出措施费用补偿和顺延工期的要求，并提供相应的计算书及其证据。

【例 7-7】某段场区道路改建工程，包括土方挖填和弃土处理工作，B 承包公司中标，合同额 3 000 万元，工期 3 年。具体工程量包括：

表土层剥除，挖深 0.5m，堆于路旁待用，共约 30 500m^3，开挖路基土方，用作填料约 609 600m^3，路基开挖，将弃土运至弃土场约 302 500m^3，路基填压 609 600m^3。弃土场系一废弃的采石场，距路基开挖地段的距离为 3km，容积约 374 000m^3。

在施工过程中，发现开挖路基的弃土量超出原标书工程量表所列的上述数量；同时，由于弃土量增加，原定的弃土场已不够用，因而必须在更远的地方另找新的弃土场。经承包人勘察，并经工程师及业主同意，选定的新弃土场运距为 10km。因此，承包人向工程师提出了工程变更申请报告。申请报告中对工程量变更的计算表见表 7-5。

表 7-5　工程量变更计算表

工 作 项 目	土方开挖，并将其用于路基填压	土方开挖，作为弃土运走
工程量清单原列开挖量		
土体膨松增加体积20%		302 500m³
松土运输量	609 600m³	302 500×0.2=60 500m³
松土填压后，压缩体积10%，	609 600×0.2=121 920m³	60 500+302 500=363 000m³
实填量工程量表中的填方量	121 920+609 600=731 520m³	48 768×10/9=54 187m³
超出计划的填方量	731 520×0.9=658 368m³	54 187+36 300=417 187m³
膨松体积	658 368−609 600=48 768m³	
运至弃土场的总体积		374 200（将填满374 000m³的弃土场）
在弃土场压缩5%后的体积		

由表 7-5 可知，工程量表中的开挖弃土量（302 500m³+60 500m³）以及填方余料（54 187m³）已将原定的弃土场填满。但是，实际开挖的弃土量超过工程量清单上的土方量（30 500m³），实际的挖方弃土量为 317 625m³，即多挖 15 125m³，超过原定挖方弃土量的 5%。而且，这些弃土必须运至较远距离（10km）的新弃土场，从而增加了承包人的施工费用开支。

承包人在工程变更申请报告中提出了两个具体要求：第一，挖方弃土量较标书文件增加了 5%。因此，要求提高这部分土方的开挖单价，即从合同中的每立方米 18 元增至 32 元。第二，对土方开挖量增加及弃土运距增加，要求工程师发放工程变更指令。

工程师认为：第一，挖方弃土量较工程量清单增加 5%，不能改变开挖单价，而应按合同中已有的土方开挖价格计算，并同意签发工程变更指令；第二，弃土运距增加，由 2km 增至 10km，可予以调整，要求承包人提出新的土方开挖单价和运输单价分析。

（1）承包人的土方开挖单价分析：

每立方米开挖单价 18 元，仍采用原合同中已有的这一单价；每立方米土方开挖的综合管理费为 5%，则每立方米开挖单价为：

18×0.05+18=0.9+18=18.9 元；

总土方开挖费：18.9×15 125=285 863 元。

（2）承包人的运输费用单价分析：

汽车每次装土 4.0m³，装土系数为 0.75，每小时运费 150 元；

每立方米弃土运价 0.75×150/4.0=28 元；

每立方米弃土综合管理费 5%，28×0.05=1.4 元；

总运费（28+1.4）×15 125=444 675 元。

以上新增土方开挖费 285 863 元，运输费 444 675 元，合计 730 538 元为工程师和业主所接受，工程师随即签发了工程变更指令，并同意调整工程价款，此项工程变更价款遂顺利解决。

7.3　工程索赔费用的确定

7.3.1　工程索赔的概念和分类

7.3.1.1　工程索赔的概念

工程索赔是在工程承包合同履行中，当事人一方由于另一方未履行合同所规定的义务或者出现了应当由对方承担的风险而遭受损失时，向另一方提出赔偿要求的行为。在实际工作中，索赔是双向的，如我国《建设工程施工合同（示范文本）》中的索赔就是双向的，既包括承包人向发包人的索赔，也包括发包人向承包人的索赔。但在工程实践中，发包人索赔数量较小，而且处理方便，可以通过冲账、扣拨工程款、扣保证金等实现对承包人的索赔；而承包人对发包人的索赔则比较困难一些。通常情况下，索赔是指承包人（施工单位）在合同实施过程中，对非自身原因造成的工程延期、费用增加而要求发包人给予补偿损失的一种权利要求。

7.3.1.2　工程索赔产生的原因

1．当事人违约

当事人违约常常表现为没有按照合同约定履行自己的义务。发包人违约常常表现为没有为承包人提供合同约定的施工条件、未按照合同约定的期限和数额付款等。工程师未能按照合同约定完成工作，如未能及时发出图纸、指令等也视为发包人违约。承包人违约的情况则主要是没有按照合同约定的质量、期限完成施工，或者由于不当行为给发包人造成其他损害。

【例 7-8】发包人违约导致的索赔。

在世界银行贷款的某项目中，采用 FIDIC 合同条件，合同规定发包人为承包人提供三级路面标准的现场公路。因发包人选定的工程局在修路中存在问题，现场交通道路在相当一段时间内未达到合同标准。承包人的车辆只能在路面块石垫层上行驶，造成轮胎严重磨损，承包人提出索赔。工程师批准了对 208 条轮胎及其他零配件的费用补偿，共计 1 900 万日元。

2．不可抗力事件

不可抗力又可以分为自然事件和社会事件。自然事件主要是不利的自然条件和客观障碍，如在施工过程中遇到了经现场调查无法发现、业主提供的资料中也未提到的、无法预料的情况，如地下水、地质断层等；社会事件则包括国家政策、法律、法令的变更，战争及罢工等。

【例 7-9】不利自然条件导致的索赔。

某港口工程在施工过程中，承包人在某一部位遇到了比合同标明的更多、更加坚硬的岩石，使开挖工作变得更加困难，工期拖延了 4 个月。这种情况就是承包人遇到了与原合同规定不同的、无法预料的不利自然条件，工程师应给予证明，发包人应当给予工期延长及相应的额外费用补偿。

3．合同缺陷

合同缺陷表现为合同文件规定不严谨甚至矛盾，合同中存在遗漏或错误。在这种情况下，工程师应当给予解释，如果这种解释将导致成本增加或工期延长，发包人应当给予补偿。

4．合同变更

合同变更表现为设计变更、施工方法变更、追加或取消某些工作和合同其他规定的变更等。

5．工程师指令

工程师指令有时也会产生索赔。如工程师指令承包人加速施工、进行某项工作、更换某些材料或采取某些措施等。

6．其他第三方原因

其他第三方原因常常表现为与工程有关的第三方的问题而引起的对本工程的不利影响。

7.3.1.3 工程索赔的分类

工程索赔依据不同的标准可以进行不同的分类。

1．按索赔的合同依据分类

按索赔的合同依据可以将工程索赔分为合同中明示的索赔和合同中默示的索赔。

（1）合同中明示的索赔　合同中明示的索赔是指承包人所提出的索赔要求，在该工程项目的合同文件中有文字依据，承包人可以据此提出索赔要求，并取得经济补偿。这些在合同文件中有文字规定的合同条款，称为明示条款。

（2）合同中默示的索赔　合同中默示的索赔，即承包人的该项索赔要求，虽然在工程项目的合同条款中没有专门的文字叙述，但可以根据该合同的某些条款的含义，推论出承包人有索赔权。这种索赔要求，同样有法律效力，有权得到相应的经济补偿。这种有经济补偿含义的条款，在合同管理工作中被称为“默示条款”或称为“隐含条款”。默示条款是一个广泛的合同概念，它包含合同明示条款中没有写入、但符合双方签订合同时设想的愿望和当时环境条件的一切条款。这些默示条款，或者从明示条款所表述的设想愿望中引申出来，或者从合同双方在法律上的合同关系引申出来，经合同双方协商一致，或被法律和法规所指明，都成为合同文件的有效条款，要求合同双方遵照执行。

2．按索赔目的分类

按索赔目的可以将工程索赔分为工期索赔和费用索赔。

（1）工期索赔　由于非承包人责任的原因而导致施工进程延误，要求批准顺延合同工期的索赔，称之为工期索赔。工期索赔形式上是对权利的要求，以避免在原定合同竣工日不能完工时，被发包人追究拖期违约责任。一旦获得批准合同工期顺延后，承包人不仅免除了承担拖期违约赔偿费的严重风险，而且可能得到工期提前的奖励，最终仍反映在经济收益上。

（2）费用索赔　费用索赔的目的是要求经济补偿。当施工的客观条件改变导致承包人增加开支，要求对超出计划成本的附加开支给予补偿，以挽回不应由承包人承担的经济损失。

3．按索赔事件的性质分类

按索赔事件的性质可以将工程索赔分为工程延误索赔、工程变更索赔、合同被迫终止索赔、工程加速索赔、意外风险和不可预见因素索赔和其他索赔。

（1）工程延误索赔　因发包人未按合同要求提供施工条件，如未及时交付设计图纸、施工现场、道路等，或因发包人指令工程暂停或不可抗力事件等原因造成工期拖延的，承包人对此提出索赔。这是工程中常见的一类索赔。

（2）工程变更索赔　由于发包人或监理工程师指令增加或减少工程量，或增加附加工程、修改设计、变更工程顺序等，造成工期延长和费用增加，承包人对此提出索赔。

（3）合同被迫终止的索赔　由于发包人或承包人违约以及不可抗力事件等原因造成合同非正常终止，无责任的受害方因其蒙受经济损失而向对方提出索赔。

（4）工程加速索赔　由于发包人或工程师指令承包人加快施工速度，缩短工期，引起承包人人力、财力、物力的额外开支而提出的索赔。

（5）意外风险和不可预见因素索赔　在工程实施过程中，因人力不可抗拒的自然灾害、特殊风险以及有经验的承包人通常不能合理预见的不利施工条件或外界障碍，如地下水、地质断层、溶洞或地下障碍物等引起的索赔。

（6）其他索赔　如因货币贬值、汇率变化、物价、工资上涨和政策法令变化等原因引起的索赔。

4．按索赔的有关当事人分类

1）承包商同业主之间的索赔。

2）总承包商同分包商之间的索赔。

3）承包商同供货商之间的索赔。

4）承包商向保险公司、运输公司索赔等。

5．按索赔的对象分类

可分为索赔和反索赔。

1）索赔是指承包商向业主提出的索赔。

2）反索赔主要是指业主向承包商提出的索赔。

6．按索赔的处理方式分类

可分为单项索赔和总索赔。

（1）单项索赔　单项索赔就是采取一事一索赔的方式，即在每一件索赔事项发生后，报送索赔通知书，编报索赔报告，要求单项解决支付，不与其他的索赔事项混在一起。这是工程索赔通常采用的方式，它避免了多项索赔的相互影响和制约，解决起来较容易。

（2）总索赔　又称综合索赔或一揽子索赔，即对整个工程（或某项工程）中所发生的数起索赔事项，综合在一起进行索赔。总索赔是在特定的情况下采用的一种索赔方法，应尽量避免采用，因为它涉及的因素十分复杂，不太容易索赔成功。

7.3.2　工程索赔的处理原则和计算

7.3.2.1　工程索赔的处理原则

1．索赔必须以合同为依据

不论是风险事件的发生，还是当事人不完成合同工作，都必须在合同中找到相应的依据，当然，有些依据可能是合同中隐含的。工程师依据合同和事实对索赔进行处理是其公平性的重要体现。在不同的合同条件下，这些依据很可能是不同的。如因为不可抗力导致的索赔，在国内《建设工程施工合同文本（示范文本）》条件下，承包人机械设备损坏的损失，是由承包人承担的，不能向发包人索赔；但在FIDIC合同条件下，不可抗力事件一般都列为业主承担的风险，损失都应当由业主承担。如果到了具体的合同中，各个合同的协议条款不同，其依据的差别就更大了。

2．及时、合理地处理索赔

索赔事件发生后，索赔的提出应当及时，索赔的处理也应当及时。索赔处理得不及时，对双方都会产生不利的影响，如承包人的索赔长期得不到合理解决，索赔积累的结果会导致其资金困难，同时会影响工程进度，给双方都带来不利的影响。处理索赔还必须坚持合理性原则，既考虑到国家的有关规定，也应当考虑到工程的实际情况。如承包人提出索赔，要求机械停工按照机械台班单价计算损失显然是不合理的，因为机械停工不发生运行费用。

3．加强主动控制，减少工程索赔

对于工程索赔应当加强主动控制，尽量减少索赔。这就要求在工程管理过程中，应当尽量将工作做在前面，减少索赔事件的发生。这样能够使工程更顺利地进行，降低工程投资，缩短施工工期。

7.3.2.2 《建设工程施工合同文本（示范文本）》规定的工程索赔程序

当合同当事人一方向另一方提出索赔时，要有正当的索赔理由，且有索赔事件发生时的有效证据。如发包人未能按合同约定履行自己的各项义务或发生错误以及第三方原因，给承包人造成延期支付合同价款、延误工期或其他经济损失，包括不可抗力延误的工期等。

1）承包人提出索赔申请。合同实施过程中，凡不属于承包人责任导致项目拖期和成本增加事件发生后的28天内，必须以正式函件通知工程师，声明对此事项要求索赔，同时仍须遵照工程师的指令继续施工。如果逾期申报，工程师有权拒绝承包人的索赔要求。

2）发出索赔意向通知后28天内，向工程师提出补偿经济损失和（或）延长工期的索赔报告及有关资料。正式提出索赔申请后，承包人应抓紧准备索赔的证据资料，包括事件的原因、对其权益影响的证据资料、索赔的依据，以及其他计算出的该事件影响所要求的索赔额和申请顺延工期天数，并在索赔申请发出的28天内报出。

3）工程师审核承包人的索赔申请。工程师在收到承包人送交的索赔报告和有关资料后，于28天内给予答复，或要求承包人进一步补充索赔理由和证据。接到承包人的索赔信件后，工程师应该立即研究承包人的索赔资料，在不确认责任属谁的情况下，依据自己的同期纪录资料客观分析事故发生的原因，依据有关合同条款，研究承包人提出的索赔证据。必要时还可以要求承包人进一步提交补充资料，包括索赔的更详细说明材料或索赔计算的依据。工程师在28天内未予答复或未对承包人作进一步要求，视为该项索赔已经认可。

4）当该索赔事件持续进行时，承包人应当阶段性地向工程师发出索赔意向，在索赔事件终了后 28 天内，向工程师提供索赔的有关资料和最终索赔报告。

5）工程师与承包人谈判。双方各自依据对这一事件的处理方案进行友好协商，若能通过谈判达成一致意见，则该事件较容易解决。如果双方对该事件的责任、索赔款额或工期顺延天数分歧较大，通过谈判达不成共识的话，按照条款规定，工程师有权确定一个他认为合理的单价或价格作为最终的处理意见报送业主并相应通知承包人。

6）发包人审批工程师的索赔处理证明。发包人首先根据事件发生的原因、责任范围、合同条款审核承包人的索赔申请和工程师的处理报告，再根据项目的目的、投资控制和竣工验收要求，以及针对承包人在实施合同过程中的缺陷或不符合合同要求的地方提出反索赔方面的考虑，决定是否批准工程师的索赔报告。

7）承包人是否接受最终的索赔决定。承包人同意了最终的索赔决定，索赔事件即告结束。若承包人不接受工程师的单方面决定或业主删减的索赔或工期顺延天数，就会导致合同纠纷。通过谈判和协调，双方达成互让的解决方案是处理纠纷的理想方式。如果双方不能达成谅解就只能诉诸仲裁或者诉讼。

承包人未能按合同约定履行自己的各项义务和发生错误给发包人造成损失的，发包人也可按上述时限向承包人提出索赔。

7.3.2.3　FIDIC 合同条件规定的工程索赔程序

FIDIC 合同条件只对承包人的索赔作出了规定。

（1）承包人发出索赔通知　如果承包人认为有权得到竣工时间的任何延长期和（或）任何追加付款，应当向工程师发出通知，说明索赔的事件或情况。该通知应当尽快在承包人察觉或者应当察觉该事件或情况后 28 天内发出。

（2）承包人未及时发出索赔通知的后果　如果承包人未能在上述 28 天期限内发出索赔通知，则竣工时间不得延长，承包人无权获得追加付款，而业主应免除有关该索赔的全部责任。

（3）承包人递交详细的索赔报告　在承包人察觉或者应当察觉该事件或情况后 42 天内，或在承包人可能建议并经工程师认可的其他期限内，承包人应当向工程师递交一份充分详细的索赔报告，包括索赔的依据、要求延长的时间和（或）追加付款的全部详细资料。如果引起索赔的事件或者情况具有连续影响，则：

① 上述充分详细的索赔报告应被视为中间索赔报告；

② 承包人应当按月递交进一步的中间索赔报告，说明累计索赔延误时间和（或）金额，以及所有可能的要求合理的详细资料；

③ 承包人应当在索赔的事件或者情况产生的影响结束后 28 天内，或在承包人可能建议并经工程师认可的其他期限内，递交一份最终索赔报告。

（4）工程师的答复　工程师在收到索赔报告或对过去索赔的所有进一步证明资料后 42 天内，或在工程师可能建议并经承包人认可的其他期限内作出回应，表示批准或不批准、或不批准并附具体意见。工程师应当商定或者确定应给予竣工时间的延长期及承包人有权得到的追加付款。

7.3.2.4 索赔的依据

提出索赔的依据有以下几个方面：

1）招标文件、施工合同文本及附件，其他各签约（如备忘录、修正案等）文件，经认可的工程实施计划、各种工程图纸、技术规范等。这些索赔的依据可在索赔报告中直接引用。

2）双方的往来信件及各种会谈纪要。在合同履行过程中，业主、监理工程师和承包人定期或不定期的会谈所作出的决议或决定，是合同的补充，应作为合同的组成部分。但会谈纪要只有经过各方签署后才可作为索赔的依据。

3）进度计划和具体的进度以及项目现场的有关文件。进度计划和具体的进度安排是现场有关文件变更索赔的重要证据。

4）气象资料、工程检查验收报告和各种技术鉴定报告，工程中送停电、送停水、道路开通和封闭的记录和证明。

5）国家有关法律、法令、政策文件，官方的物价指数、工资指数，各种会计核算资料，材料的采购、订货、运输、进场及使用方面的凭据。

可见，索赔要有证据，证据是索赔报告的重要组成部分。证据不足或没有证据，索赔就不可能成立。总之，施工索赔是利用经济杠杆进行项目管理的有效手段，对承包人、发包人和监理工程师来说，处理索赔问题水平的高低，反映了对项目管理水平的高低。由于索赔是合同管理的重要环节，也是计划管理的动力，更是挽回成本损失的重要手段，所以随着建筑市场的建立和发展，它将成为项目管理中越来越重要的问题。

7.3.2.5 索赔的计算

1．可索赔的费用

费用内容一般可以包括以下几个方面：

1）人工费。包括增加工作内容的人工费、停工损失费和工作效率降低的损失费等累计，但不能简单地用计日工费计算。

2）设备费。可采用机械台班费、机械折旧费、设备租赁费等几种形式。

3）材料费。

4）保函手续费。工程延期时，保函手续费相应增加；反之，取消部分工程且发包人与承包人达成提前竣工协议时，承包人的保函金额相应折减，则计入合同价内的保函手续费也应扣减。

5）贷款利息。

6）保险费。

7）利润。

8）管理费。此项又可分为现场管理费和公司管理费两部分，由于二者的计算方法不一样，所以在审核过程中应区别对待。

在不同的索赔事件中可以索赔的费用是不同的。如在FIDIC合同条件中，不同的索赔事件导致的索赔内容不同，大致有以下区别，见表7-6。

表 7-6　可以合理补偿承包商索赔的条款

序　号	条 款 号	主 要 内 容	可补偿内容		
			工期	费用	利润
1	1.9	延误发放图纸	√	√	√
2	2.1	延误移交施工现场	√	√	√
3	4.7	承包人依据工程师提供的错误数据导致放线错误	√	√	√
4	4.12	不可预见的外界条件	√	√	
5	4.24	施工中遇到文物和古迹	√	√	
6	7.4	非承包人原因检验导致施工的延误	√	√	√
7	8.4（a）	变更导致竣工时间的延长	√		
8	（c）	异常不利的气候条件	√		
9	（d）	由于传染病或其他政府行为导致工期的延误	√		
10	（e）	业主或其他承包人的干扰	√		
11	8.5	公共当局引起的延误	√		
12	10.2	业主提前占用工程		√	√
13	10.3	对竣工检验的干扰	√	√	√
14	13.7	后续法规引起的调整	√	√	
15	18.1	业主办理的保险未能从保险公司获得补偿部分		√	
16	19.4	不可抗力事件造成的损害	√	√	

2．费用索赔的计算

计算费用索赔的方法有实际费用法、修正总费用法等。

（1）实际费用法　该方法是按照每索赔事件所引起损失的费用项目分别分析计算索赔值，然后将各费用项目的索赔值汇总，即可得到总索赔费用值。这种方法以承包人为某项索赔工作所支付的实际开支为依据，但仅限于由于索赔事项引起的、超过原计划的费用，故也称额外成本法。在这种计算方法中，需要注意的是不要遗漏费用项目。

【例 7-10】用分项法进行索赔计算。

某大型商业中心大楼的建设工程，按照 FIDIC 合同条件进行招标和施工管理。中标合同价为 18 329 500 元人民币，工期 18 个月。工程内容包括场地平整、大楼土建施工、停车场、餐饮厅等。在施工过程中，由于地基条件较预计的要差，施工条件受交通的干扰大，以及设计多次修改，导致工期拖期、施工费用增加。根据业主的要求，承包人采取了加速施工的措施。承包人多次提出索赔要求，并经协商，业主和监理工程师批准工期延长 176 天。承包人的费用索赔为 1 282 441 元。其组成为：

1）加速施工期间的生产效率降低费。承包人根据自己的施工记录证明在业主正式通知采取加速措施以前，工人们的劳动生产率可达到投标文件所列的生产效率。采取加速措施后，由于进行两班作业，夜班工作效率降低；由于改变了某些部位的施工顺序，工效也降低。这样导致技工多用工日 9 417 个，普工多用工日 16 863 个。技工的每工日平均工资为 31.5 元/工日，普工的每工日平均工资为 21.5 元/工日。因此，共计增加工资支出：9 417×31.5+16 863×21.5=659 190 元。

2）延期施工管理费增支。在中标的合同价 18 329 500 元中，包含施工现场管理费及总部管理费 1 270 134 元。原定工期 18 个月，547 个日历天数，每日平均管理费为 2 322 元。延长工期

176天，承包人应当获得管理费款额为2 322×176=408 672元。但承包人已经完成的变更工程费中包含管理费287 322元，故承包商应当获得的管理费为：408 672−287 322=121 350元。

3）人工费调价增支。根据统计，后半年施工期间工人工资增长3.2%，按规定进行人工费调整，故应调增人工费。施工的第二年是加速施工期，对其后半年的人工费进行调整，故应对加速施工期的50%人工费进行调增。技工调增：（20 237×31.5）÷2×3.2%=10 199元；普工调增：（38 623×21.5）÷2×3.2%=13 286元，共计调增23 485元。

4）材料费调价增支。根据材料价格上调的幅度，对施工期第二年内采购的钢材、水泥、木材及其他建筑材料进行调价，上调5.5%。第二年度内使用的材料总价为1 088 182元，故应调增材料费：1 088 182×5.5%=59 850元。

5）增加的机械租赁费：65 780元。

6）分包商装修工作增支：187 550元。

7）履约保函延期开支。按照银行担保协议书规定的利率及延期天数计算，为52 830元。

8）利润。承包商增加的直接费、间接费等各项开支的总值（上述七项之和），按照合同原定的利润率8.5%计算，为1 170 035×8.5%=99 453（元）。

以上8项，总计索赔额为1 269 488元。

（2）修正总费用法　这种方法是对总费用法的改进，即在总费用计算的原则上，去掉一些不确定的可能因素，对总费用法进行相应的修改和调整，使其更加合理。

3．工期索赔中应当注意的问题

在工期索赔中特别应当注意以下问题：

（1）划清施工进度拖延的责任　因承包人的原因造成施工进度滞后，属于不可原谅的延期；只有承包人不应承担任何责任的延误，才是可原谅的延期。有时工期延期的原因中可能包含有双方责任，此时工程师应进行详细分析，分清责任比例，只有可原谅延期部分才能批准顺延合同工期。可原谅延期，又可细分为可原谅并给予补偿费用的延期和可原谅但不给予补偿费用的延期；后者是指非承包人责任的影响并未导致施工成本的额外支出，大多属于发包人应承担风险责任事件的影响，如异常恶劣的气候条件影响的停工等。

（2）被延误的工作应是处于施工进度计划关键线路上的施工内容　只有位于关键线路上工作内容的滞后，才会影响到竣工日期。但有时也应注意，既要看被延误的工作是否在批准进度计划的关键路线上，又要详细分析这一延误对后续工作的可能影响。因为若对非关键路线工作的影响时间较长，超过了该工作可用于自由支配的时间，也会导致进度计划中非关键路线转化为关键路线，其滞后将导致总工期的拖延。此时，应充分考虑该工作的自由时间，给予相应的工期顺延，并要求承包人修改施工进度计划。

4．工期索赔的计算

工期索赔的计算主要有网络图分析和比例计算法两种。

1）网络图分析法是利用进度计划的网络图，分析其关键线路。如果延误的工作为关键工作，则总延误的时间为批准顺延的工期；如果延误的工作为非关键工作，当该工作由于延误超过时差限制而成为关键工作时，可以批准延误时间与时差的差值；若该工作延误后仍为非关键工作，则不存在工期索赔问题。

2）比例计算法的计算公式：

对于已知部分工程的延期的时间：

$$\text{工期索赔值}=\frac{\text{受干扰部分工程的合同价}}{\text{原合同总价}}\times\text{该受干扰部分工期拖延时间} \quad (7\text{-}8)$$

对于已知额外增加工程量的价格：

$$\text{工期索赔值}=\frac{\text{额外增加的工程量的价格}}{\text{原合同总价}}\times\text{原合同总工期} \quad (7\text{-}9)$$

比例计算法简单方便，但有时不尽符合实际情况。比例计算法不适用于变更施工顺序、加速施工、删减工程量等事件的索赔。

【例 7-11】工期索赔的计算。

某工程原合同规定分两阶段进行施工，土建工程 21 个月，安装工程 12 个月。假定以一定量的劳动力需要量为相对单位，则合同规定的土建工程量可折算为 310 个相对单位，安装工程量折算为 70 个相对单位。合同规定，在工程量增减 10%的范围内，作为承包人的工期风险，不能要求工期补偿。在工程施工过程中，土建和安装的工程量都有较大幅度的增加。实际土建工程量增加到 430 个相对单位，实际安装工程量增加到 117 个相对单位。

承包人提出的工期索赔为：

不索赔的土建工程量的高限为：310×1.1=341 个相对单位

不索赔的安装工程量的高限为：70×1.1=77 个相对单位

由于工程量增加而造成工期延长：

土建工程工期延长=21×（430/341−1）=5.5 个月

安装工程工期延长=12×（117/77−1）=6.2 个月

总工期索赔为：5.5 个月+6.2 个月=11.7 个月。

7.3.3　索赔报告的内容

索赔报告的具体内容，随该索赔事件的性质和特点而有所不同。但从报告的必要内容与文字结构方面而论，一个完整的索赔报告应包括以下 4 个部分。

1．总论部分

一般包括以下内容：序言；索赔事项概述；具体索赔要求；索赔报告编写及审核人员名单。

文中首先应概要地论述索赔事件的发生日期与过程；施工单位为该索赔事件所付出的努力和附加开支；施工单位的具体索赔要求。在总论部分最后，附上索赔报告编写组主要人员及审核人员的名单，注明有关人员的职称、职务及施工经验，以表示该索赔报告的严肃性和权威性。总论部分的阐述要简明扼要，说明问题。

2．根据部分

本部分主要是说明自己具有的索赔权利，这是索赔能否成立的关键。根据部分的内容主要来自该工程项目的合同文件，并参照有关法律规定。该部分中施工单位应引用合同中的具体条款，说明自己理应获得经济补偿或工期延长。

根据部分的篇幅可能很大，其具体内容随各个索赔事件的特点而不同。一般来说，根据部分应包括以下内容：索赔事件的发生情况；已递交索赔意向书的情况；索赔事件的处理过程；索赔要求的合同根据；所附的证据资料。

在写法结构上，按照索赔事件发生、发展、处理和最终解决的过程编写，并明确全文引用有关的合同条款，使建设单位和监理工程师能历史地、逻辑地了解索赔事件的始末，并充分认识该项索赔的合理性和合法性。

3．计算部分

索赔计算的目的，是以具体的计算方法和计算过程，说明自己应得经济补偿的款额或延长时间。如果说依据部分的任务是解决索赔能否成立，则计算部分的任务就是决定应得到多少索赔款额和工期。前者是定性的，后者是定量的。

在款额计算部分，施工单位必须说明下列问题：索赔款的要求总额；各项索赔款的计算，如额外开支的人工费、材料费、管理费和损失的利润；指明各项开支的计算依据及证据资料。施工单位应注意采用合适的计价方法。首先，应根据索赔事件的特点及自己所掌握的证据资料等因素来确定。其次，应注意每项开支款的合理性，并指出相应的证据资料的名称及编号。切忌采用笼统的计价方法和不实的开支款额。

4．证据部分

证据部分包括该索赔事件所涉及的一切证据资料，以及对这些证据的说明，证据是索赔报告的重要组成部分，没有翔实可靠的证据，索赔是不能成功的。在引用证据时，要注意该证据的效力或可信程度，因此，对重要的证据资料最好附以文字证明或确认件。例如，对一个重要的电话内容，仅附上自己的记录本是不够的，最好附上经过双方签字确认的电话记录，或附上发给对方要求确认该电话记录的函件。即使对方未予复函，也可说明责任在对方，因为对方未复函确认或修改，按惯例应理解为已默认。

7.3.4　工程索赔案例

【例 7-12】某建筑公司（乙方）于某年 4 月 20 日与某厂（甲方）签订了修建建筑面积为 3 000m^2 工业厂房（带地下室）的施工合同，乙方编制的施工方案和进度计划已获监理工程师批准。该工程的基坑开挖土方量为 4 500m^3，假设直接费单价为 4.5 元/m^3，综合费用为直接费的 30%。该基坑施工方案规定：土方工程采用租赁一台斗容量为 1m^3 的反铲挖掘机施工（租赁费 500 元/台班），甲、乙双方合同约定 6 月 11 日开工，6 月 20 日完工。在实际施工中发生了如下几项事件：

（1）因租赁的挖掘机大修，晚开工 2 天，造成人员窝工 10 个工日；

（2）施工过程中，因遇软土层，接到监理工程师 6 月 15 日停工的指令，进行地质复查，配合用工 15 个工日；

（3）6 月 19 日接到监理工程师于 6 月 20 日复工令，同时指出基坑开挖深度加深 2m 的设计变更通知单，由此增加土方开挖量 900m^3；

（4）6 月 20 日～6 月 22 日，下了该季节罕见的大暴雨，迫使基坑开挖暂停，造成人员窝工 15 个工日；

（5）6 月 23 日用 30 个工日修复冲坏的永久性道路；6 月 24 日恢复挖掘工作，最终基坑于 6 月 30 日开挖完毕。

问题：

① 上述哪些事件建筑公司可以向厂方要求索赔，哪些事件不可以要求索赔，并说明原因。

② 每项事件工期索赔各是多少天？总计工期索赔多少天？

③ 假设人工费单价为 30 元/工日，因增加用工所需的管理费为增加人工费的 50%，则合理的费用索赔总额是多少？

④ 建筑公司应向厂方提供的索赔文件有哪些？

【解】

① 事件（1）不能提出索赔要求，因为租赁的挖掘机大修延迟开工，属承包人的责任；事件（2）可提出索赔要求，因为地质条件变化属于业主应承担的责任；事件（3）可提出索赔要求，因为这是由设计变更引起的；事件（4）可提出索赔要求，因为大雨迫使停工，需推迟工期；事件（5）可提出索赔要求，因为雨后修复冲坏的永久道路，是业主的责任。

② 事件（2）可索赔工期 5 天；事件（3）可索赔工期 900/（4 500/10）=2 天；事件（4）可索赔工期 3 天；事件（5）可索赔工期 1 天。可索赔工期小计：5+2+3+1=11 天。

③ 事件（2）：人工费 15×30×（1+50%）=675 元

机械费 500×5=2 500 元

事件（3）：900×4.5×（1+30%）=5 265 元

事件（5）：人工费 30×30×（1+50%）=1 350 元

机械费 500×1=500 元

可索赔费用总额为：675+2 500+5 265+1 350+500=10 290 元

④ 建筑公司向业主提供的索赔文件有索赔信、索赔报告和有关证明文件、证据、详细计算书等。

【例 7-13】某汽车制造厂土方工程中，承包人在合同中标明有松软石的地方没有遇到松软石，因此工期提前 1 个月。但在合同中另一未标明有坚硬岩石的地方遇到更多的坚硬岩石，开挖工作变得更加困难，由此造成了实际生产率比原计划低得多，经测算影响工期 3 个月。由于施工速度减慢，使得部分施工任务拖到雨季进行，按一般公认标准推算，又影响工期 2 个月。为此承包人准备提出索赔。

问题：

（1）该项施工索赔能否成立？为什么？

（2）在该索赔事件中，应提出的索赔内容包括哪两方面？

（3）在工程施工中，通常可以提供的索赔证据有哪些？

（4）承包人应提供的索赔文件有哪些？请协助承包人拟定一份索赔通知。

【解】

问题（1）：该项施工索赔可以成立。施工中在合同未标明有坚硬岩石的地方遇到更多的坚硬岩石，属于施工现场的施工条件与原来的勘察有很大差异，属于甲方的责任范围。

问题（2）：本事件使承包人由于意外地质条件造成施工困难，导致工期延长，相应产生额外工程费用，因此，应包括费用索赔和工期索赔。

问题（3）：可以提供的索赔证据有：

① 招标文件、工程合同及附件、业主认可的施工组织设计、工程图纸、技术规范等。

② 工程各项有关设计交底记录，变更图纸，变更施工指令等。

③ 工程各项经业主或监理工程师签认的签证。

④ 工程各项往来信件、指令、信函、通知、答复等。

⑤ 工程各项会议纪要。

⑥ 施工计划及现场实施情况记录。

⑦ 施工日报及工长工作日志、备忘录。

⑧ 工程送电、送水、道路开通及封闭的日期及数量记录。

⑨ 工程停水、停电和干扰事件影响的日期及恢复施工的日期。

⑩ 工程预付款、进度款拨付的数额及日期记录。

⑪ 工程图纸、图纸变更、交底记录的送达份数及日期记录。

⑫ 工程有关施工部位的照片及录像等。

⑬ 工程现场气候记录，有关天气的温度、风力、降雨雪量等。

⑭ 工程验收报告及各项技术鉴定报告等。

⑮ 工程材料采购、订货、运输、进场、验收、使用等方面的凭据。

⑯ 工程会计核算资料。

⑰ 国家、省、市有关影响工程造价、工期的文件、规定等。

问题（4）：承包人应提供的索赔文件有① 索赔信；② 索赔报告；③ 索赔证据与详细计算书等附件。

索赔通知的参考形式如下：

索 赔 通 知

索赔通知致甲方代表（或监理工程师）：

我方希望你方对工程地质条件变化问题引起重视。

(1) 在合同文件标明有松软石的地方未遇到松软石。

(2) 在合同文件未标明有坚硬岩石的地方遇到了坚硬岩石。

由于第（1）条，我方实际施工进度提前。

由于第（2）条，我方实际生产率降低，而引起进度拖延，并不得不在雨期施工。

上述施工条件变化，造成我方施工现场设计与原设计有很大不同，为此向你方提出工期索赔及费用索赔要求，具体工期索赔及费用索赔依据与计算书附在随后的索赔报告中。

承包人：×××

××××年××月××日

7.4 工程价款结算

7.4.1 工程价款结算方法

1. 工程价款结算的重要意义

所谓工程价款结算是指承包人在工程实施过程中，依据施工承包合同中关于付款条款的规定和已经完成的工程量，并按照规定的程序向建设单位（业主）收取工程价款的一项经济活动。

工程价款结算是工程项目承包中的一项十分重要的工作，主要表现在：

（1）工程价款结算是反映工程进度的主要指标　在施工过程中，工程价款结算的依据之一就是按照已完成的工程量进行结算。也就是说，承包人完成的工程量越多，所应结算的工程价款就应越多。所以，根据累计已结算的工程价款占合同总价款的比例，能够近似地反映出工程的进度情况，有利于准确掌握工程进度。

（2）工程价款结算是加速资金周转的重要环节　承包人能够尽快尽早地结算工程价款，有利于偿还债务，也有利于资金的回笼，降低内部运营成本。通过加速资金周转，提高资金使用的有效性。

（3）工程价款结算是考核经济效益的重要指标　对于承包人来说，只有工程价款如数地结算，才意味着避免了经营风险，承包人也才能够获得相应的利润，进而达到良好的经济效益。

2．工程价款结算依据

工程价款结算应按合同约定办理。合同未作约定或约定不明的，发承包双方应依照下列规定与文件协商处理：

1）国家有关法律、法规和规章制度。

2）国务院建设行政主管部门、省、自治区、直辖市或有关部门发布的工程造价计价标准、计价办法等有关规定。

3）建设项目的合同、补充协议、变更签证和现场签证，以及经发承包人认可的其他有效文件。

4）其他可依据的材料。

3．工程价款的主要结算方式

我国现行工程价款结算根据不同情况，可采取多种方式。根据《建设工程价款结算暂行办法》（财政部、建设部财建[2004]369 号）第十三条，工程进度款的结算与支付应当符合下列规定：

（1）按月结算与支付　即实行按月支付进度款，竣工后清算的方法。合同工期在两个年度以上的工程，在年终进行工程盘点，办理年度结算。我国现行建筑安装工程价款结算中，相当一部分实行这种按月结算与支付的方法。

（2）分段结算与支付　即当年开工，当年不能竣工的单项工程或单位工程按照工程形象进度，划分不同阶段进行支付工程进度款。具体划分在合同中进行明确规定。

4．工程价款的结算程序

我国现行建设工程价款结算中，相当一部分是实行按月结算的。这种结算办法是按分部分项工程，即以假定建筑安装产品为对象，按月结算（或预支），待工程竣工后再办理竣工结算，一次结清，找补余款。

按分部分项工程结算，便于建设单位和银行根据工程进展情况控制分期付款额度，也便于施工单位的施工消耗及时得到补偿，并同时实现利润，且能按月考核工程成本的执行情况。

工程价款结算大多以月或一年为时间段，其主要环节和遵循的程序如图 7-1 所示。

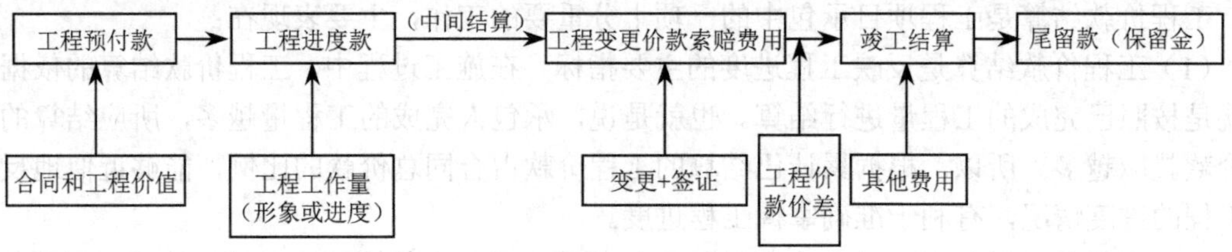

图 7-1　工程价款结算程序

（1）工程预付款及工程进度款　施工企业承包工程一般都实行包工包料，这就需要有一定数量的备料周转金。在工程承包合同条款中，一般要明文规定发包人（甲方）在开工前拨付给承包人（乙方）一定限额的工程预付备料款。此预付款构成施工企业为该承包工程项目储备主要材料、结构件所需的流动资金。

工程进度款是施工企业在施工过程中，按逐月（或形象进度、控制界面等）完成的工程数量计算各项费用，向建设单位（业主）办理工程进度价款。工程预付款和工程进度款的确定及支付详见本章第 7.1 节。

（2）工程变更价款及工程索赔费用　工程变更及索赔费用的确定，一般伴随工程进度款支付一并考虑，但也有在工程竣工结算前完成的。具体工程变更价款和索赔费用的确定详见本章第 7.2 节。

（3）工程价款价差的确定　在经济发展过程中，物价水平是动态的、经常不断变化的，有时上涨快、有时上涨慢，有时甚至表现为下降。工程建设项目中合同周期较长的项目，随着时间的推移，经常要受到物价浮动等多种因素的影响，其中主要是人工费、材料费、施工机械费和运费等的动态影响。因此有必要在工程价款结算中充分考虑动态因素，也就是要把多种动态因素纳入到结算过程中认真加以计算，使工程价款结算能够基本上反映工程项目的实际消耗费用。这对避免承包人（或业主）遭受不必要的损失，获取必要的调价补偿，从而维护合同双方的正当权益是十分必要的。

工程价款价差调整的方法有工程造价指数调整法、实际价格调整法、调价文件计算法和调值公式法等，下面分别加以介绍。

1）工程造价指数调整法。这种方法是承发包方采用当时的预算（或概算）定额单价计算出承包合同价，待竣工时，根据合理的工期及当地工程造价管理部门所公布的该月度（或季度）的工程造价指数，对原承包合同价予以调整。调整重点为由于实际人工费、材料费和施工机械费等费用上涨及工程变更因素造成的价差，并对承包人给予调价补偿。

【例 7-14】某建筑公司承建一职工宿舍楼（框架结构），工程合同价款 500 万元，2008 年 1 月签订合同并开工，2008 年 10 月竣工，如根据工程造价指数调整法予以动态结算，求价差调整的款额应为多少？

【解】根据《某市建筑工程造价指数表》查得：宿舍楼（框架结构）2008 年 1 月的造价指数为 100.02，2008 年 10 月的造价指数为 100.27，运用下列公式：

$$\text{工程合同价}\times\frac{\text{竣工时工程造价指数}}{\text{签订合同时工程造价指数}}=500\times\frac{100.27}{100.02}=500\times1.0025=501.25\text{ 万元}$$

此工程价差调整额为 1.25 万元。

2）实际价格调整法。在我国，由于建筑材料需要市场采购的范围越来越大，有些地区规定对钢材、木材、水泥等三大材的价格采取按实际价格结算的方法。工程承包人可凭发票按实报销。这种方法方便而准确。但由于是实报实销，因而承包人对降低成本不感兴趣，为了避免副作用，地方主管部门要定期发布最高限价，同时合同文件中应规定建设单位或工程师有权要求承包人选择更廉价的供应来源。

3）调价文件计算法。这种方法是承发包方采取按当时的预算价格承包，在合同工期内，按照造价管理部门调价文件的规定，进行抽料补差（在同一价格期内按所完成的材料用量乘以价差。也有的地方定期发布主要材料供应价格和管理价格，对这一时期的工程进行抽料补差）。

4）调值公式法。根据国际惯例，对建设项目工程价款的动态结算一般采用调值公式法。事实上，在绝大多数国际工程项目中，甲乙双方在签订合同时就明确列出调值公式，并以此作为价差调整的计算依据。

建筑安装工程费用价格调值公式一般包括固定部分、材料部分和人工部分。但当建筑安装工程的规模和复杂性增大时，公式也变得更为复杂。调值公式一般为：

$$P=P_0\left(a_0+a_1\frac{A}{A_0}+a_2\frac{B}{B_0}+a_3\frac{C}{C_0}+a_4\frac{D}{D_0}+\cdots\right) \tag{7-10}$$

式中 P——调值后合同价款或工程实际结算款；

P_0——合同价款中工程预算进度款；

a_0——固定要素，代表合同支付中不能调整的部分占合同总价中的比重；

a_1、a_2、a_3、a_4…——代表有关各项费用（如，人工费用、钢材费用、水泥费用、运输费等）在合同总价中所占比重 $a_0+a_1+a_2+a_3+a_4+\cdots=1$；

A_0、B_0、C_0、D_0…——基准日期与 a_1、a_2、a_3、a_4…对应的各项费用的基期价格指数或价格；

A、B、C、D…——与特定付款证书有关的期间最后一天的 49 天前与 a_1、a_2、a_3、a_4…对应的各项费用的现行价格指数或价格。

在运用这一调值公式进行工程价款价差调整中要注意以下几点：

① 固定要素通常的取值范围在 0.15～0.35。固定要素对调价的结果影响很大，它与调价余额成反比关系。固定要素微小的变化，隐含着在实际调价时很大的费用变动，所以，承包人在调值公式中采用的固定要素取值要尽可能偏小。

② 调值公式中有关的各项费用，按一般国际惯例，只选择用量大、价格高且具有代表性的一些典型人工费和材料费，通常是大宗的水泥、砂石料、钢材、木材和沥青等，并用它们的价格指数变化综合代表材料费的价格变化，以便尽量与实际情况接近。

③ 在许多招标文件中要求承包人在投标中提出各部分成本的比重系数，并在价格分析中予以论证。但也有的是由发包人（业主）在招标文件中即规定一个允许范围，由投标人在此范围内选定。例如，某水电站工程的招标书即对外币支付项目各费用比重系数范围作了如下规定：外籍人员工资 0.10～0.20；水泥 0.10～0.16；钢材 0.09～0.13；设备 0.35～0.48；海上运输 0.04～0.08，固定系数 0.17。并规定允许投标人根据其施工方法在上述范围内选用具体系数。

④ 调整有关各项费用要与合同条款规定相一致。例如，签订合同时，承发包双方一般应商定调整的有关费用和因素，以及物价波动到何种程度才进行调整。在国际工程中，一般在

超过 ±5%时才进行调整。如有的合同规定，在应调整金额不超过合同原始价 5%时，由承包人自己承担；在 5%~20%时，承包人负担 10%，发包人（业主）负担 90%；超过 20%时，则必须另行签订附加条款。

⑤ 调整有关各项费用应注意地点与时点。地点一般指工程所在地或指定的某地市场价格。时点是指某月某日的市场价格。这里要确定两个时点价格，即签订合同时间某个时点的市场价格（基础价格）和每次支付前一定时间的时点价格。这两个时点就是计算调值的依据。

⑥ 确定每个品种的系数和固定要素系数，品种的系数要根据该品种价格对总造价的影响程度而定。各品种系数之和加上固定要素系数应该等于 1。

【例 7-15】某城市某土建工程，合同规定结算款为 100 万元，合同原始报价日期为 2007 年 3 月，工程于 2008 年 5 月建成交付使用。根据表 7-7 所列工程人工费、材料费构成比例以及有关造价指数，计算工程实际结算款。

表 7-7 工程人工费、材料构成比例及有关造价指数

项目	人工费	钢材	水泥	集料	一级红砖	砂	木材	不调值费用
比例	45%	11%	11%	5%	6%	3%	4%	15%
2007年3月指数	100	100.8	102.0	93.6	100.2	95.4	93.4	
2008年5月指数	110.1	98.0	112.9	95.9	98.9	91.1	117.9	

【解】

实际结算价款：

$$P=P_0\left(a_0+a_1\frac{A}{A_0}+a_2\frac{B}{B_0}+a_3\frac{C}{C_0}+a_4\frac{D}{D_0}+\cdots\right)=100\times(0.15+0.45\times\frac{110.1}{100}+0.11\times\frac{98.0}{100.08}+0.11\times$$

$$\frac{112.9}{102.0}+0.05\times\frac{95.9}{93.6}+0.06\times\frac{98.9}{100.2}+0.03\times\frac{91.1}{95.4}+0.04\times\frac{117.9}{93.4})$$

$$=100\times1.064=106.4\text{ 万元}$$

通过调整，2008 年 5 月实际结算的工程价款为 106.4 万元，比原始合同价多结 6.4 万元。

5．工程保修金（尾留款）

按照有关规定，工程项目总造价中应预留出一定比例的尾留款作为质量保修费用（又称保留金），待工程项目保修期结束后最后拨付。有关尾留款应如何扣除，一般有两种做法：

1）当工程进度款拨付累计额达到该建筑安装工程造价的一定比例（一般为 95%~97%）时，停止支付，预留造价部分作为尾留款。

2）尾留款（保留金）的扣除也可以从发包人向承包人第一次支付的工程进度款开始，在每次承包人应得的工程款中扣留投标书附录中规定金额作为保留金，直至保留金总额达到投标书附录中规定的限额为止。

6．其他费用

（1）安全施工方面的费用　承包人按工程质量、安全及消防管理有关规定组织施工，采

取严格的安全防护措施，承担由于自身的安全措施不力造成事故的责任和因此发生的费用。非承包人责任造成的安全事故，由责任方承担责任和发生的费用。

发生重大伤亡及其他安全事故时，承包人应按有关规定立即上报有关部门并通知工程师，同时按政府有关部门要求处理，发生的费用由事故责任方承担。

承包人在动力设备、输电线路、地下管道、密封防震车间、易燃易爆地段以及临街交通要道附近施工时，施工开始前应向工程师提出安全保护措施，经工程师认可后实施，防护措施费用由发包人承担。

实施爆破作业，在放射、毒害性环境中施工（含存储、运输、使用）及使用毒害性、腐蚀性物品施工时，承包人应在施工前 14 天以书面形式通知工程师，并提出相应的安全保护措施，经工程师认可后实施。安全保护措施费用由发包人承担。

（2）专利技术及特殊工艺涉及的费用　发包人要求使用专利技术或特殊工艺的，须负责办理相应的申报手续，承担申报、试验、使用等费用。承包人按发包人要求使用，并负责试验等有关工作。承包人提出使用专利技术或特殊工艺的，报工程师认可后实施。承包人负责办理申报手续并承担有关费用。

擅自使用专利技术侵犯他人专利权的，责任者承担全部后果及所发生的费用。

（3）文物和地下障碍物涉及的费用　在施工中发现古墓、古建筑遗址等文物及化石或其他有考古、地质研究等价值的物品时，承包人应立即保护好现场并于 4 小时内以书面形式通知工程师，工程师应于收到书面通知后 24 小时内报告当地文物管理部门，承发包双方按文物管理部门的要求采取妥善的保护措施。发包人承担由此发生的费用，延误的工期相应顺延。

如施工中发现古墓、古建筑遗址等文物及化石或其他有考古、地质研究等价值的物品，隐瞒不报致使文物遭受破坏的，责任方、责任人依法承担相应责任。

施工中发现影响施工的地下障碍物时，承包人应于 8 小时内以书面形式通知工程师，同时提出处置方案，工程师收到处置方案后 8 小时内予以认可或提出修正方案。发包人承担由此发生的费用，延误的工期相应顺延。

7. 竣工结算

工程竣工结算是指施工企业按合同规定的内容完成全部所承包的工程，经验收质量合格，并符合合同要求后，向发包单位进行的最终工程价款的结算。是工程价款确定的最后环节。《建设工程施工合同（示范文本）》中对竣工结算进行了详细规定。

1）工程竣工验收报告经发包人认可后 28 天内，承包人向发包人递交竣工结算报告及完整的结算资料，双方按照协议书约定的合同价款及专用条款约定的合同价款调整内容，进行工程竣工结算。

2）发包人收到承包人递交的竣工结算报告及结算资料后 28 天内进行核实，给予确认或者提出修改意见。发包人确认竣工结算报告后通知经办银行向承包人支付工程竣工结算价款。承包人收到竣工结算价款后 14 天内将竣工工程交付发包人。

3）发包人收到竣工结算报告及结算资料后 28 天内无正当理由不支付工程竣工结算价款的，从第 29 天起按承包人同期向银行贷款利率支付拖欠工程价款的利息，并承担违约责任。

4）发包人收到竣工结算报告及结算资料后 28 天内不支付工程竣工结算价款的，承包人可以催告发包人支付结算价款。发包人在收到竣工结算报告及结算资料后 56 天内仍不支付的，承包人可以与发包人协议将该工程折价，也可以由承包人申请人民法院将该工程按法拍卖，承包人就该工程折价或者拍卖的价款优先受偿。

5）工程竣工验收报告经发包人认可后 28 天内，如承包人未能向发包人递交竣工结算报告及完整的结算资料，造成工程竣工结算不能正常进行或工程竣工结算价款不能及时支付，发包人要求交付工程的，承包人应当交付；发包人不要求交付工程的，承包方承担保管责任。

6）发包人和承包人对工程竣工结算价款发生争议时，按争议的约定处理。在实际工作中，当年开工、当年竣工的工程，只需办理一次性结算。跨年度的工程，在年终办理一次年终结算，将未完工程结转到下一年度，此时竣工结算等于各年度结算的总和。办理工程价款竣工结算的一般计算公式为：

竣工结算工程价款=预算（或概算）或合同价款+施工过程中预算或合同价款
合同价款调整数额–预付及已结算工程价款–保修金　　(7-11)

7.4.2 竣工结算的编制与审查

7.4.2.1 竣工结算概述

1．竣工结算的意义

一般来讲，任何一项工程，不管其投资主体或资金来源如何，只要是采取承发包方式营建并实行按工程预算、结算的，当工程竣工点交后，承包人与发包人都要办理竣工结算。从理论上讲，实行按投资概算包干或按施工图预算包干的工程以及招标投标发包的工程，不存在竣工结算问题，只要依照合同，合同价就是分次支付和最终结清工程价款的依据。但从我国建设市场运作的实际情况和工程建设的一般规律来看，一方面由于立项、报批、可行性研究、规划、勘察和设计等制度还不完善，项目法人制度不健全，行政干预的情况较严重，市场机制不成熟，承发包双方法制观念不强，合同意识淡薄等，在项目上马以后，往往产生工程条件不成熟，工程规模、建设标准变化大，设计修改多，合同存有先天性缺陷或隐患，造成实行投资的该包干的包干不了，实行招标投标的其范围又涵盖不了工程的全部情况，造价调整频繁。另一方面，工程建设是一项系统工程，受到很多方面的牵制，工程的初始阶段和结束阶段难免有所调整，就是实行投资包干的工程也会考虑预留一些调整余地，例如增加一定的不可预见系数，以满足调整的需要。因而在施工合同中往往订立有关调整价格和经济补偿的特别条款，发包人承诺必要时负担某些费用，在项目竣工阶段就可能出现补充结算的情况，以对承发包、价格进行最后的调整。因此，办理竣工结算仍是发包人和承包人合同部门的重要职责，也是咨询机构、代理人员的主要工作之一。

办理竣工结算，实际上就是按编制施工图预算、招标投标报价、工程变更价款、工程索赔款的方法确定工程的最终建筑安装价格。承包人通过竣工结算，最终取得工程项目的应收价款。发包人与承包人共同编制、审核、认可的工程竣工结算书，是银行支付款项的依据。

同时，发包人与承包人双方的财务部门，也要根据竣工结算书办理往来款的清账结算，如发包人扣回承包人已支的预付款和进度款，应收的发包人供材料款、设备款和水电费等其他代付费用。竣工结算办理完毕后，承包人一方面要据此调整实际完成的建筑安装工程工作量，另一方面要对照分析考核成本，即工程盈亏情况，与分包人办理结算；发包人要据此调整投资计划，对超支的投资应设法平衡补上，对节约的投资可安排他用。工程竣工结算文件不仅是竣工决算的重要依据，还是一种历史性资料。在实际工作中，有些竣工结算文件也是主管部门编制建筑安装技术经济指标和价格指数的重要来源，也是咨询代理人、承包人编制标底、投标报价的重要信息资源。

2．竣工结算的原则

办理工程竣工结算，要求遵循以下基本原则：

1）任何工程的竣工结算，必须在工程全部完工、经点交验收并提出竣工验收报告以后方能进行。对于未完工程或质量不合格者，一律不得办理竣工结算。对于竣工验收过程中提出的问题，未经整改达到设计或合同要求，或已整改而未经重新验收认可者，也不得办理竣工结算。当遇到工程项目规模较大且内容较复杂时，为了给竣工结算创造条件，应尽可能提早做好结算准备，在施工进入最后收尾阶段即将全面竣工之前，结算双方取得一致意见，就可以开始逐项核对结算的基础资料，但办理结算手续仍应到竣工以后，不能违反原则，擅自结算。

2）工程竣工结算的各方应共同遵守国家有关法律、法规、政策方针和各项规定，要依法办事，防止抵触、规避法律、法规、政策方针和其他各项规定及弄虚作假行为的发生。要对国家负责，对集体负责，对工程项目负责，对投资主体的利益负责，严禁通过竣工结算，高估冒算，甚至串通一气，套用国家和集体资金，挪作他用或牟取私利。

3）工程竣工结算一般都会涉及许多具体复杂的问题，要坚持实事求是，针对具体情况具体分析，从实际出发，对于具体疑难问题的处理要慎重，要有针对性，做到既合法，又合理，既坚持原则，又灵活对待。不得以任何借口和强调特殊原因，高估冒算和增加费用，也不得无理压价，以致损害相对方的合法利益。

4）应强调合同的严肃性。合同是工程结算最直接、最主要的依据之一，应全面履行工程合同条款，包括双方根据工程实际情况共同确认的补充条款。同时，应严格执行双方据以确定合同造价的包括综合单价、工料单价及取费标准和材料设备价格等计价方法，不得随意变更，变相违反合同以达到不正当目的。

5）办理竣工结算必须依据充分，基础资料齐全。包括设计图纸、设计修改手续、现场签证单、价格确认书、会议记录、验收报告和验收单，其他施工资料，原施工图预算和报价单，发包发供材料及设备清单等，保证竣工结算建立在事实基础上，防止走过场或虚构事实的情况发生。

3．竣工结算的程序

办理竣工结算应按一定的程序进行。由于建设工程的施工周期大多比较长，跨年度的工程较多，且多数情况下作为一个项目的整体可能包括很多单位工程，涉及面广。各个单位工程的完工按计划有先有后，承包人不能等到建设项目报竣工时统一来办理结算。因此在实际工作中，竣工结算以单位工程为基础，完成一项，结算一项，直至项目全部完成为止。以下是竣工结算的一般程序：

1）对确定作为结算对象的工程项目内容进行全面认真的清点，备齐结算依据和资料。

2）以单位工程为基础，对施工图预算、报价的内容，包括项目、工程量、单价及计算方面进行检查核对。为了尽可能做到竣工结算不漏项，可在工程即将竣工时，召开单位内部由施工、技术、材料、生产计划、财务和预算人员参加的办理竣工结算预备会议，必要时也可邀请发包人、监理单位等参加会议，做好核对工作。包括：

① 核对开工前施工准备与水、电、煤气、路、污水、通信、供热、场地平整等“七通一平”。

② 核对土方工程挖、运数量，堆土处置的方法和数量。

③ 核对基础处理工作，包括淤泥、流砂、暗浜、河流、塌方等引起的基础加固有无漏算。

④ 核对钢筋混凝土工程中的钢筋含量是否按规定进行调整，包括为满足施工需要所增加的钢筋数量。

⑤ 核对加工订货的规格、数量与现场实际施工数量是否相符。

⑥ 核对特殊工程项目与特殊材料单价有无应调整而未调整的。

⑦ 核对室外工程设计要求与施工实际是否相符。

⑧ 核对因设计修改引起的工程变更记录与增减账是否相符。

⑨ 核对分包工程费用支出与预算收入是否有矛盾。

⑩ 核对施工图要求与施工实际有无不符的项目。

⑪ 核对单位工程结算书与单项工程结算书有关相同项目、单价和费用是否相符。

⑫ 核对施工过程中有关索赔的费用是否有遗漏。

⑬ 核对其他有关的事实、根据、单价和与工程结算相关联的费用。

经检查核对，如发生多算、漏算或计算错误以及定额分部分项或单价错误，应及时进行调整漏项应予补充，如有重复或多算应删减。

3）对发包人要求扩大的施工范围和由于设计修改、工程变更、现场签证引起的增减预算进行检查，核对无误后，分别归入相应的单位工程结算书。

4）将各个专业的单位工程结算分别以单项工程为单位进行汇总，并提出单项工程综合结算书。

5）将各个单项工程汇总成整个建设项目的竣工结算书。

6）编写竣工结算编制说明，内容主要为结算书的工程范围、结算内容、存在的问题以及其他必须加以说明的事宜。

7）复写、打印或复印竣工结算书，经相关部门批准后送发包人审查签认。

7.4.2.2 竣工结算方法

竣工结算方法同编制施工图预算或投标报价的方法在很多地方基本一样，可以相通，但也有所不同，有其特点，主要应从以下几个方面着手。

1. 注重检查原施工图预算、报价单和合同价

在编制竣工结算的工作中，一方面，应当注重检查原预算价、报价和合同价，熟悉所必备的基础资料，尤其是对报价的单价内容，即每个分项内容所包括的范围，哪些项目允许按

设计和招标要求予以调整或换算，哪些项目不允许调整和换算都应予以充分了解。另一方面，要特别注意项目所示的计算单位，如 $1m^3$、$10m^3$、$1m^2$、$100m^2$、1m、100m、t、个、座、只等，计算调整工程量所示的计量单位，一定要与原项目计量单位相符合；对用定额的，就要熟悉定额子目的工作内容、计量单位、附注说明、分项说明、总说明及定额中规定的工、料、机的数量，从中发现按定额规定可以调整和换算的内容；对合同价，主要是检查合同条款对合同价格是否可以调整的规定。

2．熟悉竣工图纸，了解施工现场情况

工作人员在编制竣工结算前，必须充分熟悉竣工图，了解工程全貌，对竣工图中存在的矛盾和问题应及时提出。要克服进行竣工结算时自认为已经熟悉施工图及怕麻烦的思想，应充分认识到竣工图是反映工程全貌和最终反映工程实际情况的图纸。同时还要了解现场全过程实际情况，如土方是挖运还是填运，土壤的类别，运输距离，是场外运输还是场内运输，钢筋混凝土和钢构件采用什么方法运输、吊装，采用哪种脚手架进行施工，等等。如已按批准的施工方案实施的可按施工方案办理，如没有详细明确的施工方案，或施工方案有调整的，则应向有关人员了解清楚，这样才能正确确定有关分部分项的工程量和工程价格，避免竣工结算与现场脱节，影响结算质量和脱离实际的情况发生。

3．计算和复核工程量

计算和复核工程量的工作在整个竣工结算过程中仍是重要的一道工序。尽管原先做施工图预算和报价时已经完成了大量的计算任务，但由于设计修改、工程变更等原因会引起工程量的增减或重叠，有些子目有时会有重大的变化甚至推倒重来，所以不仅要对原计算进行复核，而且有可能需要重新计算。因此，计算和复核工作量花费的时间有时会很长，会影响结算的及时性，只有充分予以重视，才能保证结算的质量和如期完成。

工程量的计算和复核应与原工程量计算口径相一致，对新增子目的，可以直接按照国家和地方的工程量计算规则的规定办理。

4．汇总竣工工程量

工程量计算复核完毕经仔细核对无误后，一般应根据预算定额或原报价的要求，按分部分项工程的顺序逐项汇总，整理列项，列项可以分为增加栏目和减少栏目，既为套用单价提供方便，也可以使发包人在审核时方便对照。对于不同的设计修改、签证但内容相同的项目，应先进行同类合并，在备注栏内加以说明以免混淆或漏算。

5．套用原单价或确定新单价

汇总的工程结算工程量经核对无误就可以套用原定额单价和报价单价。选用的单价应与原预算或原报价的单价相同，对于新增的项目必须与竣工结算图纸要求的内容相适应，分项工程的名称、规格、计量单位要与预算定额分部分项工程所列的内容一致，施工预算或原报价中没有相同的单价时，应按定额或原报价单价相类似的项目确定价格，没有相类似项目的价格时，应由承包人根据定额编制的基本方法、原则或报价确定或合同确定的基本原则编制一次性补充单价作为结算的依据，以免重套、漏套或错套单价以及不符合实际的乱定价，影响工程结算。

6. 正确计算有关费用

单价套完经核对无误后，应计算合价，并按分部分项计算分部工程的价格，再把各分部的价格相加得合计。如果是按预算定额、可调工料单价估价法或固定综合单价估价法编制结算的，应根据这些计算方法和当地的规定，分别按价差调整办法计算价差，求出管理费、利润、税金等，然后把这些费用相加就得出该单位工程的结算总造价。

7. 作竣工结算工料分析

竣工结算工料分析是承包人进行经济核算的重要工作和主要指标，也是发包人进行竣工决算总消耗量统计的必要依据，同时还是提高企业管理水平的重要措施，此外还是造价主管机构统计社会平均物耗水平真实的信息来源。作竣工结算工料分析，应按以下方法进行：

1）逐项从竣工结算中的分项工程结算中查出各种人工、材料和机械的单位用量并乘以该工程项目的工程量，就可以得出该分项工程各种人工、材料和机械的数量。

2）按分部分项的顺序，将各分部工程所需的人工、材料和机械分别进行汇总，得出该分部工程各人工、材料和机械的数量。

3）将各分部工程进行再汇总，就得出该单位工程各种人工、材料和机械的总数量，并可进而得知万元和平方米的消耗量。在进行工料分析时，要注意把钢筋混凝土、钢结构等制品、半制品单独进行分析，以便进行成本核算和结算“三大材”指标。

8. 写竣工结算编制说明

编写竣工结算说明，应明确结算范围、依据和发包人供材料的基本内容、数量，对尚不明确的事实做出说明。

1）竣工结算范围既是项目的范围，也包括专业工程范围。工程项目范围可以是全部建设工程或单项工程和单位工程，应视具体情况而定；专业工程范围是指土建工程，安装工程，防水、耐酸等特殊工程，在明确专业工程范围时应注意竣工图已有反映，但由发包人直接发包的专业项目，以免引起误解。

2）竣工结算依据主要应写明采用的竣工图纸及编号，采用的计价方法和依据，现行的计价规定，合同约定的条件，招标文件及其他有关资料。

3）发包人供材料的基本内容通常为钢材、木材、水泥、设备和特殊材料，应列明规格数量和供货的方式，以便财务清账，一目了然。

4）其他有关事宜。

9. 制作竣工结算书

完成以上各方面的工作以后，即可着手制作竣工结算书。竣工结算书是由承包人提出的项目的最终价格，反映了承包人对所完成的工程项目全部经济收入应收情况的要求。因此，竣工结算书应全面反映工程的基本概况，包括每一单位工程的原合同价格清单，所有的增减账单，并加以汇总制作竣工结算表（见表 7-8），如是单项工程或全部建设项目工程，先分别制单，然后再将单位工程结算单汇总制作结算汇总表（见表 7-9）。至此，竣工结算的计算工作已经完成，可进入审查和确认阶段。

表 7-8　某新建小学建筑安装工程竣工结算表

建设单位名称			项目名称		
项目地点			合同编号		
建筑面积			结构形式		
开工日期			竣工日期		
施工单位			制表日期		
结算项目					说明
原预算（合同）金额					
调整项目金额		增（+）	减（-）	增减后	
其中	设计变更（1）				设计变更通知1
	设计变更（2）				设计变更通知2
	二次驳运				甲方现场签证1
	费用签证				甲方费用签证
	调整项目小计				
	结算项目合计				
备　注					
制表人签字：		制表单位盖章：			

表 7-9　某新建小学建筑安装工程竣工结算汇总表

建设单位名称		项目名称	
项目地点		合同编号	
建筑面积		交工证书号	
开工日期		竣工日期	
施工单位		制表日期	
序　号	结 算 项 目	金　额	说　明
1	教育楼		
2	教师办公楼		
3	食堂		
4	活动房		
5	门卫		
6	车棚		
7	室外总体		
总　计			
备　注			
制表人签字：	制表单位盖章：		

7.4.2.3　竣工结算的审查与监督

1．竣工结算的审查

竣工结算书编制完成后，须按照一定的程序进行审查确认才能生效。发包人在收到承包人提出的工程竣工结算书后，由发包人或其委托的具有相应资质的工程咨询代理单位对之进行审查，并按合同约定的时间提出审查意见，作为办理竣工结算的依据。

竣工结算的审查目的在于保证结算的合法性和合理性，正确反映工程所需的费用，只有经审核的竣工结算才具有合法性，才能得到正式的确认，从而成为发包人与承包人支付款项的有效凭证。

（1）竣工结算审查方法　竣工结算审查有全面审查法、重点审查法、经验审查法和分析对比法等。

1）全面审查法。顾名思义是对结算项目进行全面的审查，包括招标投标文件，合同的约定条款，工程量和单价、取费等各项费用，等等，是按各分部分项施工顺序和定额分部分项顺序，对各个分项工程中的工程细目从头到尾逐一详细审查的一种方法，是最全面、最彻底、最客观、最有效且符合竣工结算审查根本要求的一种审查方法。竣工结算直接涉及利益分配，随着市场经济机制的建立和进一步发展成熟，发包人以及承包人的经济意识不断增强，必然会对之予以高度重视。此外，工程招投标代理机构和相关的咨询机构也以较快的速度发展起来，适应市场变化，参与到承发包价格的控制和管理活动中来，以服务的方式和较强的专业技术力量进行价格审查。因此，全面审查法已成为竣工结算常用的和主要的方法之一。

2）重点审查法。是抓住竣工结算重点进行审核，例如选择工程量大的或造价较高的项目进行重点审查，对补充单价进行重点审查，对计取的各项费用进行重点审查，对招标投标项目尤其是对现场签证、设计修改所增加的费用进行重点审查。

3）经验审查法。主要是凭实践经验，审查容易发生差错的那部分工程量等问题，如土方工程，会遇到土壤类别、挖土放坡比例、挖运和填运、土方堆置相互混淆和交叉等问题；又如钢筋工程，施工图往往不能很详细地反映现浇钢筋混凝土构件交叉节点、搭接、定尺长度和施工措施用钢筋等。凭经验发现差错，较容易解决问题。

4）分析对比法。是针对相类似的建筑物，特别是通常使用定型标准图和标准设计的城镇住宅建设的审查方法。例如用单元组合的条形住宅，通过分析对比只要解决合用轴线部分的工程量分配问题，就可很快地在标准消耗量上进行调整，得到较准确的结算依据。

总之，竣工结算审查的方法很多，除了以上的方法外，还有统筹审核法、快速审核法、分组计算审核法和利用手册审核法，等等，在这里不一一赘述，仅以全面审查法对竣工结算的审查法和内容进行介绍。

（2）竣工结算审查的主要内容　竣工结算的主要内容，应放在招标投标文件、合同约定的条款、工程量是否正确、单价套用是否正确、各项费用是否符合现行规定等方面。

1）审查招标投标文件及合同约定的条款。建设工程承发包，或是采用公开招标、邀请招标、议标方式，或是采用直接发包、指定发包方式，每种发包方式最终都以合同或协议的形式规定双方的权利和义务。采用招标投标方式的，有招标书、投标书等，其实质是要约邀请、要约、承诺的过程。合同一般在适用格式条款基础上，对具体可变的某种情况进行调整。例如，每个工程都有其特征，即使同样的工程由于建设工程周期有长有短，时期不一，环境地域不同，市场价格变化大，供求关系变化大，也都会影响发包人的招标策略。如采用预算定额报价方式的，由于供求关系发生了变化，发包人提出按预算定额下降一定的幅度；某些材料的用量很大，对造价有很大的影响，发包人根据已有的生产或采购便利，以发包人供材料方式供货且要求施工管理费用按规定的费率乘以折扣系数；开办费用一次报价，包干使用等，这些调整都是审查的内容，是发包人和承包人在招标投标及订立合同时的要约和承诺，也是竣工结算时必须遵守的。采用直接发包或指定发包的，发包人通常会要求承包人明示人工单价、主要材料单价、施工设备台班单价、费用、利润标准等，以合同条款制约承包人，也是一方要约，一方承诺。作为承包人，需要对招标投标文件和合同约定的条款予以响应，并作为自己的义务。因此，竣工结算审查一开始，首先要对招标文件和合同条款进行审查，以指导工程量和单价费用的审查。

2）审查工程量。审查工程量应先审查是否按计算规则进行计算。建筑物的实体与按计算规则计算出的实物工程量概念不同，结果并不完全相等，前者可以直接用数学计算式进行计算，而后者则需先执行计算规则，在计算规则指导下再用数学计算式进行计算，只有按计算规则计算的实物工程量才符合规范。

例如，挖掘沟槽、基坑土石方工程量的计算规则是：图示沟底宽在 3m 内，且沟槽长大于宽 3 倍以上的为沟槽，图示基坑底面积在 $20m^2$ 以内的为基坑，图示沟底宽 3m 以外，坑底面积 $20m^2$ 以外，平整场地挖土方厚度在 300mm 以外，均按挖土方计算；挖沟槽、基坑，要增加放坡系数，如一、二类人工挖土，其深度超过 1.2m 时按 1:0.5 计算系数；如需增加挡土板时，应按图示沟槽，基坑底宽单面加 100mm，双面加 200mm 计算；挖土时，还需增加工作面，如砖基础每边各增加工作面宽度为 200mm；挖沟槽长度，外墙按图示中心线长度计算，内墙按图示基础底面之间净长度计算，内外突出部分体积并入沟槽土方工程量内计算。又如，混凝土工程量除另有规定者外，均按图示尺寸实体体积以 m^3 计算，不扣除构件内钢筋、预埋铁件及墙板中 $0.3m^2$ 内的孔洞所占体积等。

再审查工程量计算式，按工程量计算规则进行计算，计算要正确。审查工程量计算是审查竣工结算的基础性、重复性的工作，涉及面广，数量多，所用时间长，容易发生差错，也是审查的重点，在审查中，应先按建筑，结构或水、暖、电等专业分类，在各专业的工程量计算式中，每一计算式应注明轴线编号和楼层部位；计算式应简练，尽量使用简便计算公式；计算式不要连成一体，以免混淆，难以辨认，要便于查阅，最后列表汇总。遇同一子目套用多种单价的工程量时，例如，某工程钢筋混凝土柱其总高度为 60m，其中 20m 以下的柱断面为 750mm×750mm，40m 以下的柱断面为 600mm×600mm，60m 以下的柱断面为 450mm×450mm；根据设计要求，混凝土强度等级 45m 以下为 C35，45m 以上为 C30；20m 以下的柱断面共 3 层，第一层柱高为 9m，第二层柱高为 6m，第三层柱高为 5m。对这种同一根柱子涉及不同周长的模板，不同规格钢筋，两种强度等级混凝土的，计算式应按柱周长 3.6m 以内及超过 3.6m 的每超过 1m 支撑增加费用等复杂情况列成分表形式，不要顾此失彼，造成不必要的误差，这样才能使误差率减至最低程度，直至消除误差。

3）审查分部分项子目。审查分部分项子目可按施工顺序和预算定额顺序。如按定额顺序审查，可从土石方工程，桩基础工程，脚手架工程，砌筑工程、钢筋混凝土、混凝土工程等的先后顺序一一过目，进行对照审查，该方法看起来很麻烦，不相干的子目也过了目，其实定额子目排列是有规律的，用此方法能达到事半功倍的效果。同时，遇到特殊工程时，应加以注意，这样可以提示审查者不漏项、不重复。在审查过程中，每审查一个子目后在工程量计算书上标一记号，待按所有定额顺序过目后，未标记号的剩余项就不会遗漏，可以引起重视，达到审查效果。

4）审查单价套用是否正确。审查结算单价，应注意以下几个方面：

① 结算单价是否与报价单价相符，子目内容没有变化的仍应套用原单价，如单价有变化

的，则要查明原因；内容发生变化的要分析具体的内容，审查单价是否符合成立的条件。

② 结算单价是否与预算定额的单价相符，其名称、规格、计量单位和所包括的工程内容是否相一致。

③ 对换算的单价，首先要审查换算的分项工程是否是定额所允许的，其次审查换算的过程是否正确。

④ 对补充的单价，要审查补充单价是否符合预算定额编制原则或报价时关于工、料、机的约定，单位估价表是否正确。

5）审查其他有关费用。

① 其他直接费的内容，各专业和各地的情况不同，具体审查计算时，应按专业和当地的规定执行，要符合规定和要求。

② 施工管理费的审查，要注意以下几个方面内容：

a．是否按工程性质和类别计取费用，有无错套取费标准。

b．施工管理费的计取基础是否符合规定。

c．材料差价是否计取了施工管理费。

d．有无将不需安装的设备或已经安装但不可计费的也计取为安装工程的施工管理费。

e．有无巧立名目、乱摊费用。

③ 利润和税金的审查，重点为计取基础和费率是否符合当地有关部门的现行规定，有无多算或重算的现象。

在审核固定综合单价时，其基本的内容和方法与上述方法相同，重点是综合单价组成的所有费用应与报价和合同约定的相一致。

2．竣工结算的监督

我国建设市场经济活动的情况表明，竣工结算历来是一个难点和热点。由于各种原因，建设工程投资失控，结算超预算、预算超概算、概算超估算的现象仍然普遍存在。因此，加强竣工结算监督已变得越来越重要。建立竣工结算的监督制度，将十分有利于提高工作人员的业务素质，调整各方利益，合理控制造价，防止腐败现象的发生。

（1）加强竣工结算的外部监督

1）法律、规范监督。竣工结算的法律、规范监督首先是要建立起竣工结算相应的法律、规范制度，当前《中华人民共和国合同法》、《中华人民共和国建筑法》、《中华人民共和国招标投标法》、《建设工程工程量清单计价规范》、《建议工程施工合同（示范文本）》等是竣工结算的法律和规范性文件。随着社会的进一步发展，指导竣工结算的针对性较强的各地各部门的实施办法或实施细则也将陆续出台。其次是有法必依、依法办事，要求发包人、承包人、咨询代理人等必须严格遵照法律、法规的规定，在法律、法规允许的范围内进行竣工结算工作，避免违法行为发生。再次是完善人民法院、仲裁委员会对于竣工结算合同双方当事人的争议进行司法鉴定、仲裁、判决的法律手段和程序，以法律的方式维护当事人的合法权益，保障当事人的权利不受侵犯，保证建设市场的正常运行。对于在竣工结算过程中有触犯刑事法律行为的，应按《中华人民共和国刑法》的规定严惩不贷。

2）行政监督。各级人民政府的主管部门应是竣工结算行政监督的主体。工程承发包管理机构对工程竣工结算负有监督责任。政府部门的行政监督主要是运用宏观管理手段，通过咨询代理机构资质和人员资格的培训、考核、申请、批准，认定有资质的咨询代理人和有资格的专业技术人员持证参与竣工结算活动；对于发包人，可以允许其自己办理竣工结算，但要符合基本条件，如不符合，则应委托有资质的单位或有资格的人员办理；同时，可以定期对咨询机构人员进行再教育培训、复查、评比、处理，以提高人员的整体素质。其次，政府和国有集体投资的工程项目竣工结算，应按有关规定报经工程承发包管理机构和有关部门审定。工程承发包管理机构有权定期和不定期地抽查工程竣工结算。对于其他工程竣工结算双方的争议，也可根据双方的要求进行调解，从而起到监督的作用。

3）行业监督。随着改革的发展和深化，经济活动受市场支配的因素日益增大，行业监督已经显示出较强的社会性作用。在国外，行业监督是竣工结算的主要监督方式。在国内，要加强咨询代理机构、人员的行业监督，就应建立健全行业组织，规定行业会员准入制，在行业组织内，要加强行业自律和进行职业道德教育以及公德教育，可实行批评教育、劝退、制裁等方式，从而净化行业组织，扩大和提高行业在社会上的影响，使注册的机构和人员能够得到市场的承认。

4）社会监督。社会监督是竣工结算体系的重要组成部分。社会监督不像其他监督那样有直接的联系，但它有自己独特的作用和意义。通过社会监督，如党的监督、人民群众团体的监督，专业性学术团体的监督、新闻舆论的监督，可以使竣工结算审查过程中没有被发现的问题及时得到反映，暴露在广大人民群众的视野之中，促进对竣工结算审查违法犯罪行为的揭露，有利于公开、公平、公正，有利于防止和惩治腐败现象的发生，有利于提高竣工结算的工作质量。

（2）实行竣工结算的内部监督　竣工结算的内部监督主要有：

1）承包人的监督。办理竣工结算时，承包人应指定有资格的人员持证上岗操作，竣工结算完成后，交相关部门流转核对无误，签上编制人员的姓名，复核人员进行复核并签名后，交单位主管领导审核，最后盖上单位的公章或合同专用章送交发包人，从而保证竣工结算质量。

2）发包人的监督。发包人对竣工结算文件进行研究后，应成立以主管人员为主，相关人员参与的审查班子进行监督管理。相关人员对相关的事务负责，如物资、设备采购人员应对物资和设备提出清单交主管人员审核；财务人员应将财务支付列出清单交主管人员；现场人员应对现场从开工到工程竣工验收后的所有签证、现场记录、会议备忘录等进行整理后交由主管人员。所有关于竣工结算的材料收齐后，再由主管人员根据实际情况，提出建议，或自办竣工结算，或委托咨询代理机构办理竣工结算，最后由发包人的主管负责人进行审定。在委托办理竣工结算时，应派专人对口予以协助和跟踪审查，竣工结算审查结束以后，应写出竣工结算的专题总结报告。

3）咨询代理人的监督。咨询代理人是办理竣工结算审查的专业单位，应建立完整、规范的操作制度，应有持专业执业证书的人员上岗，每个工程项目由于涉及多项专业，应由主审人牵头，专业人员各司其职，不能互相代替。所有的计算公式、套用的单价和取费等，均应增加透明度，防止暗箱操作、秘密交易或无理拒绝对方的建议和意见；需要多人受理和商洽的，不可以单独参与。竣工结算审查完成，签上审核人的名字后，应由专人复核，复核后也需签名并盖上咨询代理机构的审核专用章，写出竣工结算审查报告。发包人、承包人对审查报告有异议的，可向咨询代理人的行业行政主管部门提出复审的申请，经核准的，可以进行复审。

（3）强调竣工结算监督的时间顺序　按时间顺序为标准，竣工结算的监督可分为事前监督、事中监督和事后监督。事前监督是指为防患于未然，在竣工结算之前实施监督，此种监督可采取教育、签订工作责任状及廉正协议之类的办法，做到未雨绸缪；事中监督是指在竣工结算过程中，根据事先制定的考核标准以及中间信息反馈，对竣工结算实施监督，这种监督比较有效，可将可能发生的各种问题在其发生之前予以解决；事后监督是指监督竣工结算实施结束之后对各方面的行为进行监督审查，以便及时处理和补救。三个阶段的监督按时间顺序前后相接，使竣工结算始终处于有效的控制和监督之中。

（4）咨询代理人应遵循的基本职责　咨询代理人的基本职责包括：

1）遵守国家法律、法规，客观公正。

2）不得参与与委托工程有关的经营活动或任职。

3）独立承担受委托的工程代理业务，不得转让给其他单位。

4）接受政府主管部门的监督、检查。

5）按照国家法律、法规进行经营服务活动。

咨询代理人员的基本职责：

1）要有良好的职业道德、社会公德和敬业精神。

2）在工作中必须遵守法律、法规和规章的规定。

3）在资格证书指定的专业范围和有效期限内从事本工作。

4）不得伪造、涂改、出借、转让、出卖资格证书、证章或岗位证书。

5）完成工作文件时，加盖本人的执业证章。

6）接受上级部门的检查。

（5）建立违反竣工结算基本职责的惩罚制度　竣工结算应严禁弄虚作假，高估冒算等不正当行为。对于不正当的竣工结算行为，有关部门和单位应当按照有关法律、法规的规定建立惩戒制度给予处罚；对于咨询代理机构，视其违纪行为可采取包括限期改正，降低资质等级，暂扣、吊销资质证书，责令停止活动、予以警告或没收非法所得、罚款等；因严重失职或者业务水平低劣，造成委托方重大经济损失的，应当承担相应的民事赔偿责任；因单位违反法律构成犯罪的，依法追究单位主管人员的刑事责任；对于咨询代理人员可采取批评、教育、警告、暂扣或吊销资格证书，如因严重失职或者业务水平低劣，造成他方损失的，应追究其个人连带责任；对玩忽职守、滥用职权、徇私舞弊、索贿受贿的执行者，构成犯罪的，依法追究刑事责任。

本章小结

施工阶段的工程造价管理的主要任务是以工程施工合同为依据，通过工程预付款、进度款的确定与控制及工程变更价款控制，预防并处理好工程索赔，挖掘节约工程造价潜力，以及办理竣工结算来实现实际发生的工程造价不超过计划投资（合同价）。

本章详细讲述了工程预付款和进度款计算确定方法以及付款程序；工程变更价款的确定以及《建设工程施工合同（示范文本）》、FIDIC 合同条件下的工程变更程序；工程索赔费用的确定等应重点掌握的内容，最后介绍了工程竣工结算编制与审查方法。

复习思考题

1．什么是工程预付款？怎样确定工程预付款？
2．什么是工程进度款？怎样计算工程进度款？
3．什么是工程变更？工程变更的主要内容有哪些？
4．《建设工程施工合同（示范文本）》条件下工程变更的程序是怎样的？
5．工程变更价款是如何确定的？
6．FIDIC 合同条件下工程变更的程序是怎样的？
7．工程变更的原则是什么？
8．什么是工程索赔？工程索赔产生的原因是什么？
9．工程索赔的处理原则是什么？
10．《建设工程施工合同（示范文本）》规定的工程索赔程序是怎样的？
11．FIDIC 合同条件规定的工程索赔程序是怎样的？
12．工程索赔的依据是什么？
13．怎样计算工程索赔费用？
14．请你根据某一实际工程项目写一份索赔报告。
15．我国工程价款的主要结算方式有哪些？
16．工程价款价差调整的方法主要有哪几种？
17．怎样编制竣工结算？
18．竣工结算审查主要有哪些方法？

第 8 章 竣工验收及后评估阶段的工程造价管理

学习目标

（1）熟悉竣工验收的概念、内容、作用。
（2）熟悉竣工决算的概念、内容、作用。
（3）熟悉竣工决算的编制依据和要求。
（4）掌握竣工决算的编制步骤和方法。
（5）掌握竣工决算的审查内容。
（6）熟悉项目后评估的概念、内容、程序、方法以及后评估指标。

8.1 竣工验收与竣工决算

8.1.1 竣工验收的内容与作用

1. 竣工验收的概念

工程项目竣工验收就是由建设单位、施工单位和项目验收委员会，以项目批准的设计任务书和设计文件，以及国家（或部门）颁发的施工验收规范和质量检验标准为依据，按照一定的程序和手续，在项目建成并试生产合格后，对工程项目的总体进行检验和认证、综合评价和鉴定的活动。

建设项目的验收一般分为初步验收和竣工验收两个阶段：对于规模较大、较复杂的工程项目，先进行初步验收，然后进行全部建设工程项目的竣工验收；对于规模较小、较简单的工程项目，可以一次性进行全部工程项目的竣工验收。

（1）初步验收　施工单位在单位工程交工前，应进行初步验收工作；单位工程竣工后，施工单位再按照国家规定，整理好文件、技术资料，向建设单位提出竣工报告。建设单位收到报告后，应及时组织施工、设计和使用等有关单位进行初步验收。

（2）竣工验收　整个建设项目全部完成后，经过各单位工程的验收，符合设计条件，并具备施工图、竣工决算及工程总结等必要性文件，由项目主管部门或建设单位组织竣工验收。竣工验收是对建设成果和投资效果的总检验，凡新建、扩建、改建的基本建设项目和技术改造项目，按批准的设计文件所规定的内容建成，符合验收标准的，要及时组织竣工验收，办理固定资产移交手续。

2．竣工验收的内容

建设项目竣工验收的内容依据建设项目的不同而异，一般包括下列内容：

（1）工程技术资料验收内容

1）工程项目开工报告。

2）工程项目竣工报告。

3）设计变更通知单。

4）工程地质、水文、气象、地形、地貌、建筑物、构筑物及重要设备安装位置、勘察报告与记录。

5）初步设计、技术设计或扩大初步设计、关键的技术试验及总体规划设计文件。

6）土质试验报告、地基基础处理报告。

7）建筑工程施工记录、单位工程质量检验记录、管线强度及密封性试验报告、设备及管线安装施工记录及质量检查、仪表安装施工记录。

8）设备试车、验收运转、维修记录。

9）产品的技术参数、性能、图纸、工艺说明、工艺规程、技术总结、产品检验、包装、工艺图。

10）设备的图纸、说明书。

11）涉外合同、谈判协议、意向书。

12）各单项工程及全部管网竣工图等。

（2）工程综合资料验收内容　工程综合资料验收内容包括：项目建议书及批件、可行性研究报告及批件、项目评估报告、环境影响评估报告书、设计任务书；土地征用申报及批准的文件、承包合同、招标投标文件、施工执照、项目竣工验收报告及验收鉴定书。

（3）工程财务资料验收内容　工程财务资料验收内容包括：历年建设资金供应（拨、贷）情况和应用情况；历年批准的年度财务决算；历年年度投资计划和财务收支计划；建设成本资料；支付使用的财务资料；设计概算与预算资料；施工决算资料等。

（4）建筑工程验收内容　在全部工程验收时，建筑工程早已建成，有的已进行了交工验收，这时的主要任务是如何运用资料进行审查验收，其主要内容有：

1）建筑物的位置、标高、轴线是否符合设计要求。

2）对基础工程中的土石方工程、垫层工程、砌筑工程等资料的审查。

3）对结构工程的审查验收。

4）对屋面工程的审查验收。

5）对门窗工程的审查验收。

6）对装修工程的审查验收。

（5）安装工程验收的内容　内容分为建筑设备安装工程、工艺设备安装工程和动力设备安装工程验收。

1）建筑设备安装工程。指民用建筑物中的上下水管道，暖气、煤气、通风管道，电气照明等安装工程。应检查这些设备的规格、型号、数量、质量是否符合设计要求，检查安装时的材料、材质、材种，检查试压、闭水试验、照明等。

2）工艺设备安装工程。包括：生产、起重、传动、试验等设备的安装，以及附属管线的敷设和防腐、保温等。

检查设备的规格、型号、数量、质量，设备安装的位置、标高、机座尺寸，单机试车、无负荷联动试车、有负荷联动试车，管道的焊接质量、洗清、吹扫、试压、试漏、防腐、保温等及各种阀门等。

3）动力设备安装工程。指有自备电厂的项目，或变配电室（所）、动力配电线路的验收等。

3．竣工验收的作用

通过竣工验收可以全面考察工程项目设计和施工的质量，以便及时发现和解决存在的问题，以保证项目按设计要求的各项技术经济指标正常使用；可以明确固定资产使用手续，总结工程建设经验，为提高建设项目的经济效益和管理水平提供重要依据；竣工验收是建设成果转入生产使用的标志，是审查投资使用是否合理的重要环节；竣工验收可以解决工程项目的遗留问题，使项目尽快投入使用，发挥效益；竣工验收需要经过国家权威管理部门按照技术规范和技术标准组织验收确认，是建设项目转入投产使用的必要环节。

8.1.2 竣工决算的内容与作用

建设项目竣工决算是指建设项目竣工后，由建设单位编制的综合反映项目从筹建到项目竣工交付使用为止的全部建设费用、建设成果和财务情况的总结性经济文件。

1．竣工决算的内容

建设项目竣工决算应包括从筹建到竣工投产全过程的全部实际支出费用。竣工决算由竣工决算报告说明书、竣工财务决算报表、建设项目竣工图和工程造价比较分析四个部分组成。

（1）竣工决算报告说明书　竣工决算报告说明书反映竣工项目建设成果和经验，是全面考核工程投资与造价的书面总结文件，是竣工决算报告的重要组成部分，其主要内容包括：

1）对工程总的评价。从工程的进度、质量、安全和造价四个方面进行分析说明。对工程进度主要说明开工和竣工时间，对照合理工期和要求工期是提前还是延期；对工程质量要根据竣工验收委员会或相当于一级质量监督部门的验收部门的验收评定等级，合格率和优良品率进行说明；对工程安全要根据劳动工资和施工部门记录，对有无设备事故和人身事故进行说明；对工程造价应对照概算造价，说明是节约还是超支，并用金额和百分率进行分析说明。

2）各项财务和技术经济指标的分析。根据项目实际投资完成额与概算进行对比分析，分析概算执行情况。进行新增生产能力的效益分析，说明交付使用财产占总投资的比例，固定资产占交付使用财产的比例，递延资产占投资总数的比例。进行基本建设投资包干情况的分析，说明投资包干数，实际支用数和节约额，投资包干节余的有机构成和包干节余的分配情况。进行财务分析，列出历年资金来源和资金占用情况。

3）工程建设的经验教训及有待解决的问题，决算中存在的问题和建议。

4）需要说明的其他事项。

（2）竣工财务决算报表　建设项目竣工财务决算报表要根据大、中型建设项目和小型的建设项目分别制定。

大、中型建设项目竣工财务决算报表包括：建设项目竣工财务决算审批表，大、中型建设项目概况表，大、中型建设项目竣工财务决算表，大、中型建设项目交付使用资产总表，大、中型建设项目交付使用资产明细表。

小型建设项目竣工财务决算表包括：建设项目竣工财务决算审批表，建设项目竣工财务决算总表，建设项目交付使用资产明细表。

1）建设项目竣工财务决算审批表。大、中、小型建设项目均要填报此表，见表 8-1。

表 8-1　建设项目竣工财务决算审批表

建设项目法人（建设单位）		建 设 性 质	
建设项目名称		主 管 部 门	
开户银行意见： （盖章） 年　月　日			
专员办审批意见： （盖章） 年　月　日			
主管部门或地方财政部门审批意见： （盖章） 年　月　日			

表 8-1 中“建设性质”按照新建、改建、扩建、迁建和恢复建设项目等分类填列。“主管部门”是指建设单位的主管部门。所有建设项目均须经过开户银行签署意见后，按照有关要求进行报批。中央级小型项目由主管部门签署审批意见；中央级大、中型建设项目报所在地财政监察专员办事机构签署意见后，再由主管部门签署意见报财政部审批；地方级项目由同级财政部门签署审批意见。

已具备竣工验收条件的项目，三个月内应及时填报审批表，如三个月内不办理竣工验收和固定资产移交手续的，视同项目已正式投产，其费用不得从基本建设投资中支付，所实现的收入作为经营收入，不再作为基本建设收入管理。

2）大、中型建设项目竣工工程概况表。大、中型建设项目竣工工程概况表见表 8-2。该表综合反映大、中型建设项目的基本概况，内容包括该项目总投资、建设起止时间、新增生产能力、主要材料消耗、建设成本、完成主要工程量和主要技术经济指标及基本建设支出情况，为全面考核和分析投资效果提供依据。具体内容和填写要求如下：

① 建设项目名称、建设地址、主要设计单位和主要施工单位，应按全称填写。

② 各项目的设计、概算、计划指标是指经批准的设计文件和概算、计划等确定的指标数据。

③ 设计概算批准文号，是指最后经批准的日期和文件号。

④ 新增生产能力、完成主要工程量和主要材料消耗的实际数据，是指建设单位统计资料和施工企业提供的有关成本核算资料中的数据。

⑤ 主要技术经济指标，包括单位面积造价、单位生产能力、单位投资增加的生产能力（例如，吨/万元）、单位生产成本和投资回收年限等反映投资效果的综合性指标。

⑥ 基建支出是指建设项目从开工起至竣工发生的全部基建支出，包括形成资产价值的交付使用资产，即固定资产、流动资产、无形资产、递延资产支出以及不形成资产价值，按规定应该核销的非经营性项目的待核销基建支出和转出投资。

⑦ 收尾工程是指全部工程项目验收后还遗留的少量收尾工程。在表中应明确填写收尾工程内容、完成时间、尚需投资额，可据具体情况加以说明，完工后不再编制竣工决算。

表 8-2 大、中型建设项目竣工工程概况表

<table>
<tr><td>建设项目名称</td><td colspan="2"></td><td>建设地址</td><td colspan="4"></td><td rowspan="9">基建支出</td><td>项 目</td><td>概算</td><td>实际</td><td>主要指标</td></tr>
<tr><td rowspan="2">主要设计单位</td><td colspan="2" rowspan="2"></td><td rowspan="2">主要施工企业</td><td colspan="4" rowspan="2"></td><td>建筑安装工程</td><td></td><td></td><td></td></tr>
<tr><td>设备、工具器具</td><td></td><td></td><td></td></tr>
<tr><td rowspan="4">占地面积</td><td>计划</td><td>实际</td><td rowspan="2">总投资（万元）</td><td colspan="2">设计</td><td colspan="2">实际</td><td rowspan="2">待摊投资
其中：建设单位管理费</td><td rowspan="2"></td><td rowspan="2"></td><td rowspan="2"></td></tr>
<tr><td rowspan="3"></td><td rowspan="3"></td><td>固定资产</td><td>流动资产</td><td>固定资产</td><td>流动资产</td></tr>
<tr><td rowspan="2"></td><td rowspan="2"></td><td rowspan="2"></td><td rowspan="2"></td><td rowspan="2"></td><td>其他投资</td><td></td><td></td><td></td></tr>
<tr><td>待核销基建支出</td><td></td><td></td><td></td></tr>
<tr><td rowspan="2">新增生产能力</td><td colspan="2">效益名称</td><td>设计</td><td colspan="4">实际</td><td rowspan="2">非经营项目转出投资</td><td rowspan="2"></td><td rowspan="2"></td><td rowspan="2"></td></tr>
<tr><td colspan="2"></td><td></td><td colspan="4"></td></tr>
<tr><td rowspan="2">建设起止时间</td><td colspan="2">设计</td><td colspan="5">从 年 月开工至 年 月竣工</td><td colspan="2" rowspan="2">合计</td><td rowspan="2"></td><td rowspan="2"></td><td rowspan="2"></td></tr>
<tr><td colspan="2">实际</td><td colspan="5">从 年 月开工至 年 月竣工</td></tr>
<tr><td rowspan="2">设计概算批准文号</td><td colspan="7" rowspan="2"></td><td rowspan="4">主要材料消耗</td><td>名称</td><td>单位</td><td>概算</td><td>实际</td></tr>
<tr><td>钢材</td><td>t</td><td></td><td></td></tr>
<tr><td rowspan="3">完成主要工程量</td><td colspan="2">建筑面积/m²</td><td colspan="5">设备/（台、套、t）</td><td>木材</td><td>m³</td><td></td><td></td></tr>
<tr><td>设计</td><td>实际</td><td colspan="3">设计</td><td colspan="2">实际</td><td>水泥</td><td>t</td><td></td><td></td></tr>
<tr><td></td><td></td><td colspan="3"></td><td colspan="2"></td><td colspan="2" rowspan="3">主要技术经济指标</td><td colspan="3" rowspan="3"></td></tr>
<tr><td rowspan="2">收尾工程</td><td colspan="2">工程内容</td><td colspan="3">投资额</td><td colspan="2">完成时间</td></tr>
<tr><td colspan="2"></td><td colspan="3"></td><td colspan="2"></td></tr>
</table>

3）大、中型建设项目竣工财务决算表。大、中型建设项目竣工财务决算表反映竣工的大中型建设项目从开工到竣工为止的全部资金，并作为报告上级核销基本建设支出和基本建设拨款的依据。在编制该表前，应先编制出项目竣工年度财务决算，根据编制出的竣工年度财务决算和历年财务决算编制项目的竣工财务决算。此表采用平衡表形式，即资金来源合计等于资金占用合计，见表 8-3。

资金来源包括基建拨款、项目资本金、项目资本公积金、基建借款，上级拨入投资借款、企业债券资金、待冲基建支出、应付款和未交款以及上级拨入资金和企业留成收入等。

资金占用反映建设项目从开工准备到竣工全过程的资金支出的全面情况。具体内容包括基本建设支出、应收生产单位投资借款、拨付所属投资借款、库存器材、货币资金、预付及应收款、有价证券和库存固定资产等。

表 8-3　大、中型建设项目竣工财务决算表

建设项目名称：　　　　　　　　　　　　　　　　　　　　　　　　单位：万元

资金来源	金额	资金占用	金额	补充资料
一、基建拨款		一、基本建设支出		1．基建投资借款期末余额
1．预算拨款		1．交付使用资产		
2．基建基金拨款		2．在建工程		2．应收生产单位投资借款期末余额
3．进口设备转账拨款		3．待核销基建支出		
4．器材转账拨款		4．非经营项目转出投资		3．基建结余资金
5．燃油专用基金拨款		二、应收生产单位投资借款		
6．自筹资金拨款		三、拨款所属投资借款		
7．其他拨款		四、库存器材		
二、项目资本金		其中：待处理器材损失		
1．国家资本		五、货币资金		
2．法人资本		六、预付及应收款		
3．个人资本		七、有价证券		
三、项目资本公积金		八、库存固定资产		
四、基建借款		固定资产原值		
五、上级拨入投资借款		减：累计折旧		
六、企业债券资金		固定资产净值		
七、待冲基建支出		固定资产清理		
八、应付款		待处理固定资产损失		
九、未交款				
1．未交税金				
2．未交基建收入				
3．.未交基建包干节余				
4．其他未交款				
十、上级拨入资金				
十一、留成收入				
合　计		合　计		

补充资料的“基建投资借款期末余额”是指建设项目竣工时尚未偿还的基建投资借款数，应根据竣工年度资金平衡表内的“基建借款”项目期末数填列；“应收生产单位投资借款期末数”，应根据竣工年度资金平衡表内的“应收生产单位投资借款”项目的期末数填列；“基建结余资金”是指竣工时的结余资金，应根据竣工财务决算表中有关项目计算填列。基建结余资金计算公式为：

$$基建结余资金=基建拨款+项目资本+项目资本公积金+基建借款+企业债券资金+待冲基建支出-基建支出-应收生产单位投资借款 \quad (8-1)$$

4）大、中型建设项目交付使用资产总表。交付使用资产总表是反映建设项目建成后，交付使用新增固定资产、流动资产、无形资产和递延资产的全部情况及价值，作为财产交接、检查投资计划完成情况和分析投资效果的依据，其主要内容包括：固定资产、流动资产、无形资产、递延资产，并且应根据交付使用资产明细表中的固定资产、流动资产、无形资产、递延资产的汇总数分别填写。

5）大、中型建设项目交付使用资产明细表，见表 8-4。该表反映交付使用的固定资产、流动资产、无形资产和递延资产及其价值的明细情况，是办理资产交接的依据和接收单位登记资产账目的依据，是使用单位建立资产明细账和登记新增资产价值的依据。大、中型和小型建设项目均需编制此表。编制时要做到齐全完整，数字准确，各栏目价值应与会计账目中相应科目的数据保持一致。建设项目交付使用资产明细表具体编制方法是：

① 表中“建筑工程”项目应按单项工程名称填列其结构、面积和价值。其中“结构”是指项目按钢结构、钢筋混凝土结构等结构形式填写；面积则按各项目实际完成面积填列；价值按交付使用资产的实际价值填写。

② 表中“固定资产”部分要在逐项盘点后，根据盘点实际情况填写，设备、工具、器具和家具等低值易耗品可分类填写。

③ 表中“流动资产”、“无形资产”和“递延资产”项目应根据建设单位实际交付的名称和价值分别填列。

表 8-4　大、中型建设项目交付使用资产明细表

单项工程项目名称	固定资产								流动资产		无形资产		递延资产	
	建筑工程			设备、工具、器具、家具										
	结构	面积/m²	价值/元	规格型号	单位	数量	价值（元）	设备安装（元）	名称	价值（元）	名称	价值（元）	名称	价值（元）
合　计														

支付单位盖章　　年　月　日　　　　　　　　　　接收单位盖章　　年　月　日

6）小型建设项目竣工财务决算总表，见表 8-5。由于小型建设项目内容比较简单，因此可将工程概况与财务情况合并编制一张小型建设项目竣工财务决算总表。该表主要反映小型建设项目的全部工程和财务情况，具体编制时可参照大、中型建设项目概况表指标和大、中型建设项目竣工财务决算表指标口径填写。

表 8-5　小型工程项目竣工财务决算总表

<table>
<tr><td>建设项目名称</td><td colspan="2"></td><td colspan="3">建设地址</td><td colspan="2"></td><td colspan="2">资金来源</td><td colspan="2">资金运用</td></tr>
<tr><td rowspan="2">初步设计概算批准文号</td><td colspan="7" rowspan="2"></td><td>项目</td><td>金额（元）</td><td>项目</td><td>金额（元）</td></tr>
<tr><td rowspan="2">一、基建拨款，其中：预算拨款</td><td rowspan="2"></td><td>一、交付使用资产</td><td></td></tr>
<tr><td rowspan="3">占地面积</td><td>计划</td><td>实际</td><td rowspan="2">总投资（万元）</td><td colspan="2">计划</td><td colspan="2">实际</td><td>二、待核销基建支出</td><td></td></tr>
<tr><td rowspan="2"></td><td rowspan="2"></td><td>固定资产</td><td>流动资产</td><td>固定资产</td><td>流动资产</td><td>二、项目资本</td><td></td><td rowspan="2">三、非经营项目转出投资</td><td rowspan="2"></td></tr>
<tr><td></td><td></td><td></td><td></td><td></td><td>三、项目资本公积金</td><td></td></tr>
<tr><td rowspan="2">新增生产能力</td><td colspan="2">能力（效益）名称</td><td>设计</td><td colspan="4">实际</td><td>四、基建借款</td><td></td><td rowspan="2">四、应收生产单位投资借款</td><td rowspan="2"></td></tr>
<tr><td colspan="2"></td><td></td><td colspan="4"></td><td>五、上级拨入借款</td><td></td></tr>
<tr><td rowspan="2">建设起止时间</td><td colspan="2">计划</td><td colspan="5">从　年　月开工
至　年　月竣工</td><td>六、企业债券资金</td><td></td><td>五、拨付所属投资借款</td><td></td></tr>
<tr><td colspan="2">实际</td><td colspan="5">从　年　月开工
至　年　月竣工</td><td>七、待冲基建支出</td><td></td><td>六、器材</td><td></td></tr>
<tr><td rowspan="8">基建支出</td><td colspan="4">项目</td><td colspan="2">概算（元）</td><td>实际（元）</td><td>八、应付款</td><td></td><td>七、货币资金</td><td></td></tr>
<tr><td colspan="4">建筑安装工程</td><td colspan="2"></td><td></td><td rowspan="3">九、未付款
其中：未交基建收入未交包干收入</td><td rowspan="3"></td><td>八、预付及应收款</td><td></td></tr>
<tr><td colspan="4">设备、工具、器具</td><td colspan="2"></td><td></td><td>九、有价证券</td><td></td></tr>
<tr><td colspan="4">待摊投资
其中：建设单位管理费</td><td colspan="2"></td><td></td><td>十、原有固定资产</td><td></td></tr>
<tr><td colspan="4">其他投资</td><td colspan="2"></td><td></td><td>十、上级拨入资金</td><td></td><td></td><td></td></tr>
<tr><td colspan="4">待核销基建支出</td><td colspan="2"></td><td></td><td>十一、留成收入</td><td></td><td></td><td></td></tr>
<tr><td colspan="4">非经营项目转出投资</td><td colspan="2"></td><td></td><td></td><td></td><td></td><td></td></tr>
<tr><td colspan="4">合　计</td><td colspan="2"></td><td></td><td>合　计</td><td></td><td>合　计</td><td></td></tr>
</table>

（3）建设项目竣工图　建设项目竣工图是真实记录各种地上地下建筑物、构筑物等情况的技术文件，是工程项目进行交工验收、维护、改建和扩建的依据，是国家的重要技术档案。国家规定，各项新建、扩建、改建的基本建设工程，特别是基础、地下建筑、管线、结构、井巷、洞室、桥梁、隧道、港口、水坝以及设备安装等隐蔽部位，都要编制竣工图。为确保竣工图质量，必须在施工过程中（不能在竣工后）及时做好隐蔽工程检查记录，整理好设计变更文件。按图施工没有变动的，由施工单位在原施工图上加盖竣工图标志后即作为竣工图；施工过程中虽有一般性设计变更，但能在原施工图中加以修改补充作为竣工图的可不重新绘制，由施工单位在原施工图上注明修改的部分，附以说明，加盖竣工图标志后，作为竣工图；有重大改变不宜在原施工图上修改补充的，应重新绘制修改后的竣工图，由施工单位在新图上加盖竣工图标志作为竣工图。

（4）工程造价比较分析　在竣工决算报告中必须对控制工程造价所采取的措施、效果及其动态的变化进行认真的比较分析，总结经验教训。批准的概算是考核建设工程造价的依据。在分析时，可将决算报表中所提供的实际数据和相关资料与批准的概算、预算指标进行对比，以确定竣工项目总造价是节约还是超支。在比较的基础上，总结经验教训，找出原因，以利改进。

为考核概算执行情况，正确核实建设工程造价，财务部门首先必须积累概算动态变化资料，例如材料价差、设备价差、人工价差、费率价差以及对工程造价有重大影响的设计变更资料等；其次，核查竣工形成的实际工程造价节约或超支的数额，为了便于进行比较，可先对比整个项目的总概算，之后对比单项工程的综合概算和其他工程费用概算，最后再对比单位工程概算，并分别将建筑安装工程、设备、工器具购置和其他基建费用逐一与项目竣工决算编制的实际工程造价进行对比，找出节约或超支的具体环节。实际工作中应主要分析以下内容：

① 主要实物工程量。概预算编制的主要实物工程量的增减必然使工程概预算造价和竣工决算实际工程造价随之增减，因此要认真对比分析和审查建设项目的建设规模、结构、标准及工程范围等是否遵循批准的设计文件规定，其中有关变更是否按照规定的程序办理，对造价的影响如何。对实物工程量出入较大的项目，还必须查明原因。

② 主要材料消耗量。在建筑安装工程投资中，材料费一般占直接工程费的 70%以上，因此考核材料费的消耗是重点。在考核主要材料消耗量时，要按照竣工决算表中所列三大材料实际超概算的消耗量，查清是在哪一个环节超出量最大，并查明超额消耗的原因。

③ 建设单位管理费、建筑安装工程其他直接费、现场经费和间接费。要根据竣工决算报表中所列的建设单位管理费数额，与概预算所列的建设单位管理费数额进行比较，依据规定查明是否多列或少列费用项目，确定其节约或超支的数额，并查明原因。

以上所列内容是工程造价对比分析的重点，应侧重分析。但对具体项目应进行具体分析，选择哪些内容作为考核和分析的重点，还要因地制宜，视项目的具体情况而定。

2．竣工决算的作用

工程项目竣工后，应及时编制竣工决算，其作用主要表现在以下几方面：

（1）作为办理交付使用资产的主要依据　建设项目竣工决算是办理交付使用资产的依据，也是竣工验收报告的重要组成部分。建设单位与使用单位在办理交付资产的验收交接手续时，通过竣工决算反映了交付使用资产的全部价值，包括固定资产、流动资产、无形资产和递延资产的价值。同时，它还详细提供了交付使用资产的名称、规格、数量、型号和价值等明细资料，是使用单位确定各项新增资产价值并登记入账的依据。

（2）作为国家对基本建设实行“三算”（设计概算、施工图预算和竣工决算）对比的基本依据　“三算”对比中的设计概算和施工图预算都是人们在建筑施工前，根据不同建设阶段有关资料进行计算来确定拟建工程所需要的费用。在一定意义上，它属于人们主观上的估算范畴。而建设项目竣工决算所确定的建设费用，是人们在建设中实际支付的费用。因此，它在“三算”对比中具有特殊的作用，能够直接反映出固定资产投资计划完成情况和投资效果。

（3）作为基本建设成果和财务状况的综合反映　建设项目竣工决算包括基本建设项目从开始建设到竣工验收为止的全部实际费用。它采用货币指标、建设工期、实物数量和各种技术经济指标，综合、全面地反映基本建设项目的建设成果和财务状况。

（4）作为竣工验收的主要依据　按基本建设程序规定，当批准的设计文件规定的工业项目，经负荷运转和试生产，并生产出合格的产品，民用项目符合设计要求，能够正常使用时，应该及时组织竣工验收工作，对建设项目进行全面考核。按工程的不同情况，由负责验收单位组织验收委员会或小组进行验收。

在竣工验收之前，建设单位应向主管部门提出验收报告，其中主要组成部分是建设单位编制的竣工决算文件，作为验收委员会（或小组）的验收依据。验收人员要检查建设项目的实际建筑物、构筑物和生产设备与设施的生产和使用情况，同时审查竣工决算文件中的有关内容和指标，确定建设项目的验收结果。

（5）作为经济核算的依据　竣工决算可使生产企业正确计算已投入使用的固定资产折旧费，保证产品成本的真实性，合理计算生产成本和企业利益，促使企业加强经营管理，增加盈利。

（6）作为总结建设经验的依据　通过编制竣工决算，全面清理财务，便于及时总结建设经验，积累各项技术经济资料，不断改进基本建设管理工作，提高投资效果。

8.2　竣工决算的编制

8.2.1　竣工决算的编制依据和要求

1．竣工决算的编制依据

竣工决算的编制依据主要有：批准的可行性研究报告和投资估算书；批准的初步设计或扩大初步设计及其概算或修正概算书；批准的施工图设计及其施工图预算书；设计变更记录、施工记录或施工签证单及其他施工发生的费用记录；经批准的施工图预算或标底价、承包合同、工程结算等有关资料；设计交底或图纸会审会议纪要；竣工图及各种竣工验收资料；历年基建资料、财务决算及批复文件；设备、材料调价文件和调价记录；有关财务核算制度、办法和其他有关资料、文件等。

2．竣工决算的编制要求

为了严格执行建设项目竣工验收制度，正确核定新增固定资产价值，考核分析投资效果，建立健全经济责任制，所有新建、扩建和改建等建设项目竣工后，都应及时、完整、正确地编制好竣工决算。建设单位要做好以下工作：

（1）按照规定组织竣工验收，保证竣工决算的及时性　及时组织竣工验收是对建设工程的全面考核，所有的建设项目（或单项工程）按照批准的设计文件所规定的内容建成后，具备投产和使用条件的，都要及时组织验收。对于竣工验收中发现的问题，应及时查明原因，采取措施加以解决，以保证建设项目按时交付使用和及时编制竣工决算。

（2）积累、整理竣工项目资料，保证竣工决算的完整性　积累、整理竣工项目资料是编制竣工决算的基础工作，它关系到竣工决算的完整性和质量的好坏。因此，在建设过程中，建设单位必须随时收集项目建设的各种资料，并在竣工验收前，对各种资料进行系统整理，分类立卷，为编制竣工决算提供完整的数据资料，为投产后加强固定资产管理提供依据。在工程竣工时，建设单位应将各种基础资料与竣工决算一起移交给生产单位或使用单位。

（3）清理、核对各项账目，保证竣工决算的正确性　工程竣工后，建设单位要认真核实各项交付使用资产的建设成本；做好各项账务、物资以及债权的清理结余工作，应偿还的及时偿还，该收回的应及时收回，对各种结余的材料、设备、施工机械及工具等，要逐项清点核对，妥善保管，按照国家有关规定进行处理，不得任意侵占；对竣工后的结余资金，要按规定上交财政部门或上级主管部门。做完上述工作后，在核实各项数字的基础上，正确编制从年初起到竣工月份为止的竣工年度财务决算，以便根据历年的财务决算和竣工年度财务决算进行整理汇总，编制建设项目决算。

按照规定，竣工决算应在竣工项目办理验收交付手续后一个月内编好，并上报主管部门，有关财务成本的部分还应送经办行审查签证。主管部门和财政部门对报送的竣工决算审批后，建设单位即可办理决算调整和结束有关的工作。

8.2.2　竣工决算的编制步骤和方法

1．竣工决算编制的步骤

收集、整理、分析原始资料；对照、核实工程变动情况，重新核实各单位工程、单项工程造价；严格划分和核定待摊投资、其他投资、待核实的基建支出和非经营项目的转出投资；编制竣工财务决算说明书；认真填报竣工财务决算报表；认真做好工程造价对比分析；清理、装订竣工图；按国家规定上报审批、存档。

2．竣工决算的编制方法

根据经审定的施工单位竣工结算等原始资料，对原概（预）算进行调整，重新核定各单项工程和单位工程造价。用于增加固定资产价值的其他投资，如建设单位管理费、研究试验费、土地征用及拆迁补偿费等，应分摊于受益工程，随同受益工程交付使用的同时，一并计入新增固定资产价值。

8.2.3　竣工决算的编制实例

【例 8-1】某建设项目 2008 年开工建设，2009 年底有关财务核算资料如下：

（1）已经完成部分单项工程，经验收合格后，已经交付使用的资产包括：

1）固定资产价值 74 540 万元。

2）为生产准备的使用期限在一年以内的备品备件、工具、器具等流动资产价值 25 000 万元；期限在一年以上，单位价值在 1 500 元以上的工具 60 万元。

3）建造期间购置的专利权、非专利技术等无形资产 2 000 万元，摊销期为 5 年。

4）筹建期间发生的开办费 80 万元。

（2）基本建设支出的项目包括：

1）建筑安装工程支出 12 000 万元。

2）设备工器具投资 44 000 万元。

3）建设单位管理费、勘察设计费等待摊投资 2 400 万元。

4）通过出让方式购置的土地使用权形成的其他投资 110 万元。

（3）非经营项目发生的待核销基建支出 50 万元。

（4）应收生产单位投资借款 1400 万元。

（5）购置需要安装的器材 50 万元，其中待处理器材 16 万元。

（6）货币资金 470 万元。

（7）预付工程款及应收有偿调出器材款 18 万元。

（8）建设单位自用的同定资产原值 60550 万元，累计折旧 10022 万元。

（9）各类资金来源的期末余额包括：

1）预算拨款 50000 万元。

2）自筹资金拨款 60000 万元。

3）其他拨款 520 万元。

4）建设单位向银行借入的借款 100000 万元。

5）建设单位当年完成交付使用的资产价值中，200 万元属于利用投资借款形成的待冲基建支出。

6）应付销售商 30 万元贷款和尚未支付的应付工程款 1926 万元。

7）未交税金 30 万元。

则，该工程的竣工决算表见表 8-6。

表 8-6　大、中型建设项目竣工财务决算表

建设项目名称：某建设项目　　　　单位：万元

资金来源	金额	资金占用	金额	补充资料
一、基建拨款	110520	一、基本建设支出	160240	1．基建投资借款期末余额
1．预算拨款	50000	1．交付使用资产	101680	
2．基建基金拨款		2．在建工程	58510	2．应收生产单位投资借款期末余额
3．进口设备转账拨款		3．待核销基建支出	50	
4．器材转账拨款		4．非经营项目转出投资		3．基建结余资金
5．燃油专用基金拨款		二、应收生产单位投资借款	1400	
6．自筹资金拨款	60000	三、拨款所属投资借款		
7．其他拨款	520	四、库存器材	50	
二、项目资本金		其中：待处理器材损失	16	
1．国家资本		五、货币资金	470	
2．法人资本		六、预付及应收款	18	
3．个人资本		七、有价证券		
三、项目资本公积金		八、库存固定资产	50528	
四、基建借款	100000	固定资产原值	60550	
五、上级拨入投资借款		减：累计折旧	10022	
六、企业债券资金		固定资产净值	50528	
七、待冲基建支出	200	固定资产清理		
八、应付款	1926	待处理固定资产损失		
九、未交款	30			
1．未交税金	30			
2．未交基建收入				
3．未交基建包干节余				
4．其他未交款				
十、上级拨入资金				
十一、留成收入				
合计	212706	合计	212706	

8.3 竣工决算的审查

竣工决算编制完成后，在建设单位或委托咨询单位自查的基础上，应及时上报主管部门并抄送有关部门审查，必要时，应经有关部门批准的社会审计机构组织的外部审查。大、中型建设项目的竣工决算，必须上报给该建设项目的批准机关审查，并抄送省、自治区、直辖市财政厅、局和国家财政部审查。

8.3.1 竣工决算审查的意义

（1）有利于合理确定工程造价，提高投资效益　认真审核预算，正确确定建设工程造价，可以使国家或部门对基本建设资金做到合理分配和合理投向，充分发挥投资效益，促进我国社会主义现代化建设的发展。

（2）有利于对基本建设进行科学管理和监督　通过对建设工程竣工决算的审核，可以为基本建设提供所需要的人、财、物等方面的可靠数据。国家根据这些正确的数据，就能正确地实施基本建设拨款、贷款、计划、统计和成本核算，以及制定合理的技术经济考核指标，从而提高对基本建设的科学管理与监督。

（3）有利于维护国家财经纪律　建设单位或业主获得批准的工程建设投资，必须按照国家或部门规定用于批准的计划内工程，不能擅自挪作他用。实施竣工决算审查制度，可以确定建设单位是否用计划内的项目投资兴建计划外工程；是否将生产性建设项目的投资挪用于兴建非生产性项目；还可以确定建设单位的各项费用支出是否符合国家财经纪律。

8.3.2 竣工决算审查的内容

竣工决算的审查一般从以下几方面进行：

1）审查竣工决算的文字说明是否实事求是，有无掩盖问题的情况。

2）审查工程建设的设计概算、年度建设计划执行情况、设计变更情况以及是否有超计划的工程和无计划的楼堂馆所工程，工程增减是否具有业主与施工企业的双方签证。

3）审查各项支出是否符合规章制度，有无乱挤乱摊、扩大开支范围和铺张浪费等问题。

4）审查报废工程损失、非常损失等项目是否经有关部门批准。

5）审查工程建设历年财务收支是否与开户银行账户收支额相符。

6）审查工程建设拨款、借贷款，交付使用财产应核销投资、转出投资，应核销其他支出等项的金额是否与历年财务决算中有关项目的合计数额相符。

7）应收、应付的每笔款项是否全部结清。

8）工程建设应摊销的费用是否已全部摊销。

9）应退余料是否已清退。

10）审查工程建设有无结余资金和剩余物资，数额是否真实，处理是否符合有关规定等。

8.4　后评估阶段的工程造价管理

8.4.1　项目后评估的概念

项目后评估一般是指项目投资完成之后所进行的评估。它通过对项目实施过程、结果及其影响进行调查研究和全面系统的回顾，与项目决策时确定的目标以及技术、经济、环境、社会指标进行对比，找出差别和变化，分析原因，总结经验，汲取教训，得到启示，提出对策建议，通过信息反馈，改善投资管理和决策，达到提高投资效益的目的。

项目后评估是投资项目周期的一个重要阶段，是项目管理的重要内容。项目后评估主要服务于投资决策，是出资人对投资活动进行监管的重要手段。项目后评估也可以为改善企业经营管理提供帮助。

8.4.2　项目后评估内容

项目后评估的基本内容包括以下五方面：

1．项目目标后评估

项目目标后评估的目的是评定项目立项时原定目标和目标的实现程度。项目目标后评估要对照原定目标主要指标，检查项目实际完成指标的情况和变化，分析实际指标发生改变的原因，以判断目标的实现程度。项目目标评估的另一项任务是要对项目原定决策目标的正确性、合理性和实践性进行分析评估，对项目实施过程中可能会发生的重大变化（如政策性变化或市场变化等），重新进行分析和评估。

2．项目实施过程后评估

项目的实施过程后评估应对照比较和分析项目、立项评估或可行性研究时所预计的情况和实际执行的过程，找出差别，分析原因。项目实施过程后评估一般要分析以下几个方面：项目的立项、准备和评估；项目内容和建设规模；项目进度和实施情况；项目配套设施和服务条件；项目干系人范围及其反映；项目的管理和运行机制；项目财务执行情况。

3．项目效益后评估

项目的效益后评估以项目投产后实际取得的效益为基础，重新测算项目的各项经济数据，并与项目前期评估时预测的相关指标进行对比，以评估和分析其偏差及其原因。项目效益后评估的主要内容与项目前评估没有大的差别，主要分析指标还是内部收益率、净现值和贷款偿还期等项目盈利能力和清偿能力的指标，只不过项目效益后评估对已发生的财务现金流量和经济流量采用实际值，并按统计学原理加以处理，而且对后评估时点以后的现金流量需要作出新的预测。

4．项目影响后评估

项目的影响后评估内容包括经济影响、环境影响和社会影响的后评估。

经济影响后评估主要分析评估项目对所在国家、地区和所属行业所产生的经济方面的影响。它区别于项目效益评估中的经济分析，评估的内容主要包括资源分配、就业状况、国内资源成本（或换汇成本）及技术进步等。环境影响后评估包括项目的污染控制、地区环境质量、自然资源利用和保护、区域生态平衡和环境管理等几个方面。社会影响后评估是对项目在经济、社会和环境方面产生的有形和无形的效益和结果所进行的一种分析，通过评估持续性、机构发展、参与、妇女、平等和贫困等六个要素，分析项目对国家（或地方）社会发展目标的贡献和影响，包括项目本身和对项目周围地区的社会影响。

5. 项目持续性后评估

项目的持续性是指在项目的建设资金投入完成之后，项目的既定目标是否还能继续，项目是否还可以持续地发展下去，接受投资的项目业主是否愿意并可能依靠自己的力量继续去实现既定目标，项目是否具有可重复性，即是否可在未来以同样的方式建设同类项目。持续性后评估一般可作为项目影响评估的一部分，但是亚洲开发银行等组织把项目的可持续性视为其援助项目成败的关键之一，因此要求援助项目在评估和评估中进行单独的持续性分析和评估。

8.4.3 项目后评估的种类

从不同的角度出发，项目后评估可分为不同的种类。

1. 根据评估的时点划分

（1）项目跟踪评估　是指项目开工以后到项目竣工验收之前任何一个时点所进行的评估，又称为项目中间评估。项目跟踪评估的目的是检查项目前评估和设计的质量，评估项目在建设过程中的重大变更（如项目产出品市场发生变化、概算调整、重大方案变化或主要政策变化等）及其对项目效益的作用和影响；或是诊断项目发生的重大困难和问题，寻求对策和出路等。这类评估往往侧重于项目层次上的问题，如建设必要性评估勘测设计评估、勘测设计评估和施工评估等。

（2）项目实施效果评估　世界银行和亚洲开发银行称之为 PPAR 评估（project performance Audit Report），是指在项目竣工一段时间之后所进行的评估（即通常所称的项目后评估，一般生产性行业在项目竣工后 1～2 年进行；基础设施行业在竣工后 5 年左右进行；社会基础设施行业可能更长一些）。其主要目的是检查确定投资项目或活动达到理想效果的程度，总结经验教训，为完善已建项目、调整在建项目和指导待建项目服务。一般意义上的项目后评估即为此类评估。这类评估要对项目层次和决策管理层次的问题加以分析和总结。

（3）项目影响评估　又称为项目效益评估，是指项目后评估报告完成一定时间之后所进行的评估，在项目实施效果评估完成一段时间以后，在项目实施效果评估的基础上，通过调查项目的经营状况，分析项目发展趋势及其对社会、经济和环境的影响，总结决策等宏观方面的经验教训。

2. 根据评估的内容划分

（1）目标评估　一方面有些项目原定的目标不明确，或不符合实际情况，项目实施过程中可能会发生重大变化，如政策性变化或市场变化等，所以项目后评估要对项目立项时原定决策目标的正确性、合理性和实践性进行重新分析和评估；另一方面，项目后评估要对照原定目标完成的主要指标，检查项目实际完成的情况和出现的变化，并分析变化原因，以判断目的和目标的实现程度，也是项目后评估所需要完成的主要任务之一。判别项目目标的指标应在项目立项时确定。

（2）项目前期工作和实施阶段评估　主要通过评估项目前期工作和实施过程中的工作成绩，分析和总结项目前期工作的经验教训，为今后加强项目前期工作和实施管理积累经验。

（3）项目运营评估　通过项目投产后的有关实际数据资料或重新预测的数据，研究建设工程项目实际投资效益与预测情况（或其他同类项目投资效益）的偏离程度及其原因，系统地总结项目投资的经验教训，并为进一步提高项目投资效益提出切实可行的建议。

（4）项目影响评估　分析评估项目对所在地区、所属行业和国家产生的经济、环境与社会等方面的影响。

（5）项目持续性评估　指对项目的既定目标是否能按期实现，项目是否可以持续保持较好的效益，项日业主是否愿意并可以依靠自己的能力继续实现既定的目标，项目是否具有可重复性等方面进行评估。

3．按项目投资渠道和管理体制划分

（1）国家重点建设项目后评估　由国家发改委制定评估规定，编制评估计划，委托独立的咨询机构来完成。

（2）国际金融组织贷款项目后评估　世界银行和亚洲银行在华的贷款项目，分别按其国际金融组织的规定开展项目后评估。

（3）国家银行贷款项目后评估　国家政府性投资项目 1987 年起由建设银行、1994 年起转由国家开发银行实施后评估工作。

（4）国家审计项目后评估　20 世纪 80 年代末国家审计署开始对国家投资和利用外资的大中型项目的实施、竣工和完工开展财务审计，目前正在积极开拓绩效审计等与项目后评估相关的业务。

（5）行业部门和地方项目后评估　由行业部门和地方政府安排投资的建设项目一般由行业部门和地方政府安排项目后评估。行业部门和地方政府也参与在本地区或本部门的国家一级和世行、亚行项目的项目后评估工作。

4．根据评估的主体划分

（1）项目自评估　由项目业主会同执行管理机构，按照国家有关部门的要求，编写项目的自我评估报告，报行业主管部门、其他管理部门或银行。

（2）行业或地方项目后评估　由行业或省级主管部门对项目自评估报告进行审查分析，并提出意见，撰写报告。

（3）独立后评估　由相对独立的后评估机构组织专家对项目进行后评估，通过资料收集、现场调查和分析讨论，提出项目后评估报告。通常情况下，项目后评估均属于这类评估。

8.4.4　建设工程项目后评估的程序

项目后评估主要是为决策服务的，决策需求有时是宏观的，涉及国家、地区、行业发展的战略；有时是微观的，仅为某个项目组织、管理机构积累经验。因此，项目后评估也就分为宏观决策型后评估和微观决策型后评估。

1．面向宏观决策的后评估程序

（1）制订后评估计划　国家的后评估和银行、金融组织的后评估，更注重投资活动的整体效果、作用和影响，应从较长远的角度和更高的层次上来考虑后评估计划的制订工作。后评估计划制订得越早越好，应把它作为项目生命周期的一个必不可少的阶段，以法律或规章的形式确定下来。项目后评估计划内容包括项目的选定、后评估人员的配备、组织机构、时间进度、内容、范围、评估方法及预算安排等。

（2）后评估项目的选定　为在更高层次上总结出带有方向性的经验教训，不少国家和国际组织采用了“打捆”的方式，即将一个行业或一个地区的几个相关的项目一起列入后评估计划，同时进行评估。一般来讲，选择后评估项目有以下几条标准：项目实施出现重大问题的；非常规的；发生重大变化的；急迫需要了解项目作用和影响的；可为即将实施的国家预算、宏观战略和规划原则提供信息的；为投资规划确定未来发展方向有代表性的；对开展行业部门或地区后评估研究有重要意义的项目。

（3）后评估范围的确定　项目后评估范围和深度根据需要应有所侧重和选择。通常是在委托合同中确定评估任务的目的、内容、深度、时间和费用，一般有以下内容：①项目后评估的目的和范围；②提出评估过程中所采用的方法；③提出所评项目的主要对比指标；④确定完成评估的经费和进度。

（4）项目评估咨询专家的选择　项目后评估通常分为自我评估阶段和独立评估阶段。在独立评估阶段，需委托一个独立的评估咨询机构或由银行内部相对独立的后评估专门机构来实施，由此机构任命后评估负责人，该负责人聘请和组织项目评估专家实施后评估。评估专家可以是评估咨询机构内部的人员，他们较熟悉评估方法和程序，费用较低；也可以是熟悉评估项目专业的行家，他们客观公正，同时弥补了评估机构内部的人手不足。

（5）项目后评估的执行　项目后评估的执行包括以下几方面工作：

1）资料信息的收集。包括项目资料（如项目自我评估、完工、竣工验收、决算审计、概算调整、开工、初步设计、评估和可行性研究等报告及批复文件等）；项目所在地区的资料（如国家和地区的统计资料、物价信息等）；评估方法的有关规定和准则（如联合国开发署、亚洲开发银行、国家发改委及国家开发银行等机构已颁布的手册和规范等）。

2）后评估现场调查。现场调查可了解项目的基本情况，其目标实现程度，产生的直接和间接影响等。现场调查应事先做好充分准备，明确调查任务，制定调查提纲。

3）分析和结论。在收集资料和现场调查后进行全面认真的分析，就可得出一些结论性答案，如项目成功度、投入产出比、成败原因、经验教训和项目可持续性，等等。

（6）项目后评估的报告　项目后评估报告是评估结果的汇总，应反映真实情况，客观分析问题，认真总结经验。后评估报告应包括摘要、项目概况、评估内容、主要变化和问题、原因分析、经验教训、结论和建议及评估方法说明等。这些内容既可以形成一份报告，又可以单独成文上报。报告的发现和结论要与问题和分析相对应，经验、教训和建议要把评估的结果与将来规划和政策的制订修改联系起来。后评估报告要有相对固定的内容格式，便于分解和计算机录入。

（7）后评估的反馈　反馈机制是后评估体系中的一个决定性环节。它是一个表达和扩散评估成果信息的动态过程，同时该机制还应保证这些成果在新建或已有项目以及其他开发活动中得到采纳和应用。

反馈过程有两个要素，一是评估信息的报告和扩散，其中包含了评估者的工作责任。后评估的成果和问题应该反馈到决策、规划、立项管理、评估、监督和项目实施等机构和部门。二是应用后评估成果及经验教训，以改进和调整政策的分析和制订，这是反馈最主要的管理功能。在反馈程序里，必须在评估者及其评估成果与应用者之间建立明确的机制，以保持紧密的联系。

2．面向微观决策的后评估程序

此类后评估往往注重某个项目和项目团队，涉及的环境较少，评估的程序比较简化，内容简单，形式多样，一般而言包含如下几个步骤：

（1）自我评估　自我评估由项目组织内部进行，通常以项目总结会的形式开展。通过对项目的整体总结、归纳、统计、分析，找出项目实施过程、结果等方面与计划的偏差，并给予分析。自我评估的结果是形成项目总结报告。自我评估注重于项目和项目成果本身，侧重找出项目在实施过程中的变化，以及变化对项目各方面的影响，分析变化原因，以总结项目团队在工作中的经验教训。

（2）成立项目后评估小组　这种专门的评估小组一般由项目组之外的人员组成，他们可以来自项目所属的业务部门、上级管理部门、独立的评估咨询机构或是外聘专家。评估小组要站在管理的角度来进一步地评估项目的管理业绩和产生的效益。

（3）信息的收集　项目后评估小组依据项目总结报告，审查项目管理部、财务部和业务部等部门递交的项目记录和报告，查阅有关项目各时段的文档资料，访问项目干系人，尤其需要向客户或用户了解项目产品的质量、问题和影响，对这些信息进行综合分析。

（4）实施评估　为微观决策服务的后评估内容可能会比较具体，如涉及项目的各方面管理行为的评估、项目进度管理评估、项目成本管理评估、项目人力资源管理评估、客户管理评估、项目的质量管理评估、项目责任人业绩评估及项目的效益和前景评估，等等。每一方面的评估可以细分为一些问题和条件，制成便于操作的评分表，以便进行量化评估。

（5）形成评估报告　后评估小组根据评分标准及其评估模型对项目进行整体评估，给出结论并形成报告。该报告通过规定的渠道汇报给各个方面，以起到应有的评估现实项目、支持后续项目的评估目的。

8.4.5　项目后评估的方法

项目后评估方法的基础理论是现代系统工程与反馈控制的管理理论。项目后评估方法的基本原理是比较法，是将项目投产后的实际情况、实际效果等与决策时期的目标相比较，从中找出差距、分析原因、提出改进措施和建议，进而总结经验教训。项目后评估的分析方法一般有如下四种：

1．对比法

项目后评估的主要分析评估方法是对比法，即根据后评估调查得到的项目实际情况，对照项目立项时所确定的直接目标和宏观目标，以及其他指标，找出偏差和变化，分析原因，得出结论和经验教训。项目后评估的对比法包括前后对比、有无对比和横向对比。

1）前后对比法是项目实施前后相关指标的对比，用以直接估量项目实施的相对成效。

2）有无对比法是指在项目周期内“有项目”（实施项目）相关指标的实际值与“无项目”（不实施项目）相关指标的预测值对比，用以度量项目真实的效益、作用及影响。

3）横向对比是同一行业内类似项目相关指标的对比，用以评估企业或项目的绩效或竞争力。

2. 效益评估法

效益评估法又称为指标计算法，是指通过计算反映项目准备、决策、实施和运营各阶段实际效益的指标，以此来衡量和分析项目投产后实际所取得的效益。效益评估法是把项目实际产生的效益或效果，与项目实际发生的费用或投入加以比较，进行盈利能力分析。在项目后评估阶段，效益指标的计算完全是以统计的实际值为依据来进行统计分析，并相应地使用前评估中曾使用过的相同的经济评估参数来进行效益计算，以便在有可比性和计算口径一致的情况下判断项目的决策是否正确。

3. 过程评估法

过程评估法是指将项目从立项决策、设计、采购直到建设实施各程序环节的实际进程与事先制订好的计划、目标相比较。通过对全过程的分析评估，找出主观愿望与客观实际之间的差异，从而发现导致项目成败的主要环节和原因，提出有关的建议和措施，使以后同类项目的实施计划和目标制定更加切合实际和具有可行性。过程评估法一般有工作量大、涉及面广的特点。

4. 系统评估法

系统评估法是指在后评估工作中将上述三种评估方法有机地结合起来，对项目进行系统分析和评估的一种方法。在上述三种方法中，效益评估法是从成本—效益的角度来判断决策目标是否正确；对比法则主要评估项目产生的各种影响因素，其中最大的影响因素就是项目效益；过程评估法是从项目建设过程来分析造成项目的产出和投入与预期目标产生差异的原因，是效益评估的基础。另外，项目的效益又与设计、施工质量、工程进度及投资估算等密切相关，因此，需要将三种评估方法结合起来，以便得出最佳的评估结论。

总之，项目后评估的各种方法之间存在着密切的联系，只有全面理解和综合应用，才能符合项目后评估客观、公正和科学的要求。

8.4.6 项目后评估指标的计算

一般来说，项目后评估主要是通过一些指标的计算和对比，来分析项目实施中出现的偏差，衡量项目实际建设效果，并寻求解决问题的方案。后评估的主要评估指标有以下几项：

1. 项目前期和实施阶段的后评估及其主要评估指标

（1）实际项目决策（设计）周期变化率　实际项目决策（设计）周期变化率表示实际项目决策（设计）周期与预计项目决策（设计）周期相比的变化程度，计算公式为：

$$\text{项目决策（设计）周期变化率}=\frac{\text{实际项目决策（设计）周期（月数）}-\text{预计项目决策}}{\text{预计项目决策（设计）周期（月数）}}$$

$$\frac{\text{（设计）周期（月数）}}{\text{预计项目决策（设计）周期（月数）}}\times 100\% \qquad (8\text{-}2)$$

（2）竣工项目定额工期率　竣工项目定额工期率反映项目实际建设工期与国家统一制定的定额工期或确定的、计划安排的计划工期的偏离程度，计算公式为：

$$\text{竣工项目定额工期率}=\frac{\text{竣工项目实际工期}}{\text{竣工项目定额（计划）工期}}\times 100\% \qquad (8\text{-}3)$$

（3）实际建设成本变化率　实际建设成本变化率反映项目建设成本与批准的（概）预算所规定的建设成本的偏离程度，计算公式为：

$$\text{实际建设成本变化率}=\frac{\text{实际建设成本}-\text{预计建设成本}}{\text{预计建设成本}}\times 100\% \qquad (8\text{-}4)$$

（4）实际工程合格（优良）品率　实际工程合格（优良）品率反映建设工程项目的工程质量，计算公式为：

$$\text{实际工程合格（优良）品率}=\frac{\text{实际单位工程合格（优良）品数量}}{\text{验收鉴定的单位工程总数}}\times 100\% \qquad (8\text{-}5)$$

（5）实际投资总额变化率　实际投资总额变化率反映实际投资总额与项目前评估中预计的投资总额偏差的大小，包括静态投资总额变化率和动态投资总额变化率，计算公式为：

$$\text{静态（动态）投资总额变化率}=\frac{\text{静态（动态）实际投资总额}-\text{预计静态（动态）投资总额}}{\text{预计静态（动态）投资总额}}\times 100\% \qquad (8\text{-}6)$$

2．项目营运阶段后评估指标

（1）实际单位生产能力投资　实际单位生产能力投资反映竣工项目的实际投资效果，计算公式为：

$$\text{实际单位生产能力投资}=\frac{\text{竣工验收项目（或单项工程）实际投资总额}}{\text{竣工验收项目（或单项工程）实际形成的生产能力}} \qquad (8\text{-}7)$$

（2）实际达产年限变化率　实际达产年限变化率反映实际达产年限与设计达产年限的偏离程度，计算公式为：

$$\text{实际达产年限变化率}=\frac{\text{实际达产年限}-\text{设计达产年限}}{\text{设计达产年限}}\times 100\% \qquad (8\text{-}8)$$

（3）主要产品价格（成本）变化率　主要产品价格（成本）变化率衡量前评估中主要产品价格（成本）的预测水平，可以部分地解释实际投资效益与预期效益偏差的原因，也是重新预测项目生命周期内主要产品价格（成本）变化情况的依据。指标计算可分以下三步进行。

1）计算主要产品价格（成本）年变化率：

$$\text{主要产品价格（成本）变化率}=\frac{\text{实际产品价格（成本）}-\text{预测产品价格（成本）}}{\text{预测产品价格（成本）}}\times 100\%$$

(8-9)

2）运用加权法计算各年主要产品平均价格（成本）变化率：

$$实际建设成本变化率=\sum 主要产品价格（成本）年变化率\times该产品产值（成本）占总产值（总成本）的比例\times100\% \qquad (8-10)$$

3）计算考核期实际产品价格（成本）变化率：

$$实际产品价格（成本）变化率=\frac{各年主要产品价格（成本）年平均变化率之和}{考核期年限}\times100\% \qquad (8-11)$$

（4）实际销售利润变化率　实际销售利润变化率反映项目的实际投资效益，并且衡量项目实际投资效益与预期投资效益的偏差，分为以下两步计算。

1）计算考核期内各年实际销售利润变化率：

$$各年实际销售变化率=\frac{该年实际销售利润-预计年销售利润}{预计年销售利润}\times100\% \qquad (8-12)$$

2）计算实际销售利润变化率：

$$实际销售利润变化率=\frac{各年实际销售利润变化率}{预考核年限} \qquad (8-13)$$

（5）实际投资利润（利税）率　实际投资利润（利税）率指项目达到实际生产后的年实际利润（利税）总额与项目实际投资的比率，也是反映建设工程项目投资效果的一个重要指标，计算公式为：

$$实际投资利润（利税）率=\frac{年实际利润（利税）或年平均实际利润（利税）额}{实际投资额}\times100\% \qquad (8-14)$$

（6）实际投资利润（利税）变化率　实际投资利润（利税）变化率反映项目实际投资利润（利税）率与预测投资利润（利税）率或国内外其他同类项目实际投资利润（利税）率的偏差，计算公式为：

$$实际投资利润（利税）变化率=\frac{实际投资利润（利税）率-预测（其他项目）投资利润（利税）率}{预测（其他项目）投资利润（利税）率}\times100\% \qquad (8-15)$$

（7）实际净现值　实际净现值是反映项目生命周期内获利能力的动态评估指标。它的计算是依据项目投产后的年实际净现金流量或根据情况重新预测的项目生命周期内各年的净现金流量，并按重新选定的折现率，将各年现金流量折现到建设期的现值之和，计算公式为：

$$RNPV=\sum_{t=1}^{n}\frac{RCI-RCO}{(1+i_k)^t} \qquad (8-16)$$

式中　RNPV——实际净现值；

RCI——项目实际的或根据实际情况重新预测的年现金流入量；

RCO——项目实际的或根据实际情况重新预测的年现金流出量；

i_k——根据实际情况重新选定的一个折现率；

n——项目生命期；

t——考核期的某一具体年份，t=1，2…，n。

（8）实际内部收益率　实际内部收益率（RIRR），是根据实际发生的年净现金流量和重新预测的项目生命周期计算的各年净现金流量现值为零的折现率，计算公式为：

$$\sum_{t=1}^{n}\frac{\mathrm{RCI}-\mathrm{RCO}}{(1+i_{\mathrm{RIRR}})^t}=0 \tag{8-17}$$

式中　i_{RIRR}——以实际内部收益率为折现率。

（9）实际投资回收期　实际投资回收期是以项目实际产生的净收益或根据实际情况重新预测的项目净收益，抵偿实际投资的总回收期。它分为实际静态投资回收期和实际动态投资回收期，计算公式为：

1）实际静态投资回收期：

$$\sum_{t=1}^{P_{\mathrm{R\,t}}}(\mathrm{RCI}-\mathrm{RCO})_t=0 \tag{8-18}$$

2）实际动态投资回收期：

$$\sum_{t=1}^{P'_{\mathrm{Rt}}}\frac{(\mathrm{RCI}-\mathrm{RCO})_t}{(1+i_{\mathrm{k}})^t}=0 \tag{8-19}$$

（10）实际借款偿还期　实际借款偿还期是衡量项目实际清偿能力的一个指标，它表示项目投产后实际的或重新预测的可作还款的利润、折旧和其他收益额偿还固定资产实际借款本息所需要的时间，计算公式为：

$$I_{\mathrm{Rd}}=\sum_{t=1}^{P_{\mathrm{Rd}}}(R_{\mathrm{RP}}+D'_{\mathrm{R}}+R_{\mathrm{RO}}-R_{\mathrm{Rt}}) \tag{8-20}$$

式中　I_{Rd}——固定资产投资借款实际本息之和；

P_{Rd}——实际借款偿还期；

R_{RP}——实际或重新预测的年利润的总额；

D_{R}——实际可用于还款的折旧；

R_{Ro}——年实际可用于还款的其他收益；

R_{Rt}——还款期的年实际企业留利。

在计算实际净现值、实际内部收益率、实际投资回收期及实际借款偿还期后，还可以计算其变化率以分析它们与预计指标的偏差，具体计算方法与其他指标相同。关于国民经济后评估中的实际经济净现值及实际经济内部收益率等指标的计算方法，与实际净现值及实际内部收益率的计算方法相同。

在实际的项目后评估中，还可以视不同的具体项目和后评估要求的需要，设置其他一些评估指标。通过这些指标的计算和对比，可以找出项目实际运行情况与预计情况的偏差和偏离程度。在对这些偏差分析的基础上，可以对产生偏差的各种因素采用具有针对性的解决方案，保证项目的正常运营。

本章小结

竣工验收及后评估阶段工程造价管理的内容包括：竣工验收，竣工决算的编制，竣工决算的审查，项目后评估阶段工程造价管理等。

工程项目竣工验收是建设程序的最后一个阶段，是全面检查和考核合同执行情况、检验工程建设质量和投资效益的重要环节。竣工验收包括初步验收和竣工验收两个阶段，初步验收由施工单位自己组织，竣工验收由主管部门或建设单位组织。

竣工决算是指项目竣工后，由建设单位报告项目建设成果和财务状况的总结性文件，是考核其投资效果的依据，也是办理交付、动用和验收的依据。

竣工决算由竣工决算报告说明书、竣工决算报表、竣工工程平面示意图、工程造价比较分析四部分组成。大中型项目与小型项目的决算报表也不同。

竣工决算编制完成后，在建设单位或委托咨询单位自查的基础上，应及时上报主管部门并抄送有关部门进行竣工决算审查。

通过建设项目后评价，可以达到肯定成绩、总结经验、研究问题、吸取教训、提出建议、改进工作、不断提高项目决策水平和投资效果的目的。后评估阶段造价管理有利于控制工程造价，项目后评估方法有对比法、效益评估法、过程评估法和系统评估法等。后评估主要通过一些指标的计算和对比，来分析项目实施中的偏差，衡量项目实际建设效果，并寻求解决问题的方案。

复习思考题

1．什么是竣工验收？竣工验收应包括哪些内容？

2．什么是竣工决算？竣工决算应包括哪些内容？

3．竣工决算的编制依据和要求是什么？

4．简述竣工决算的编制程序和方法？

5．为什么要对竣工决算进行审查？

6．竣工决算审查的内容是什么？

7．什么是项目后评估？项目后评估的基本内容包括哪几个方面？

8．简述建设工程项目后评估的程序和方法？

附　　录

附录 A　注册造价工程师管理办法

第一章　总　　则

第一条　为了加强对注册造价工程师的管理，规范注册造价工程师执业行为，维护社会公共利益，制定本办法。

第二条　中华人民共和国境内注册造价工程师的注册、执业、继续教育和监督管理，适用本办法。

第三条　本办法所称注册造价工程师，是指通过全国造价工程师执业资格统一考试或者资格认定、资格互认，取得中华人民共和国造价工程师执业资格（以下简称执业资格），并按照本办法注册，取得中华人民共和国造价工程师注册执业证书（以下简称注册证书）和执业印章，从事工程造价活动的专业人员。

未取得注册证书和执业印章的人员，不得以注册造价工程师的名义从事工程造价活动。

第四条　国务院建设主管部门对全国注册造价工程师的注册、执业活动实施统一监督管理；国务院铁路、交通、水利、信息产业等有关部门按照国务院规定的职责分工，对有关专业注册造价工程师的注册、执业活动实施监督管理。

省、自治区、直辖市人民政府建设主管部门对本行政区域内注册造价工程师的注册、执业活动实施监督管理。

第五条　工程造价行业组织应当加强造价工程师自律管理。

鼓励注册造价工程师加入工程造价行业组织。

第二章　注　　册

第六条　注册造价工程师实行注册执业管理制度。

取得执业资格的人员，经过注册方能以注册造价工程师的名义执业。

第七条　注册造价工程师的注册条件为：

（一）取得执业资格；

（二）受聘于一个工程造价咨询企业或者工程建设领域的建设、勘察设计、施工、招标代理、工程监理、工程造价管理等单位；

（三）无本办法第十二条不予注册的情形。

第八条　取得执业资格的人员申请注册的，应当向聘用单位工商注册所在地的省、自治区、直辖市人民政府建设主管部门（以下简称省级注册初审机关）或者国务院有关部门（以下简称部门注册初审机关）提出注册申请。

对申请初始注册的，注册初审机关应当自受理申请之日起 20 日内审查完毕，并将申请材料和初审意见报国务院建设主管部门（以下简称注册机关）。注册机关应当自受理之日起20日内作出决定。

对申请变更注册、延续注册的，注册初审机关应当自受理申请之日起5日内审查完毕，并将申请材料和初审意见报注册机关。注册机关应当自受理之日起10日内作出决定。

注册造价工程师的初始、变更、延续注册，逐步实行网上申报、受理和审批。

第九条 取得资格证书的人员，可自资格证书签发之日起1年内申请初始注册。逾期未申请者，须符合继续教育的要求后方可申请初始注册。初始注册的有效期为4年。

申请初始注册的，应当提交下列材料：

（一）初始注册申请表；

（二）执业资格证件和身份证件复印件；

（三）与聘用单位签订的劳动合同复印件；

（四）工程造价岗位工作证明；

（五）取得资格证书的人员，自资格证书签发之日起1年后申请初始注册的，应当提供继续教育合格证明；

（六）受聘于具有工程造价咨询资质的中介机构的，应当提供聘用单位为其交纳的社会基本养老保险凭证、人事代理合同复印件，或者劳动、人事部门颁发的离退休证复印件；

（七）外国人、台港澳人员应当提供外国人就业许可证书、台港澳人员就业证书复印件。

第十条 注册造价工程师注册有效期满需继续执业的，应当在注册有效期满30日前，按照本办法第八条规定的程序申请延续注册。延续注册的有效期为4年。

申请延续注册的，应当提交下列材料：

（一）延续注册申请表；

（二）注册证书；

（三）与聘用单位签订的劳动合同复印件；

（四）前一个注册期内的工作业绩证明；

（五）继续教育合格证明。

第十一条 在注册有效期内，注册造价工程师变更执业单位的，应当与原聘用单位解除劳动合同，并按照本办法第八条规定的程序办理变更注册手续。变更注册后延续原注册有效期。

申请变更注册的，应当提交下列材料：

（一）变更注册申请表；

（二）注册证书；

（三）与新聘用单位签订的劳动合同复印件；

（四）与原聘用单位解除劳动合同的证明文件；

（五）受聘于具有工程造价咨询资质的中介机构的，应当提供聘用单位为其交纳的社会基本养老保险凭证、人事代理合同复印件，或者劳动、人事部门颁发的离退休证复印件；

（六）外国人、台港澳人员应当提供外国人就业许可证书、台港澳人员就业证书复印件。

第十二条 有下列情形之一的，不予注册：

（一）不具有完全民事行为能力的；

（二）申请在两个或者两个以上单位注册的；

（三）未达到造价工程师继续教育合格标准的；

（四）前一个注册期内工作业绩达不到规定标准或未办理暂停执业手续而脱离工程造价业务岗位的；

（五）受刑事处罚，刑事处罚尚未执行完毕的；

（六）因工程造价业务活动受刑事处罚，自刑事处罚执行完毕之日起至申请注册之日止不满5年的；

（七）因前项规定以外原因受刑事处罚，自处罚决定之日起至申请注册之日止不满3年的；

（八）被吊销注册证书，自被处罚决定之日起至申请注册之日止不满3年的；

（九）以欺骗、贿赂等不正当手段获准注册被撤销，自被撤销注册之日起至申请注册之日止不满3年的；

（十）法律、法规规定不予注册的其他情形。

第十三条　被注销注册或者不予注册者，在具备注册条件后重新申请注册的，按照本办法第八条第一款、第二款规定的程序办理。

第十四条　准予注册的，由注册机关核发注册证书和执业印章。

注册证书和执业印章是注册造价工程师的执业凭证，应当由注册造价工程师本人保管、使用。

造价工程师注册证书由注册机关统一印制。

注册造价工程师遗失注册证书、执业印章，应当在公众媒体上声明作废后，按照本办法第八条第一款、第三款规定的程序申请补发。

第三章　执　　业

第十五条　注册造价工程师执业范围包括：

（一）建设项目建议书、可行性研究投资估算的编制和审核，项目经济评价，工程概、预、结算、竣工结（决）算的编制和审核；

（二）工程量清单、标底（或者控制价）、投标报价的编制和审核，工程合同价款的签订及变更、调整、工程款支付与工程索赔费用的计算；

（三）建设项目管理过程中设计方案的优化、限额设计等工程造价分析与控制，工程保险理赔的核查；

（四）工程经济纠纷的鉴定。

第十六条　注册造价工程师享有下列权利：

（一）使用注册造价工程师名称；

（二）依法独立执行工程造价业务；

（三）在本人执业活动中形成的工程造价成果文件上签字并加盖执业印章；

（四）发起设立工程造价咨询企业；

（五）保管和使用本人的注册证书和执业印章；

（六）参加继续教育。

第十七条　注册造价工程师应当履行下列义务：

（一）遵守法律、法规、有关管理规定，恪守职业道德；

（二）保证执业活动成果的质量；

（三）接受继续教育，提高执业水平；

（四）执行工程造价计价标准和计价方法；
（五）与当事人有利害关系的，应当主动回避；
（六）保守在执业中知悉的国家秘密和他人的商业、技术秘密。

第十八条 注册造价工程师应当在本人承担的工程造价成果文件上签字并盖章。

第十九条 修改经注册造价工程师签字盖章的工程造价成果文件，应当由签字盖章的注册造价工程师本人进行；注册造价工程师本人因特殊情况不能进行修改的，应当由其他注册造价工程师修改，并签字盖章；修改工程造价成果文件的注册造价工程师对修改部分承担相应的法律责任。

第二十条 注册造价工程师不得有下列行为：
（一）不履行注册造价工程师义务；
（二）在执业过程中，索贿、受贿或者谋取合同约定费用外的其他利益；
（三）在执业过程中实施商业贿赂；
（四）签署有虚假记载、误导性陈述的工程造价成果文件；
（五）以个人名义承接工程造价业务；
（六）允许他人以自己名义从事工程造价业务；
（七）同时在两个或者两个以上单位执业；
（八）涂改、倒卖、出租、出借或者以其他形式非法转让注册证书或者执业印章；
（九）法律、法规、规章禁止的其他行为。

第二十一条 在注册有效期内，注册造价工程师因特殊原因需要暂停执业的，应当到注册初审机关办理暂停执业手续，并交回注册证书和执业印章。

第二十二条 注册造价工程师在每一注册期内应当达到注册机关规定的继续教育要求。

注册造价工程师继续教育分为必修课和选修课，每一注册有效期各为 60 学时。经继续教育达到合格标准的，颁发继续教育合格证明。

注册造价工程师继续教育，由中国建设工程造价管理协会负责组织。

第四章 监督管理

第二十三条 县级以上人民政府建设主管部门和其他有关部门应当依照有关法律、法规和本办法的规定，对注册造价工程师的注册、执业和继续教育实施监督检查。

第二十四条 注册机关应当将造价工程师注册信息告知注册初审机关。

省级注册初审机关应当将造价工程师注册信息告知本行政区域内市、县人民政府建设主管部门。

第二十五条 县级以上人民政府建设主管部门和其他有关部门依法履行监督检查职责时，有权采取下列措施：
（一）要求被检查人员提供注册证书；
（二）要求被检查人员所在聘用单位提供有关人员签署的工程造价成果文件及相关业务文档；
（三）就有关问题询问签署工程造价成果文件的人员；
（四）纠正违反有关法律、法规和本办法及工程造价计价标准和计价办法的行为。

第二十六条 注册造价工程师违法从事工程造价活动的，违法行为发生地县级以上地方人民政府建设主管部门或者其他有关部门应当依法查处，并将违法事实、处理结果告知注册机关；依法应当撤销注册的，违法行为发生地县级以上地方人民政府建设主管部门或者其他有关部门应当将违法事实、处理建议及有关材料告知注册机关。

第二十七条 注册造价工程师有下列情形之一的，其注册证书失效：

（一）已与聘用单位解除劳动合同且未被其他单位聘用的；

（二）注册有效期满且未延续注册的；

（三）死亡或者不具有完全民事行为能力的；

（四）其他导致注册失效的情形。

第二十八条 有下列情形之一的，注册机关或者其上级行政机关依据职权或者根据利害关系人的请求，可以撤销注册造价工程师的注册：

（一）行政机关工作人员滥用职权、玩忽职守作出准予注册许可的；

（二）超越法定职权作出准予注册许可的；

（三）违反法定程序作出准予注册许可的；

（四）对不具备注册条件的申请人作出准予注册许可的；

（五）依法可以撤销注册的其他情形。

申请人以欺骗、贿赂等不正当手段获准注册的，应当予以撤销。

第二十九条 有下列情形之一的，由注册机关办理注销注册手续，收回注册证书和执业印章或者公告其注册证书和执业印章作废：

（一）有本办法第二十七条所列情形发生的；

（二）依法被撤销注册的；

（三）依法被吊销注册证书的；

（四）受到刑事处罚的；

（五）法律、法规规定应当注销注册的其他情形。

注册造价工程师有前款所列情形之一的，注册造价工程师本人和聘用单位应当及时向注册机关提出注销注册申请；有关单位和个人有权向注册机关举报；县级以上地方人民政府建设主管部门或者其他有关部门应当及时告知注册机关。

第三十条 注册造价工程师及其聘用单位应当按照有关规定，向注册机关提供真实、准确、完整的注册造价工程师信用档案信息。

注册造价工程师信用档案应当包括造价工程师的基本情况、业绩、良好行为、不良行为等内容。违法违规行为、被投诉举报处理、行政处罚等情况应当作为造价工程师的不良行为记入其信用档案。

注册造价工程师信用档案信息按有关规定向社会公示。

第五章 法 律 责 任

第三十一条 隐瞒有关情况或者提供虚假材料申请造价工程师注册的，不予受理或者不予注册，并给予警告，申请人在 1 年内不得再次申请造价工程师注册。

第三十二条 聘用单位为申请人提供虚假注册材料的，由县级以上地方人民政府建设主管部门或者其他有关部门给予警告，并可处以 1 万元以上 3 万元以下的罚款。

第三十三条 以欺骗、贿赂等不正当手段取得造价工程师注册的，由注册机关撤销其注册，3 年内不得再次申请注册，并由县级以上地方人民政府建设主管部门处以罚款。其中，没有违法所得的，处以 1 万元以下罚款；有违法所得的，处以违法所得 3 倍以下且不超过 3 万元的罚款。

第三十四条 违反本办法规定，未经注册而以注册造价工程师的名义从事工程造价活动的，所签署的工程造价成果文件无效，由县级以上地方人民政府建设主管部门或者其他有关部门给予警告，责令停止违法活动，并可处以1万元以上3万元以下的罚款。

第三十五条 违反本办法规定，未办理变更注册而继续执业的，由县级以上人民政府建设主管部门或者其他有关部门责令限期改正；逾期不改的，可处以5 000元以下的罚款。

第三十六条 注册造价工程师有本办法第二十条规定行为之一的，由县级以上地方人民政府建设主管部门或者其他有关部门给予警告，责令改正，没有违法所得的，处以1万元以下罚款，有违法所得的，处以违法所得3倍以下且不超过3万元的罚款。

第三十七条 违反本办法规定，注册造价工程师或者其聘用单位未按照要求提供造价工程师信用档案信息的，由县级以上地方人民政府建设主管部门或者其他有关部门责令限期改正；逾期未改正的，可处以1 000元以上1万元以下的罚款。

第三十八条 县级以上人民政府建设主管部门和其他有关部门工作人员，在注册造价工程师管理工作中，有下列情形之一的，依法给予处分；构成犯罪的，依法追究刑事责任：

（一）对不符合注册条件的申请人准予注册许可或者超越法定职权作出注册许可决定的；

（二）对符合注册条件的申请人不予注册许可或者不在法定期限内作出注册许可决定的；

（三）对符合法定条件的申请不予受理或者未在法定期限内初审完毕的；

（四）利用职务之便，收取他人财物或者其他好处的；

（五）不依法履行监督管理职责，或者发现违法行为不予查处的。

第六章 附 则

第三十九条 造价工程师执业资格考试工作按照国务院人事主管部门的有关规定执行。

第四十条 本办法自2007年3月1日起施行。2000年1月21日发布的《造价工程师注册管理办法》（建设部令第75号）同时废止。

附录B 建设工程价款结算暂行办法

第一章 总 则

第一条 为加强和规范建设工程价款结算，维护建设市场正常秩序，根据《中华人民共和国合同法》、《中华人民共和国建筑法》、《中华人民共和国招标投标法》、《中华人民共和国预算法》、《中华人民共和国政府采购法》、《中华人民共和国预算法实施条例》等有关法律、行政法规制订本办法。

第二条 凡在中华人民共和国境内的建设工程价款结算活动，均适用本办法。国家法律法规另有规定的，从其规定。

第三条 本办法所称建设工程价款结算（以下简称“工程价款结算”），是指对建设工程的发承包合同价款进行约定和依据合同约定进行工程预付款、工程进度款、工程竣工价款结算的活动。

第四条 国务院财政部门、各级地方政府财政部门和国务院建设行政主管部门、各级地方政府建设行政主管部门在各自职责范围内负责工程价款结算的监督管理。

第五条　从事工程价款结算活动，应当遵循合法、平等、诚信的原则，并符合国家有关法律、法规和政策。

第二章　工程合同价款的约定与调整

第六条　招标工程的合同价款应当在规定时间内，依据招标文件、中标人的投标文件，由发包人与承包人（以下简称“发、承包人”）订立书面合同约定。

非招标工程的合同价款依据审定的工程预（概）算书由发、承包人在合同中约定。

合同价款在合同中约定后，任何一方不得擅自改变。

第七条　发包人、承包人应当在合同条款中对涉及工程价款结算的下列事项进行约定：

（一）预付工程款的数额、支付时限及抵扣方式；

（二）工程进度款的支付方式、数额及时限；

（三）工程施工中发生变更时，工程价款的调整方法、索赔方式、时限要求及金额支付方式；

（四）发生工程价款纠纷的解决方法；

（五）约定承担风险的范围及幅度以及超出约定范围和幅度的调整办法；

（六）工程竣工价款的结算与支付方式、数额及时限；

（七）工程质量保证（保修）金的数额、预扣方式及时限；

（八）安全措施和意外伤害保险费用；

（九）工期及工期提前或延后的奖惩办法；

（十）与履行合同、支付价款相关的担保事项。

第八条　发、承包人在签订合同时对于工程价款的约定，可选用下列一种约定方式：

（一）固定总价。合同工期较短且工程合同总价较低的工程，可以采用固定总价合同方式。

（二）固定单价。双方在合同中约定综合单价包含的风险范围和风险费用的计算方法，在约定的风险范围内综合单价不再调整。风险范围以外的综合单价调整方法，应当在合同中约定。

（三）可调价格。可调价格包括可调综合单价和措施费等，双方应在合同中约定综合单价和措施费的调整方法，调整因素包括：

1．法律、行政法规和国家有关政策变化影响合同价款；

2．工程造价管理机构的价格调整；

3．经批准的设计变更；

4．发包人更改经审定批准的施工组织设计（修正错误除外）造成费用增加；

5．双方约定的其他因素。

第九条　承包人应当在合同规定的调整情况发生后 14 天内，将调整原因、金额以书面形式通知发包人，发包人确认调整金额后将其作为追加合同价款，与工程进度款同期支付。发包人收到承包人通知后 14 天内不予确认也不提出修改意见，视为已经同意该项调整。

当合同规定的调整合同价款的调整情况发生后，承包人未在规定时间内通知发包人，或者未在规定时间内提出调整报告，发包人可以根据有关资料，决定是否调整和调整的金额，并书面通知承包人。

第十条　工程设计变更价款调整

（一）施工中发生工程变更，承包人按照经发包人认可的变更设计文件，进行变更施工，其中，政府投资项目重大变更，需按基本建设程序报批后方可施工。

（二）在工程设计变更确定后14天内，设计变更涉及工程价款调整的，由承包人向发包人提出，经发包人审核同意后调整合同价款。变更合同价款按下列方法进行：

1．合同中已有适用于变更工程的价格，按合同已有的价格变更合同价款；

2．合同中只有类似于变更工程的价格，可以参照类似价格变更合同价款；

3．合同中没有适用或类似于变更工程的价格，由承包人或发包人提出适当的变更价格，经对方确认后执行。如双方不能达成一致的，双方可提请工程所在地工程造价管理机构进行咨询或按合同约定的争议或纠纷解决程序办理。

（三）工程设计变更确定后14天内，如承包人未提出变更工程价款报告，则发包人可根据所掌握的资料决定是否调整合同价款和调整的具体金额。重大工程变更涉及工程价款变更报告和确认的时限由发、承包双方协商确定。

收到变更工程价款报告一方，应在收到之日起14天内予以确认或提出协商意见，自变更工程价款报告送达之日起14天内，对方未确认也未提出协商意见时，视为变更工程价款报告已被确认。

确认增（减）的工程变更价款作为追加（减）合同价款与工程进度款同期支付。

第三章　工程价款结算

第十一条　工程价款结算应按合同约定办理，合同未作约定或约定不明的，发、承包双方应依照下列规定与文件协商处理：

（一）国家有关法律、法规和规章制度；

（二）国务院建设行政主管部门、省、自治区、直辖市或有关部门发布的工程造价计价标准、计价办法等有关规定；

（三）建设项目的合同、补充协议、变更签证和现场签证，以及经发、承包人认可的其他有效文件；

（四）其他可依据的材料。

第十二条　工程预付款结算应符合下列规定：

（一）包工包料工程的预付款按合同约定拨付，原则上预付比例不低于合同金额的10%，不高于合同金额的30%，对重大工程项目，按年度工程计划逐年预付。计价执行《建设工程工程量清单计价规范》（GB 50500）的工程，实体性消耗和非实体性消耗部分应在合同中分别约定预付款比例。

（二）在具备施工条件的前提下，发包人应在双方签订合同后的一个月内或不迟于约定的开工日期前的7天内预付工程款，发包人不按约定预付，承包人应在预付时间到期后10天内向发包人发出要求预付的通知，发包人收到通知后仍不按要求预付，承包人可在发出通知14天后停止施工，发包人应从约定应付之日起向承包人支付应付款的利息（利率按同期银行贷款利率计），并承担违约责任。

（三）预付的工程款必须在合同中约定抵扣方式，并在工程进度款中进行抵扣。

（四）凡是没有签订合同或不具备施工条件的工程，发包人不得预付工程款，不得以预付款为名转移资金。

第十三条　工程进度款结算与支付应当符合下列规定：

（一）工程进度款结算方式

1．按月结算与支付。即实行按月支付进度款，竣工后清算的办法。合同工期在两个年度以上的工程，在年终进行工程盘点，办理年度结算。

2．分段结算与支付。即当年开工、当年不能竣工的工程按照工程形象进度，划分不同阶段支付工程进度款。具体划分在合同中明确。

（二）工程量计算

1．承包人应当按照合同约定的方法和时间，向发包人提交已完工程量的报告。发包人接到报告后14天内核实已完工程量，并在核实前1天通知承包人，承包人应提供条件并派人参加核实，承包人收到通知后不参加核实，以发包人核实的工程量作为工程价款支付的依据。发包人不按约定时间通知承包人，致使承包人未能参加核实，核实结果无效。

2．发包人收到承包人报告后14天内未核实完工程量，从第15天起，承包人报告的工程量即视为被确认，作为工程价款支付的依据，双方合同另有约定的，按合同执行。

3．对承包人超出设计图纸（含设计变更）范围和因承包人原因造成返工的工程量，发包人不予计量。

（三）工程进度款支付

1．根据确定的工程计量结果，承包人向发包人提出支付工程进度款申请，14天内，发包人应按不低于工程价款的60%，不高于工程价款的90%向承包人支付工程进度款。按约定时间发包人应扣回的预付款，与工程进度款同期结算抵扣。

2．发包人超过约定的支付时间不支付工程进度款，承包人应及时向发包人发出要求付款的通知，发包人收到承包人通知后仍不能按要求付款，可与承包人协商签订延期付款协议，经承包人同意后可延期支付，协议应明确延期支付的时间和从工程计量结果确认后第15天起计算应付款的利息（利率按同期银行贷款利率计）。

3．发包人不按合同约定支付工程进度款，双方又未达成延期付款协议，导致施工无法进行，承包人可停止施工，由发包人承担违约责任。

第十四条 工程完工后，双方应按照约定的合同价款及合同价款调整内容以及索赔事项，进行工程竣工结算。

（一）工程竣工结算方式

工程竣工结算分为单位工程竣工结算、单项工程竣工结算和建设项目竣工总结算。

（二）工程竣工结算编审

1．单位工程竣工结算由承包人编制，发包人审查；实行总承包的工程，由具体承包人编制，在总包人审查的基础上，发包人审查。

2．单项工程竣工结算或建设项目竣工总结算由总（承）包人编制，发包人可直接进行审查，也可以委托具有相应资质的工程造价咨询机构进行审查。政府投资项目，由同级财政部门审查。单项工程竣工结算或建设项目竣工总结算经发、承包人签字盖章后有效。

承包人应在合同约定期限内完成项目竣工结算编制工作，未在规定期限内完成的并且提不出正当理由延期的，责任自负。

（三）工程竣工结算审查期限

单项工程竣工后，承包人应在提交竣工验收报告的同时，向发包人递交竣工结算报告及完整的结算资料，发包人应按以下规定时限进行核对（审查）并提出审查意见。

工程竣工结算报告金额审查时间：

1．500万元以下　从接到竣工结算报告和完整的竣工结算资料之日起20天。

2．500万元～2 000万元　从接到竣工结算报告和完整的竣工结算资料之日起30天。

3．2 000万元～5 000万元　从接到竣工结算报告和完整的竣工结算资料之日起45天。

4．5 000万元以上　从接到竣工结算报告和完整的竣工结算资料之日起60天。

建设项目竣工总结算在最后一个单项工程竣工结算审查确认后15天内汇总，送发包人后30天内审查完成。

（四）工程竣工价款结算

发包人收到承包人递交的竣工结算报告及完整的结算资料后，应按本办法规定的期限（合同约定有期限的，从其约定）进行核实，给予确认或者提出修改意见。发包人根据确认的竣工结算报告向承包人支付工程竣工结算价款，保留5%左右的质量保证（保修）金，待工程交付使用一年质保期到期后清算（合同另有约定的，从其约定），质保期内如有返修，发生费用应在质量保证（保修）金内扣除。

（五）索赔价款结算

发承包人未能按合同约定履行自己的各项义务或发生错误，给另一方造成经济损失的，由受损方按合同约定提出索赔，索赔金额按合同约定支付。

（六）合同以外零星项目工程价款结算

发包人要求承包人完成合同以外零星项目，承包人应在接受发包人要求的7天内就用工数量和单价、机械台班数量和单价、使用材料和金额等向发包人提出施工签证，发包人签证后施工，如发包人未签证，承包人施工后发生争议的，责任由承包人自负。

第十五条　发包人和承包人要加强施工现场的造价控制，及时对工程合同外的事项如实纪录并履行书面手续。凡由发、承包双方授权的现场代表签字的现场签证以及发、承包双方协商确定的索赔等费用，应在工程竣工结算中如实办理，不得因发、承包双方现场代表的中途变更改变其有效性。

第十六条　发包人收到竣工结算报告及完整的结算资料后，在本办法规定或合同约定期限内，对结算报告及资料没有提出意见，则视同认可。

承包人如未在规定时间内提供完整的工程竣工结算资料，经发包人催促后14天内仍未提供或没有明确答复，发包人有权根据已有资料进行审查，责任由承包人自负。

根据确认的竣工结算报告，承包人向发包人申请支付工程竣工结算款。发包人应在收到申请后15天内支付结算款，到期没有支付的应承担违约责任。承包人可以催告发包人支付结算价款，如达成延期支付协议，承包人应按同期银行贷款利率支付拖欠工程价款的利息。如未达成延期支付协议，承包人可以与发包人协商将该工程折价，或申请人民法院将该工程依法拍卖，承包人就该工程折价或者拍卖的价款优先受偿。

第十七条　工程竣工结算以合同工期为准，实际施工工期比合同工期提前或延后，发、承包双方应按合同约定的奖惩办法执行。

第四章　工程价款结算争议处理

第十八条　工程造价咨询机构接受发包人或承包人委托，编审工程竣工结算，应按合同约定和实际履约事项认真办理，出具的竣工结算报告经发、承包双方签字后生效。当事人一方对报告有异议的，可对工程结算中有异议部分，向有关部门申请咨询后协商处理，若不能达成一致的，双方可按合同约定的争议或纠纷解决程序办理。

第十九条　发包人对工程质量有异议，已竣工验收或已竣工未验收但实际投入使用的工程，其质量争议按该工程保修合同执行；已竣工未验收且未实际投入使用的工程以及停工、停建工程的质量争议，应当就有争议部分的竣工结算暂缓办理，双方可就有争议的工程委托有资质的检测鉴定机构进行检测，根据检测结果确定解决方案，或按工程质量监督机构的处理决定执行，其余部分的竣工结算依照约定办理。

第二十条　当事人对工程造价发生合同纠纷时，可通过下列办法解决：

（一）双方协商确定；

（二）按合同条款约定的办法提请调解；

（三）向有关仲裁机构申请仲裁或向人民法院起诉。

第五章　工程价款结算管理

第二十一条　工程竣工后，发、承包双方应及时办清工程竣工结算，否则，工程不得交付使用，有关部门不予办理权属登记。

第二十二条　发包人与中标的承包人不按照招标文件和中标的承包人的投标文件订立合同的，或者发包人、中标的承包人背离合同实质性内容另行订立协议，造成工程价款结算纠纷的，另行订立的协议无效，由建设行政主管部门责令改正，并按《中华人民共和国招标投标法》第五十九条进行处罚。

第二十三条　接受委托承接有关工程结算咨询业务的工程造价咨询机构应具有工程造价咨询单位资质，其出具的办理拨付工程价款和工程结算的文件，应当由造价工程师签字，并应加盖执业专用章和单位公章。

第六章　附　　则

第二十四条　建设工程施工专业分包或劳务分包，总（承）包人与分包人必须依法订立专业分包或劳务分包合同，按照本办法的规定在合同中约定工程价款及其结算办法。

第二十五条　政府投资项目除执行本办法有关规定外，地方政府或地方政府财政部门对政府投资项目合同价款约定与调整、工程价款结算、工程价款结算争议处理等事项，如另有特殊规定的，从其规定。

第二十六条　凡实行监理的工程项目，工程价款结算过程中涉及监理工程师签证事项，应按工程监理合同约定执行。

第二十七条　有关主管部门、地方政府财政部门和地方政府建设行政主管部门可参照本办法，结合本部门、本地区实际情况，另行制订具体办法，并报财政部、建设部备案。

第二十八条　合同示范文本内容如与本办法不一致，以本办法为准。

第二十九条　本办法自公布之日起施行。

参考文献

[1] 刘常英．建设工程造价管理[M]．北京：金盾出版社，2003．

[2] 殷惠光．建设工程造价[M]．北京：中国建筑工业出版社，2004．

[3] 杨博．工程造价咨询[M]．合肥：安徽科学技术出版社，2004．

[4] 王斌霞．工程造价计价与控制原理[M]．郑州：黄河水利出版社，2004．

[5] 马楠，韩景玮．建设工程造价管理[M]．北京：清华大学出版社，2006．

[6] 中国建设工程造价管理协会．建设工程造价管理基础知识[M]．北京：中国计划出版社，2007．

[7] 中华人民共和国住房和城乡建设部．GB50500-2008 建设工程工程量清单计价规范[S]．北京：中国计划出版社，2008．

[8] 马楠，张国兴，韩英爱．工程造价管理[M]．北京：机械工业出版社，2009．

[9] 王丽红，斯庆．工程造价控制[M]．北京：清华大学出版社，2009．

[10] 周国恩，陈华．工程造价管理[M]．北京：北京大学出版社，2011．